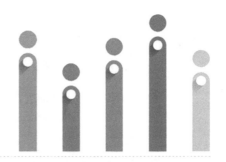

建设项目环境影响评价技术

王进轩　张擎翰　付建村 / 主编

湖南大学出版社
·长沙·

图书在版编目(CIP)数据

建设项目环境影响评价技术/王进轩,张擎翰,付
建村主编.—长沙:湖南大学出版社,2023.11
ISBN 978-7-5667-3242-2

Ⅰ.①建…　Ⅱ.①王…②张…③付…　Ⅲ.①基本建
设项目—环境影响—评价　Ⅳ.①X820.3

中国国家版本馆 CIP 数据核字(2023)第 173020 号

建设项目环境影响评价技术
JIANSHE XIANGMU HUANJING YINGXIANG PINGJIA JISHU

主　　编：王进轩　张擎翰　付建村
责任编辑：廖　鹏
印　　装：长沙创峰印务有限公司
开　　本：787 mm×1092 mm　1/16　印　　张：14.75　字　　数：331 千字
版　　次：2023 年 11 月第 1 版　印　　次：2023 年 11 月第 1 次印刷
书　　号：ISBN 978-7-5667-3242-2
定　　价：58.00 元

出 版 人：李文邦
出版发行：湖南大学出版社
社　　址：湖南·长沙·岳麓山　邮　　编：410082
电　　话：0731-88822559(营销部),88821315(编辑室),88821006(出版部)
传　　真：0731-88822264(总编室)
网　　址：http://www.hnupress.com

编委会

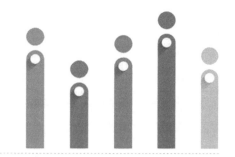

前　　言

环境影响评价（environmental impact assessment，EIA）是预防政策、规划和建设项目实施对环境造成的不良影响，促进经济、社会和环境协调可持续发展的一项重要制度。1969 年，美国出台《国家环境政策法》，标志着世界上第一个环境影响评价法律制度正式建立。我国环境影响评价工作开展相对较晚。1979 年颁布的《中华人民共和国环境保护法（试行）》标志着我国环境影响评价制度的正式确立。

在国民经济发展及基础设施建设的过程中，环境影响评价工作非常重要，直接关系到社会经济的可持续发展。该工作旨在确保发展国民经济的同时，兼顾环境污染问题，确保环境质量。环境影响评价工作使以往经济发展观念及方式发生了改变，实现了环境与经济的协调发展。同时，也使地区产业结构、规模、布局等更加科学、合理，为环境保护策略的制定及经济发展方向奠定了良好的基础。

现阶段，我国在环境影响评价理论规划、评价方法、指标体系等方面进行了相应的研究，但仍处于起步阶段，存在诸多亟待解决的问题。对此，本书围绕"建设项目环境影响评价技术"进行研究，共十章：概论、工程分析、环境现状调查与评价、环境影响识别与评价因子筛选、环境影响预测与评价、环境污染控制与保护措施、建设项目环境风险评价、环境影响的经济损益分析与评价、环境影响评价公众参与、案例分析。

本书引用了大量相关专业文献和资料，在此对相关文献的作者表示感谢。限于编者的理论水平和实践经验，且对新修订的规范学习理解不够，书中难免存在疏漏和不妥之处，恳请广大读者批评指正。

编者

2023 年 6 月

目　　录

第1章 概　　论

1.1　环境影响评价的基本概念

1.1.1　环境影响评价的概念

《中华人民共和国环境影响评价法》第二条规定：本法所称环境影响评价，是指对规划和建设项目实施后可能造成的环境影响进行分析、预测和评估，提出预防或者减轻不良环境影响的对策和措施，进行跟踪监测的方法与制度。

环境影响评价，通常简称环评，包含2层含义：一是技术方法，涉及物理学、化学、生态学、文化与社会经济等领域；二是管理制度，以法律法规形式将环境影响评价作为一项环境管理制度规定下来。此外，还可以从4个方面理解环境影响评价的内涵：评价对象是政府拟订中的有关规划和建设单位想兴建的建设项目；评价单位要分析、预测和评估评价对象在实施过程中及实施后可能造成的环境影响；评价单位要提出具体而明确的预防或者减轻不良环境影响的对策和措施；规划和建设项目实施单位、生态环境主管部门对规划和建设项目实施后的实际环境影响，要进行跟踪监测、分析和评估。以上4点加上前述的"技术方法"和"管理制度"共6个方面，共同构成了环境影响评价概念的完整体系。根据《"十三五"环境影响评价改革实施方案》的要求：项目环评重在落实环境质量目标管理要求，优化环保措施，强化环境风险防控，做好与排污许可制度的衔接。规划环评重在优化行业的布局、规模、结构，拟定负面清单，指导项目环境准入。加强规划环评与项目环评联动。可见，建设项目环境影响评价与规划环境影响评价的着重点存在显著差异，本书主要针对建设项目环境影响评价展开介绍。

1.1.2　环境影响评价的目的和意义

环境影响评价作为一种方法，是正确认识经济、社会和环境之间相互关系的科学方法，是正确处理经济发展与环境保护关系，使之符合国家总体利益、长远利益和强化环境管理的有效手段，对确定经济发展方向和环境保护等一系列重大决策都有重要的指导作用。环境影响评价能为区域社会经济发展指明方向，合理确定区域发展的产业结构、规模和布局。环境影响评价根据区域的环境、社会和资源的综合能力，把人类活动对环境的不利影响限制到最小，其目的和意义表现在以下几个方面。

（1）为制订区域社会经济发展规划提供依据

环境影响评价，特别是规划环境影响评价，是对区域的自然条件、资源条件、社会条件和经济发展状况等进行综合分析，并依据该地区的资源、环境和社会承受能力等，为制订区域发展总体规划和确定适宜的经济发展方向、产业规模、产业结构与产业布局等提供科学依据的过程。同时，通过环境影响评价掌握区域环境状况，预测和评价开发建设活动对环境的影响，为制订区域环境保护目标、计划和措施等提供科学依据，从而达到宏观调控和全过程污染防控的目的。

（2）保证建设项目选址和布局的合理性

合理的经济布局是保证环境与经济可持续发展的前提条件。因此，环境影响评价从开发活动所在区域的整体出发，考察建设项目的不同选址和布局对区域的不同影响，并进行比较和取舍，选择最优的方案，保证建设项目选址和布局的合理性。

（3）指导环境保护措施的设计

建设项目的开发建设活动和生产活动通常都要消耗一定的资源，给环境造成一定的污染和破坏，因此必须采取相应的环境保护对策和措施。环境影响评价针对具体的开发建设和生产活动，综合考虑活动特点和环境特征，通过对环境影响进行分析、预测和评估，在此基础上，提出预防和减轻不良环境影响的对策和措施，并进行技术、经济和环境可行性论证，指导环境保护措施的设计，实现环境管理的强化，把因人类活动而产生的环境污染或生态破坏控制在可接受的范围内。

（4）提供最佳环境管理手段

环境管理的目的是在保证环境质量的前提下发展经济，提高经济效益。反过来，环境管理也必须讲求经济效益，要把经济发展和环境效益二者统一起来，选择最佳的"结合点"，即以最小的环境代价取得最大的经济效益。环境影响评价就是找出这个最佳"结合点"的环境管理手段。

（5）促进相关科学技术的发展

环境影响评价涉及自然科学和社会科学的众多领域，包括基础理论研究和应用技术开发。解决环境影响评价工作中遇到的问题也是对相关科学技术的挑战，进而能够推动相关科学技术的发展。而相关科学技术的发展又可以促使环境影响评价工作更为科学合理。

1.1.3 环境影响评价的原则

1. 基本原则

《中华人民共和国环境影响评价法》第四条规定：环境影响评价必须客观、公开、公正，综合考虑规划或者建设项目实施后对各种环境因素及其所构成的生态系统可能造成的影响，为决策提供科学依据。

因此，客观、公开、公正是环境影响评价的基本原则。

2. 工作原则

《建设项目环境影响评价技术导则 总纲》（HJ 2.1—2016）按照突出环境影响评价的源头预防作用，坚持保护和改善环境质量的要求，提出在建设项目环境影响评价中应遵循的工作原则如下：

①依法评价。贯彻执行我国环境保护相关法律法规、标准、政策和规划等，优化项目建设，服务环境管理。

②科学评价。规范环境影响评价方法，科学分析项目对环境质量的影响。

③突出重点。根据建设项目的工程内容及其特点，明确与环境要素间的作用效应关系，根据规划环境影响评价结论和审查意见，充分利用符合时效的数据资料及成果，对建设项目主要环境影响予以重点分析和评价。

1.1.4 环境影响评价的类别

按照评价对象划分，环境影响评价可以分为规划环境影响评价和建设项目环境影响评价；按照项目性质划分，环境影响评价可以分为新建项目环境影响评价、技术改造项目环境影响评价和扩建项目环境影响评价等；按照环境要素划分，环境影响评价可以分为大气环境影响评价、地表水环境影响评价、地下水环境影响评价、土壤环境影响评价、声环境影响评价、固体废物环境影响评价和生态环境影响评价等；按照评价专题划分，环境影响评价一般分为环境风险评价、人群健康风险评价、环境影响经济损益分析、污染物排放总量控制等；按照时间顺序划分，环境影响评价一般分为环境现状评价、环境影响预测评价、建设项目环境影响后评价等。

《中华人民共和国环境保护法》和其他相关法律法规还规定，建设项目中防治污染的设施，应当与主体工程同时设计、同时施工、同时投产使用。"三同时"制度和建设项目竣工环境保护验收是对环境影响评价中提出的预防和减轻不良环境影响的对策和措施的具体落实和检查，是环境影响评价的延续。从广义上讲，建设项目竣工环境保护验收也属于环境影响评价的范畴。

1.2 环境影响评价相关法律法规与规范标准

1.2.1 环境保护法律法规体系

环境保护法律法规体系是环境影响评价工作的基本依据。

1. 环境保护法律法规体系的构成

我国目前建立了由法律、环境保护行政法规、政府部门规章、地方性法规和地方性规章、环境标准、环境保护国际公约组成的完整的环境保护法律法规体系。

（1）法律

①宪法。

环境保护法律法规体系以《中华人民共和国宪法》中对环境保护的规定为基础。

1982 年通过的《中华人民共和国宪法》在 2004 年修正案第九条第二款规定：国家保障自然资源的合理利用，保护珍贵的动物和植物。禁止任何组织或者个人用任何手段侵占或者破坏自然资源。第二十六条第一款规定：国家保护和改善生活环境和生态环境，防治污染和其他公害。

《中华人民共和国宪法》2018 年修正案序言明确：推动物质文明、政治文明、精神文明、社会文明、生态文明协调发展。

《中华人民共和国宪法》中的这些规定是环境保护立法的依据和指导原则。但是，目前我国宪法的主要作用是为具体的立法提供法律依据。

②环境保护法律。

环境保护法律包括环境保护综合法、环境保护单行法和环境保护相关法。

环境保护综合法是指 2018 年修订的《中华人民共和国环境保护法》。

环境保护单行法包括污染防治法（如《中华人民共和国水污染防治法》《中华人民共和国大气污染防治法》《中华人民共和国土壤污染防治法》《中华人民共和国固体废物污染环境防治法》《中华人民共和国环境噪声污染防治法》《中华人民共和国放射性污染防治法》等）、生态保护法（如《中华人民共和国水土保持法》《中华人民共和国野生动物保护法》《中华人民共和国防沙治沙法》等），以及《中华人民共和国海洋环境保护法》《中华人民共和国环境影响评价法》等。

环境保护相关法是指一些自然资源保护法和其他有关法律，如《中华人民共和国森林法》《中华人民共和国草原法》《中华人民共和国渔业法》《中华人民共和国矿产资源法》

《中华人民共和国水法》《中华人民共和国清洁生产促进法》等都涉及环境保护的有关要求，也是环境保护法律法规体系的一部分。

（2）环境保护行政法规

环境保护行政法规是由国务院制定并公布或经国务院批准有关主管部门公布的环境保护规范性文件。一是根据法律授权制定的环境保护法的实施细则或条例，如《中华人民共和国水污染防治法实施细则》；二是针对环境保护的某个领域而制定的条例、规定和办法，如《建设项目环境保护管理条例》和《规划环境影响评价条例》。

（3）政府部门规章

政府部门规章是指国务院生态环境主管部门单独发布或与国务院有关部门联合发布的，以及政府其他有关行政主管部门依法制定的环境保护规范性文件。政府部门规章是以环境保护法律和行政法规为依据而制定的，或者是针对某些尚无相应法律和行政法规调整的领域做出的相应规定。

（4）地方性法规和地方性规章

环境保护地方性法规和地方性规章是享有立法权的地方权力机关和地方政府机关，依据《中华人民共和国宪法》和相关法律制定的环境保护规范性文件。这些规范性文件是根据本地实际情况和特定环境问题制定的，并在本地区实施，有较强的可操作性。环境保护地方性法规和地方性规章不能和法律、行政法规相抵触。

（5）环境标准

环境保护标准是环境保护法律法规体系的一个重要组成部分，是环境执法和环境管理工作的技术依据。

（6）环境保护国际公约

环境保护国际公约是指我国缔结和参加的环境保护国际公约、条约和议定书。

2. 环境保护法律法规体系中各组成部分的关系

（1）法律层面上效力等同

《中华人民共和国宪法》是环境保护法律法规体系的基础，是制定其他各种环境保护法律、法规、规章等的依据。在法律层面上，无论是综合法、单行法还是相关法，其中有关环境保护的要求的法律效力是等同的。

（2）后法大于先法

如果法律规定中出现不一致的内容，按照发布时间的先后顺序，遵循后颁布法律的效力大于先颁布法律的效力的原则。

（3）行政法规的效力仅次于法律

部门行政规章、地方性法规和地方性规章均不得违背法律和环境保护行政法规。地方性法规和地方性规章只在制定本法规、规章的辖区内有效。

（4）国际公约优先

我国的环境保护法律法规如与参加和签署的环境保护国际公约有不同规定时，优先遵守国际公约的规定，但我国声明保留的条款除外。

3. 环境影响评价的重要环境保护法律法规

《中华人民共和国环境影响评价法》作为一部环境保护单行法，具体规定了规划和建设项目环境影响评价的相关法律要求，是我国环境影响评价工作中的直接法律依据。2018年12月29日，第十三届全国人民代表大会常务委员会第七次会议通过了第二次修正，共五章三十七条。内容包括总则、规划的环境影响评价、建设项目的环境影响评价、法律责任和附则。

《建设项目环境保护管理条例》是国务院于1998年11月发布并实施的关于建设项目环境管理的第一个行政法规。为防止、减少建设项目产生的环境污染和生态破坏，建立健全环境影响评价制度和"三同时"制度，强化制度的有效性，2017年7月16日国务院发布《关于修改〈建设项目环境保护管理条例〉的决定》，新修订的《建设项目环境保护管理条例》于2017年10月1日起施行，内容包括总则、环境影响评价、环境保护设施建设、法律责任和附则，共五章三十条。

《建设项目环境影响评价分类管理名录》是原国家环境保护总局于2002年10月3日发布的环境保护部门规章，2021年版已于2020年11月5日由生态环境部部务会议审议通过，是建设项目环境影响评价分类管理的具体依据。

1.2.2 环境保护标准

1. 环境保护标准的定义

环境保护标准是为了防治环境污染，维护生态平衡，保护人体健康，国务院生态环境主管部门及其他有关部门和省、自治区、直辖市人民政府依据国家有关法律规定，对环境保护工作中需要统一的各项技术规范和技术要求所做的规定。具体来讲，环境保护标准是对环境中污染物的允许含量和污染源排放污染物的种类、数量、浓度、排放方式，以及监测方法和其他有关方面所制定的技术规范。

2. 环境保护标准体系的构成

环境保护标准分为国家环境保护标准和地方环境保护标准（见图1.1）。

国家环境保护标准包括国家环境质量标准、国家污染物排放（控制）标准、国家环境监测类标准、国家环境管理规范类标准和国家环境基础类标准，统一编号GB、GB/T、HJ或HJ/T。地方环境保护标准主要包括地方环境质量标准和地方污染物排放（控制）标准，统一编号DB。

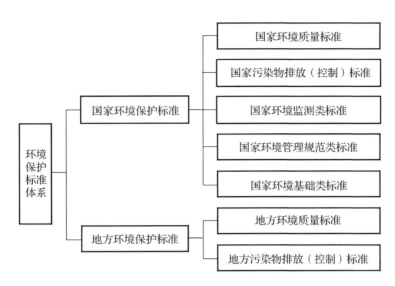

图 1.1　环境保护标准体系框图

（1）国家环境保护标准

国家环境质量标准是为了保障公众健康、维护生态环境和保障社会物质财富，与经济社会发展阶段相适应，对环境中的有害物质和因素所做的限制性规定。国家环境质量标准是一定时期内衡量环境优劣程度的标准，是为了保护人体健康和生态环境而规定的具体、明确的环境保护目标。

国家污染物排放（控制）标准是根据国家环境质量标准，以及适用的污染控制技术，并考虑经济承受能力，对排入环境的有害物质和产生污染的各种因素所做的限制性规定，是结合环境保护需求和行业经济、技术发展水平对排污单位提出的最基本的污染物排放（控制）要求。

国家环境监测类标准是为了监测环境质量和污染物排放，规范采样、分析、测试、数据处理等所做的统一规定（指对分析方法、测定方法、采样方法、试验方法、检验方法、操作方法、标准物质等所做的统一规定）。环境监测类标准主要包括环境监测分析方法标准、环境监测技术规范、环境监测仪器技术要求以及环境标准样品四个小类。

国家环境管理规范类标准是为了提高环境管理的科学性、规范性，对环境影响评价、排污许可、污染防治、生态保护、环境监测、监督执法、环境统计与信息等各项环境管理工作中需要统一的技术要求、管理要求所做出的规定。

国家环境基础类标准是对环境保护标准工作中需要统一的技术术语、符号代号（代码）、图形、指南、导则、量纲单位及信息编码等做的统一规定。

（2）地方环境保护标准

地方环境保护标准是对国家环境保护标准的补充和完善，由省、自治区、直辖市人民政府制定。近年来为了控制环境质量的恶化趋势，一些地方已将总量控制指标纳入地方环境保护标准。

地方环境质量标准：对国家环境质量标准中未做规定的项目，可以制定地方环境质量标准；对国家环境质量标准中已做规定的项目，可以制定严于国家环境质量标准的地方环境质量标准。地方环境质量标准应报国务院生态环境主管部门备案。

地方污染物排放（控制）标准：对于国家污染物排放（控制）标准中未做规定的项目，可以制定地方污染物排放（控制）标准；对于国家污染物排放（控制）标准已做规定的项目，可以制定严于国家污染物排放（控制）标准的地方污染物排放标准。地方污染物排放（控制）标准应报国务院生态环境主管部门备案。

3. 环境保护标准之间的关系

（1）国家环境保护标准与地方环境保护标准的关系

地方环境保护标准优先于国家环境保护标准执行。

（2）国家污染物排放（控制）标准之间的关系

国家污染物排放（控制）标准分为跨行业的综合性排放标准（如污水综合排放标准、大气污染物综合排放标准）和行业性排放标准（如火电厂大气污染物排放标准、合成氨工业水污染物排放标准、造纸工业水污染物排放标准等）。综合性排放标准与行业性排放标准不交叉执行，即有行业性排放标准的执行行业排放标准，没有行业排放标准的执行综合排放标准。

（3）环境保护标准体系的要素

一方面，环境的复杂多样性使得在环境保护领域中需要建立针对不同对象的环境保护标准，因而它们各具不同的内容、用途、性质和特点等；另一方面，为使不同种类的环境保护标准有效地完成环境管理的总体目标，又需要科学地从环境管理的目的、对象、作用方式出发，合理地组织协调各种标准，使其相互支持、相互匹配，以发挥标准的综合作用。

环境质量标准和污染物排放（控制）标准是环境保护标准体系的主体，它们是环境保护标准体系的核心内容，从环境监督管理的要求上集中体现了环境保护标准体系的基本功能，是实现环境保护标准体系目标的基本途径和具体表现。

环境基础类标准是环境保护标准体系的基础，是环境保护标准的"标准"，它对统一、规范环境保护标准的制定和执行具有指导作用，是环境保护标准体系的基石。

环境监测类标准、环境管理规范类标准构成环境保护标准体系的支持系统。它们直接服务于环境质量标准和污染物排放（控制）标准，是环境质量标准与污染物排放（控制）标准内容上的配套补充以及环境质量标准与污染物排放（控制）标准执行上的技术保证。

4. 环境影响评价涉及的重要的环境保护标准

（1）环境质量标准

一个国家或地区通常依据本国或本地区的社会经济发展需要，根据环境结构、状态和使用功能的差异，对不同区域进行合理划分，形成不同类别的环境功能区。环境质量标准与环境功能区类别一一对应，类别高的功能区的浓度限值低于类别低的功能区的浓度限值。

①《环境空气质量标准》（GB 3095—2012）。

依据环境空气的功能和保护目标，将环境空气质量分为两类，分别执行两级环境质量标准。

一类区为自然保护区、风景名胜区和其他需要特殊保护的区域，适用一级浓度限值。

二类区为居住区、商业交通居民混合区、文化区、工业区和农村地区，适用二级浓度限值。

②《地表水环境质量标准》（GB 3838—2002）。

依据地表水水域环境功能和保护目标，将地表水环境质量按功能高低依次划分为五类。

Ⅰ类：主要适用于源头水、国家自然保护区；

Ⅱ类：主要适用于集中式生活用水地表水源地一级保护区、珍稀水生生物栖息地、鱼虾类产卵场、仔稚幼鱼的索饵场等；

Ⅲ类：主要适用于集中式生活饮用水地表水源地二级保护区、鱼虾类越冬场、洄游通道、水产养殖区等渔业水域及游泳区；

Ⅳ类：主要适用于一般工业用水区及人体非直接接触的娱乐用水区；

Ⅴ类：主要适用于农业用水区及一般景观要求水域。

对应地表水上述五类水域功能，将地表水环境质量标准基本项目标准值分为五类，不同功能类别分别执行相应类别的标准值。该标准规定了 109 个项目的标准限值，分为基本项目、集中式生活饮用水地表水源地补充项目和特定项目三大类标准限值，其中基本项目含有 24 个标准限值。若同一水域兼有多类使用功能时，执行最高功能类别对应的标准限值。

③《地下水质量标准》（GB/T 14848—2017）。

依据我国地下水质量状况和人体健康风险，参照生活饮用水、工业、农业等用水质量要求，依据各组分含量高低（pH 除外），将地下水质量分为五类。

Ⅰ类：地下水化学组分含量低，适用于各种用途；

Ⅱ类：地下水化学组分含量较低，适用于各种用途；

Ⅲ类：地下水化学组分含量中等，以《生活饮用水卫生标准》（GB 5749—2022）为依据，主要适用于集中式生活饮用水水源及工农业用水；

Ⅳ类：地下水化学组分含量较高，以农业和工业用水质量要求以及一定水平的人体健康风险为依据，适用于农业和部分工业用水，适当处理后可作生活饮用水；

Ⅴ类：地下水化学组分含量高，不宜作为生活饮用水水源，其他用水可根据使用目的选用。

该标准规定了 93 项指标的标准限值，分为 39 项常规指标和 54 项非常规指标。

④《海水水质标准》（GB 3097—1997）。

海水水质按照海域的不同使用功能和保护目标分为四类。

第一类适用于海洋渔业水域、海上自然保护区和珍稀濒危海洋生物保护区；

第二类适用于水产养殖区、海水浴场、人体直接接触海水的海上运动或娱乐区、与人类食用直接有关的工业用水区；

第三类适用于一般工业用水区、滨海风景旅游区；

第四类适用于海洋港口水域、海洋开发作业区。

该标准规定了 35 项指标的标准限值。

⑤《声环境质量标准》（GB 3096—2008）。

依据区域的使用功能特点和环境质量要求，声环境功能区分为五类。

0 类声环境功能区：指康复疗养区等特别需要安静的区域。

1 类声环境功能区：指以居民住宅、医疗卫生、文化教育、科研设计、行政办公为主要功能，需要保持安静的区域。

2 类声环境功能区：指以商业金融、集市贸易为主要功能，或者居住、商业、工业混杂，需要维护住宅安静的区域。

3 类声环境功能区：指以工业生产、仓储物流为主要功能，需要防止工业噪声对周围环境产生严重影响的区域。

4 类声环境功能区：指交通干线两侧一定距离内，需要防止交通噪声对周围环境产生严重影响的区域，包括 4a 类和 4b 类两种类型。其中，4a 类指高速公路、一级和二级公路、城市快速路、城市主干路、城市次干路、城市轨道交通（地面段）、内河航道两侧区域；4b 类指铁路干线两侧区域。

（2）污染物排放（控制）标准

过去，对于水、气污染物排放标准，大部分是分级别的，分别对应相应的环境功能区，处在类别高的功能区的污染源执行严格的排放限值，处在类别低的功能区的污染源执行宽松的排放限值。目前，污染物排放（控制）标准的制定思路有所调整。

首先，排放标准限值建立在经济可行的控制技术基础上，不分级别。制定国家污染物排放（控制）标准时，明确以技术为依据，采用"污染物达标排放技术"，即以现阶段所能达到的经济可行的最佳适用控制技术为标准的制定依据。国家污染物排放（控制）标准不分级别，不再根据污染源所在区域环境功能，而是根据不同行业的工艺技术、污染物产生量水平、清洁生产水平、处理技术等因素确定各种污染物排放限值。污染物排放（控制）标准以减少单位产品或单位原料的污染物排放量为目标，根据行业生产工艺和污染防治技术的发展，适时对污染物排放（控制）标准进行修订，逐步达到减少污染物排放总量，以实现改善环境质量的目标。

其次，国家污染物排放（控制）标准与环境质量功能区逐步脱离对应关系，由地方根据具体需要补充制定排入特殊保护区的排放（控制）标准。污染物排放（控制）标准的作用对象是污染源，污染源排污量与行业生产工艺和污染防治技术密切相关。而目前这种根据环境质量功能区类别来制定相应级别的污染物排放（控制）标准过于勉强，因为单个污染源与环境质量不具有一一对应的因果关系，一个地方的环境质量受到诸如污染源数量、种类、分布，人口密度，经济水平，环境背景及环境容量等众多因素的制约，必须采取综合整治措施才能达到环境质量标准。

根据环境保护工作的要求，在国土开发密度已经较高、环境承载能力较弱，或环境容量较小、生态环境脆弱，容易发生严重环境问题而需要采取特别保护措施的地区，应严格控制企业的污染物排放行为，在上述地区的企业应执行污染物特别排放限值。

①《大气污染物综合排放标准》（GB 16297—1996）。

该标准规定了 33 种大气污染物的最高允许排放浓度和按排气筒高度限定的最高允许排放速率。适用于尚没有行业排放标准的现有污染源的大气污染物排放管理，以及建设项目的环境影响评价和竣工环境保护验收及其投产后的大气污染物排放管理。随着国民经济的迅速发展和当前大气环境问题的形势日趋严峻，针对大气污染物排放的行业性标准不断增多与完善，按照综合性排放标准与行业性排放标准不交叉执行的原则，该标准的使用范围逐渐缩小。

②《锅炉大气污染物排放标准》（GB 13271—2014）。

经过 3 次修订后，该标准规定了锅炉大气污染物浓度排放限值、检测和监控要求。该标准适用于以燃煤、燃油和燃气为燃料的单台出力 65 t/h（45.5 MW）及以下蒸汽锅炉、各种容量的热水锅炉及有机热载体锅炉；各种容量的层燃炉及抛煤机炉。该标准适用于在用锅炉的大气污染物排放管理，以及锅炉建设项目环境影响评价、环境保护设施设计、竣工环境保护验收及其投产后的大气污染物排放管理。重点地区锅炉执行大气污染物特别排放限值，其地域范围和时间由国务院生态环境主管部门或者省级人民政府规定。

③《污水综合排放标准》（GB 8978—1996）。

根据污水排放去向，按年限规定了第一类污染物（共 13 种）和第二类污染物（共 69 种）的最高允许排放浓度及部分行业最高允许排放量。不分行业和污水排放方式、不分受纳水体的功能类别，第一类污染物一律在车间或车间处理设施排放口采样；第二类污染物在排污单位排放口采样，其最高允许排放浓度及部分行业最高允许排水量按年限分别执行该标准的相应要求。

④《城镇污水处理厂污染物排放标准》（GB 18918—2002）。

适用于城镇污水处理厂出水、废气排放和污泥处置（控制）的管理，规定了污水处理厂出水、废气排放和污泥处置（控制）的污染物浓度限值。

⑤《工业企业厂界环境噪声排放标准》（GB 12348—2008）。

适用于工业及企事业等单位噪声排放的管理、评价及控制。该标准规定了厂界环境噪声排放限值及其测量方法。

⑥《建筑施工场界环境噪声排放标准》（GB 12523—2011）。

适用于周围有敏感建筑物的建筑施工噪声排放管理、评价及控制。该标准规定昼间和夜间的噪声排放限值分别为 70 dB（A）和 55 dB（A）。

（3）《建设项目环境影响评价技术导则 总纲》（HJ 2.1—2016）

2011 年颁布实施的《环境影响评价技术导则 总纲》（HJ 2.1—2011）在促进、规范、指导中国的环境影响评价工作、保护环境、控制环境污染等方面发挥了重要的作用。但随着环境管理方式的转变以及环境影响评价技术的不断发展，现有总纲中部分内容与环境影响管理之间的矛盾也逐渐显现。2017 年 1 月 1 日，《建设项目环境影响评价技术导则 总纲》（HJ 2.1—2016）实施。新总纲以改善环境质量为核心，提出了"依法优化、科学强化和突出核心"的修订思路，明确了优化建设项目环境影响评价的目标和主要内容，提出了导则执行相关的对策与建议，推动将建设项目环境影响评价工作的重点聚焦在环境影响预测和环境保护措施的有效性上。

总的来说，新总纲的出台解决了现存的一些矛盾和不足，对环评的科学性提出了更高的要求，也对环评与其他管理要求和制度衔接做出了合理安排。按照新总纲要求编制的环评报告可以更好地成为职能部门科学决策的依据，指导和规范企业的建设行为，在保护环境方面发挥了更大的作用。

1.3 建设项目环境影响评价的基本内容与程序

1.3.1 建设项目环境影响评价的基本内容

1. 环境影响报告书（表）编制要求

①环境影响报告书编制要求。

a. 环境影响报告书一般包括概述；总则（包括编制依据、评价因子与评价标准、评价工作等级和评价范围、相关规划及环境功能区划、主要环境保护目标等）；建设项目工程分析；环境现状调查与评价；环境影响预测与评价；环境保护措施及其可行性分析；环境影响经济损益分析；环境管理与监测计划；环境影响评价结论和附录附件等内容。

b. 应概括地反映环境影响评价的全部工作成果，突出重点。工程分析应体现工程特点，环境现状调查应反映环境特征，主要环境问题应阐述清楚，影响预测方法应科学，预测结果应可信，环境保护措施应可行、有效，评价结论应明确。

c. 文字应简洁、准确，文本应规范，计量单位应标准化，数据应真实、可信，资料应翔实，应强化先进信息技术的应用，图表信息应满足环境质量现状评价和环境影响预测评价的要求。

②环境影响报告表编制要求。环境影响报告表应采用规定格式，可根据工程特点、环境特征，有针对性突出环境要素或设置专题开展评价。

③环境影响报告书（表）内容涉及国家秘密的，按国家涉密管理有关规定处理。

2. 环境现状调查与评价

环境现状调查与评价的基本要求有两点：①对与建设项目有密切关系的环境要素应全面、详细调查，给出定量的数据并作出分析或评价。对于自然环境的现状调查，可根据建设项目情况进行必要说明。②充分收集和利用评价范围内各例行监测点、断面或站位的近三年环境监测资料或背景值调查资料，当现有资料不能满足要求时，应进行现场调查和测试，现状监测和观测网点应根据各环境要素环境影响评价技术导则要求布设，兼顾均布性和代表性原则。符合相关规划环境影响评价结论及审查意见的建设项目，可直接引用符合时效的相关规划环境影响评价的环境调查资料及有关结论。

环境现状调查方法由环境要素环境影响评价技术导则具体规定。

环境现状调查与评价内容主要包括自然环境现状调查与评价、环境保护目标调查、环境质量现状调查与评价、区域污染源调查。

3. 环境影响预测与评价

（1）环境影响预测与评价的基本要求

①环境影响预测与评价的时段、内容及方法均应根据工程与环境特性、评价工作等级、当地的环境保护要求确定。

②预测和评价的因子应包括反映建设项目特点的常规污染因子、特征污染因子和生态因子，以及反映区域环境质量状况的主要污染因子、特殊污染因子和生态因子。

③须考虑环境质量背景与环境影响评价范围内在建项目同类污染物环境影响的叠加。

④对于环境质量不符合环境功能要求或环境质量改善目标的，应结合区域限期达标规划对环境质量变化进行预测。

（2）环境影响预测与评价的方法

环境预测与评价方法主要有数学模型法、物理模型法、类比调查法等。

（3）环境影响预测与评价的内容

①应重点预测建设项目在生产运行阶段正常工况和非正常工况等情况下的环境影响。

②当建设阶段的大气、地表水、地下水、噪声、振动、生态以及土壤等影响程度较重、影响时间较长时，应进行建设阶段的环境影响预测和评价。

③可根据工程特点、规模、环境敏感程度、影响特征等选择开展建设项目服务期满后的环境影响预测和评价。

④当建设项目排放污染物对环境存在累积影响时，应明确累积影响的影响源，分析项目实施可能发生累积影响的条件、方式和途径，预测项目实施在时间和空间上的累积环境影响。

⑤对以生态影响为主的建设项目，应预测生态系统组成和服务功能的变化趋势，重点分析项目建设和生产运行对环境保护目标的影响。

⑥对存在环境风险的建设项目，应分析环境风险源项，计算环境风险后果，开展环境风险评价。对存在较大潜在人群健康风险的建设项目，应分析人群主要暴露途径。

4. 环境影响评价方法

环境影响评价采用定量评价与定性评价相结合的方法，应以量化评价为主。环境影响评价技术导则规定了评价方法的，应采用规定的方法。选用非环境影响评价技术导则规定方法的，应根据建设项目环境影响特征、影响性质和评价范围等分析其适用性。

1.3.2 环境影响评价的程序

环境影响评价作为一项环境管理制度和一门技术方法，有其特定的程序。环境影响评价程序是指按指导完成环境影响评价的顺序或步骤，可分为管理程序和工作程序。环境影响评价的管理程序主要用于指导环境影响评价工作的监督与管理，是制度的体现；环境影响评价的工作程序主要用于指导环境影响评价工作的具体实施，是方法的体现。

1. 管理程序

拟建项目建设单位从环境影响评价申报（咨询）到环境影响报告书（表）审查通过或环境影响登记表进行备案的全过程，每一步都必须按照法定程序的要求执行。相关内容如下：

（1）环境影响报告书（表）的审批

依法应当编制环境影响报告书、环境影响报告表的建设项目，建设单位应当在开工建设前将环境影响报告书、环境影响报告表上报有审批权的生态环境主管部门审批；建设项目的环境影响评价文件未依法经审批部门审查或者审查后未予批准的，建设单位不得开工建设。

生态环境主管部门审批环境影响报告书、环境影响报告表，应当重点审查建设项目的环境可行性、环境影响分析预测评估的可靠性、环境保护措施的有效性、环境影响评价结论的科学性等，并分别自收到环境影响报告书之日起 60 日内、收到环境影响报告表之日起 30 日内，做出审批决定并书面通知建设单位。

生态环境主管部门可以组织技术机构对建设项目环境影响报告书、环境影响报告表进行技术评估，并承担相应费用；技术机构应当对其提出的技术评估意见负责，不得向建设单位、从事环境影响评价工作的技术单位收取任何费用。

（2）环境影响登记表的备案

应当依法填报环境影响登记表的建设项目，建设单位应当按照国务院生态环境主管部门的规定将环境影响登记表报建设项目所在地县级生态环境主管部门备案。建设项目的建设地点涉及多个县级行政区域的，建设单位应当分别向各建设地点所在地的县级生态环境主管部门备案。

建设项目环境影响登记表备案采用网上备案方式。对国家规定需要保密的建设项目，其环境影响登记表备案采用纸质备案方式。生态环境部统一布设建设项目环境影响登记表网上备案系统。

建设单位应当在建设项目建成并投入生产运营前，登录网上备案系统，在网上备案系统注册真实信息，在线填报并提交建设项目环境影响登记表。建设单位在线提交环境影响登记表后，网上备案系统自动生成备案编号和回执，该建设项目环境影响登记表备案即为完成。

（3）环境保护设施竣工验收

编制环境影响报告书、环境影响报告表的建设项目竣工后，建设单位应当按照国务院生态环境主管部门规定的标准和程序，对配套建设的环境保护设施进行验收，编制验收报告。

建设单位在环境保护设施验收过程中，应当如实查验、监测、记载建设项目环境保护设施的建设和调试情况，不得弄虚作假。除按照国家规定需要保密的情形外，建设单位应当依法向社会公开验收报告。

建设项目配套建设的环境保护设施经验收合格后，其主体工程方可投入生产或者使用；未经验收或者验收不合格的，不得投入生产或者使用。

（4）环境影响后评价

建设项目投入生产或者使用后，应当按照原环境保护部发布的《建设项目环境影响后评价管理办法（试行）》（环境保护部令 第 37 号）开展环境影响后评价。

环境影响后评价是指编制环境影响报告书的建设项目在通过环境保护设施竣工验收且稳定运行一定时期后，对其实际产生的环境影响以及污染防治、生态保护和风险防范措施的有效性进行跟踪监测和验证评价，并提出补救方案或者改进措施，提高环境影响评价有效性的方法与制度。

下列建设项目运行过程中产生不符合经审批的环境影响报告书情形的，应当开展环境影响后评价。如水利、水电、采掘、港口、铁路等行业中实际环境影响程度和范围较大，且主要环境影响在项目建成运行一定时期后逐步显现的建设项目，以及其他行业中穿越重要生态环境敏感区的建设项目；冶金、石化和化工行业中有重大环境风险，建设地点敏感，且持续排放重金属或者持久性有机污染物的建设项目；审批环境影响报告书的生态环境主管部门认为应当开展环境影响后评价的其他建设项目。

建设单位或者生产经营单位应当在建设项目正式投入生产或者运营后三至五年内开展环境影响后评价。原审批环境影响报告书的生态环境主管部门也可以根据建设项目的环境影响和环境要素变化特征，确定开展环境影响后评价的时限。

建设单位或者生产经营单位负责组织开展环境影响后评价工作，编制环境影响后评价文件，并对环境影响后评价结论负责。建设单位或者生产经营单位可以委托环境影响评价机构、工程设计单位、大专院校和相关评估机构等编制环境影响后评价文件。编制建设项目环境影响报告书的环境影响评价机构，原则上不得承担该建设项目环境影响后评价文件的编制工作。

建设单位或者生产经营单位应当将环境影响后评价文件报原审批环境影响报告书的生态环境主管部门备案，并接受监督检查。

2. 工作程序

建设项目环境影响评价是一项复杂的、程序化的系统性工作，其工作程序可依据《建设项目环境影响评价技术导则 总纲》（HJ 2.1—2016）执行。环境影响评价工作一般分为三个阶段，即调查分析和工作方案制定阶段（第一阶段），分析论证和预测评价阶段（第二阶段），环境影响报告书（表）编制阶段（第三阶段）。具体流程见图1.2。

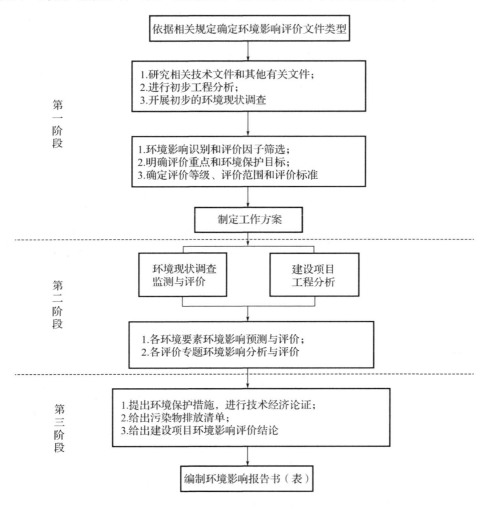

图1.2 建设项目环境影响评价工作程序

第一阶段，在初步研究建设项目工程技术文件的基础上，根据建设项目的工程特点和建设项目的基本情况，依据相关法律法规确定环境影响评价文件的类型。结合建设项目所在地区的环境现状，识别可能的环境影响，筛选确定评价因子，按各环境要素和评价专题确定环境影响评价等级与范围，选取适宜的评价标准，制定环境影响评价工作方案。

第二阶段，在项目所在地区环境现状调查和深入工程分析的基础上，开展各环境要素和评价专题的影响分析和预测。

第三阶段，在总结各环境要素和评价专题的评价结果的基础上，综合给出建设项目环境影响评价结论，编制环境影响评价文件。

第2章 工程分析

2.1 工程分析的作用与原则

2.1.1 工程分析的作用

1. 工程分析是项目决策的重要依据

建设项目工程分析从项目建设性质、产品结构、生产规模、原料路线、工艺技术、设备选型、能源结构、技术经济指标、总图布置方案等基础资料入手，确定工程建设和运行过程中的产污环节、核算污染源强、计算排放总量。

从环境保护的角度分析技术经济先进性、污染治理措施的可行性、总图布置合理性、达标排放可能性。衡量建设项目是否符合国家产业政策、环境保护政策和相关法律法规的要求，确定建设该项目的环境可行性。

2. 工程分析为各专题预测评价提供基础数据

工程分析是环境影响评价的基础，工程分析给出的产污节点、污染源坐标、源强、污染物排放方式和排放去向等技术参数是大气环境、水环境、噪声环境影响预测计算的依据，为定量评价建设项目对环境影响的程度和范围提供了可靠的保证，为评价污染防治对策的可行性提出改进完善建议，从而为实现污染物排放总量控制创造条件。

3. 工程分析为环保设计提供优化建议

项目的环境保护设计是在已知生产工艺过程中产生污染物的环节和数量的基础上，采用必要的治理措施，实现达标排放，一般很少考虑对环境质量的影响，对于改扩建项目则更少考虑原有生产装置环保"欠账"问题以及环境承载能力。环境影响评价中的工程分析需要对生产工艺进行优化论证，提出满足清洁生产要求的清洁生产工艺方案，实现"增产不增污"或"增产减污"的目标，使环境质量得以改善或不使环境质量恶化，起到对环保设计优化的作用。

分析所采取的污染防治措施的先进性、可靠性，必要时要提出进一步改进、完善治理措施的建议，对改扩建项目尚须提出"以新带老"的计划，并反馈到设计当中去予以落实。

4．工程分析为环境的科学管理提供依据

工程分析筛选的主要污染因子是项目生产单位和环境管理部门日常管理的对象，所提出的环境保护措施是工程验收的重要依据，为保护环境所核定的污染物排放总量是开发建设活动进行污染控制的目标。

2.1.2　工程分析的技术原则

①要体现政策性。在国家制定的一系列方针、政策和法规中，对建设项目的环境要求都有明确的规定，贯彻执行这些规定是评价单位义不容辞的责任。

②要具有针对性。工程特征的多样性决定了影响环境因素的复杂性。工程分析应根据建设项目的性质、类型、规模、污染物种类、数量、毒性、排放方式、排放去向等工程特征，通过全面系统分析，从众多的污染因素中筛选出对环境干扰强烈、影响范围大，并有致害威胁的主要因子作为评价主攻对象，尤其应明确拟建项目的特征污染因子。

③应为各专题评价提供定量而准确的基础资料。工程分析数据是各评价专题的基础，所提供的特征参数，特别是污染物最终排放量是各专题开展影响预测的基础数据。

④应从环保角度为项目选址、工程设计提出优化建议。根据国家颁布的环保法规和当地环境规划等条件，有理有据地提出优化选址、合理布局、最佳布置等建议。根据环保技术政策分析生产工艺的先进性。根据当地环境条件对工程设计提出合理建设规模和污染排放有关建议，防止只顾经济效益忽视环境效益。分析拟定的环保措施方案的可行性，提出必须保证的环保措施。

2.1.3　工程分析的基本要求

工程分析应根据各类型建设项目的工程内容及其特征突出重点，对环境可能产生较大影响的主要因素要进行深入分析。

应用的数据资料要真实、准确、可信，对建设项目的规划、可行性研究和初步设计等技术文件中提供的资料、数据、图件等，应进行分析后引用；引用现有资料进行环境影响评价时，应分析其时效性；类比分析数据、资料应分析其相同性或者相似性。

结合建设项目工程组成、规模、工艺路线，对建设项目环境影响因素、方式、强度等进行详细分析与说明。

2.1.4　工程分析的方法

当建设项目的规划、可行性研究和设计等技术文件不能满足评价要求时，应根据具体情况选用适当的方法进行工程分析。目前采用较多的工程分析方法有类比分析法、物料平衡计算法、查阅参考资料分析法等。

1. 类比分析法

类比分析法是利用与拟建项目类型相同的现有项目的设计资料或实测数据进行工程分析的一种方法。采用此法时，应充分注意分析对象与类比对象之间的相似性，如：

（1）工程一般特征的相似性。包括建设项目的性质、建设规模、车间组成、产品结构、工艺路线、生产方法、原料燃料来源与成分、用水量和设备类型等。

（2）污染物排放特征的相似性。包括污染物排放类型、浓度、强度与数量，排放方式与趋向，以及污染方式与途径。

（3）环境特征的相似性。包括气象条件、地貌状况、生态特点、环境功能以及区域污染情况等方面的相似性。因为在生产建设中常遇到这种情况，即某污染物在甲地是主要污染因素，在乙地则可能是次要因素，甚至是可被忽略的因素。

类比分析法也常用单位产品的经验排污系数去计算污染物排放量。但一定要根据生产规模等工程特征和生产管理以及外部因素等实际情况进行必要的修正。经验排污系数法公式为式（2.1）和（2.2）。

$$A = AD \times M \tag{2.1}$$

$$AD = BD - (aD + bD + cD + dD) \tag{2.2}$$

式中：A 为某污染物的排放总量；AD 为单位产品某污染物的排放定额；M 为产品总产量；BD 为单位产品投入或生成的某污染物的量；aD 为单位产品中某污染物的量；bD 为单位产品所生成的副产品、回收品中某污染物的量；cD 为单位产品分解转化掉的污染物的量；dD 为单位产品被净化处理掉的污染物的量。

2. 物料平衡计算法

物料平衡计算法以理论计算为基础，比较简单，此法的基本原则是遵守质量守恒定律，即在生产过程中投入系统的物料总量必须等于产出的产品量和物料流失量之和。其计算通式为式（2.3）。

$$\sum M_{投入} = \sum M_{产品} + \sum M_{流失} \tag{2.3}$$

式中：$\sum M_{投入}$ 为投入系统的物料总量；$\sum M_{产品}$ 为产出产品总量；$\sum M_{流失}$ 为物料流失总量。

当投入的物料总量在生产过程中发生化学反应时，可按下列总量法或定额法公式进行衡算，见式（2.4）。

$$\sum G_{排放} = \sum G_{投入} - \sum G_{回收} - \sum G_{处理} - \sum G_{转化} - \sum G_{产品} \tag{2.4}$$

式中：$\sum G_{排放}$ 为某污染物的排放量；$\sum G_{投入}$ 为投入物料中的某污染物总量；$\sum G_{回收}$ 为进入回收产品中的污染物总量；$\sum G_{处理}$ 为经过净化处理掉的某污染物总量；$\sum G_{转化}$ 为生产过程中被分解、转化的某污染物总量；$\sum G_{产品}$ 为进入产品结构中的某污染物总量。

采用物料平衡计算法计算污染物排放量时，必须对生产工艺、化学反应、副反应和管理等情况进行全面了解，掌握原料、辅助材料、燃料的成分和消耗定额。

3. 查阅参考资料分析法

查阅参考资料分析法是利用同类工程已有的环境影响报告书或可行性研究报告等资料进行工程分析。虽然此法较为简单，但所得的数据的准确性很难保证。当评价时间短且评价工作等级较低时，或在无法采用以上两种方法的情况下，可采用此方法。此方法还可以作为以上两种方法的补充方法。

2.2 污染型项目工程分析主要内容

根据建设项目对环境影响的不同，工程分析可以分为以污染影响为主的污染型建设项目的工程分析和以生态破坏为主的生态影响型建设项目的工程分析。对于环境影响以污染因素为主的建设项目来说，工程分析的工作内容，原则上应根据建设项目的工程特征，包括建设项目的类型、性质、规模、开发建设方式与强度、能源与资源用量、污染物排放特征以及项目所在地的环境条件来确定。其工作内容通常包括六部分，具体如下所述。

2.2.1 工程概况

1. 工程一般特征简介

工程一般特征简介主要是介绍项目的基本内容，包括工程名称、建设性质、建设地点、建设规模、产品方案、主要技术经济指标、配套方案、储运方式、占地面积、职工人数、工程总投资等，附总工程平面布置图。

2. 物料及能源等消耗定额

物料及能源等消耗定额包括主要原料、辅助材料、助剂、能源（煤、油、气、电和蒸气）以及水等的来源、成分和消耗量。

3. 主要设备及辅助设施

主要设备和辅助设施包括生产设备和辅助设备如供热、供气、供电（自备发电机）和污染治理设施等。

2.2.2 工艺流程及产污环节分析

一般情况下，工艺流程应在设计单位或建设单位的可行性研究或设计文件基础上，根据工艺过程的描述及同类项目生产的实际情况进行绘制（一般大型项目绘制装置流程图，小型项目绘制方块流程图）。环境影响评价工艺流程图有别于工程设计工艺流程图，环境影响评价关心的是在生产工艺过程中产生污染物的具体部位、污染物的种类和数量。所以绘制污染工艺流程图应包括产生污染物的装置和工艺流程，不产生污染物的过程和装置可以简化，有化学反应产生的工序要列出主要化学反应式和副反应式，并在总平面布置图上标出污染源的准确位置，以便为其他专题评价提供可靠的污染源资料。

2.2.3 污染物分析

1. 污染物分布及污染源源强核算

污染物分布和污染物类型及排放量是各专题评价的基础资料，必须按建设过程、生产过程两个时期来进行详细核算和统计。根据项目评价需求，一些项目还应对服务期满后（退役期）的影响源强进行核算。因此，应根据已经绘制的污染流程图对污染物按排放点编号，并标明污染物排放部位，然后列表逐点统计各种因子的排放强度、浓度及数量。对于最终排入环境的污染物，确定其是否达标排放，达标排放必须以项目的最大负荷核算。比如燃煤锅炉二氧化硫、烟尘排放量，必须要以锅炉最大产气量时所耗的燃煤量为基础进行核算。

对于废气可按点源、面源、线源进行核算，说明源强、排放方式和排放高度及存在的有关问题；对于废水应说明种类、成分、浓度、排放方式、排放去向；按《中华人民共和国固体废物污染环境防治法》对废物进行分类，对于废液应说明种类、成分、浓度、是否属于危险废物、处置方式和去向等有关问题；对于废渣应说明有害成分、溶出物浓度、数量、处理和处置方式、储存方法；对于噪声和放射性应列表说明源强、剂量及分布。

①对于新建项目污染物排放量统计，需按废水污染物和废气污染物分别统计各种污染物排放总量。固体废物按照我国规定统计一般固体废物和危险废物，且应算清两本账：一本是工程自身的污染物设计排放量；另一本则是按治理规划和评价规定措施实施后，能够实现的污染物削减量。两本账之差才是评价需要的污染物最终排放量，参见表2.1。

表 2.1　新建项目污染物排放量统计

类别	污染物名称	产生量	治理削减量	排放量
废气				
废水				
固体废物				

②现有污染源源强。改扩建项目在统计污染物排放量的过程中，应算清新老污染源三本账：第一本账是改扩建与技术改造前现有的污染物实际排放量，第二本账是改扩建与技

术改造项目按计划实施的自身污染物排放量，第三本账是实施治理措施和评价规定措施后能够实现的污染削减量。三本账之代数和方可作为评价后所需的最终排放量，可以用表2.2列出。

表 2.2 改扩建项目和技术改造项目排放量统计

类别	污染物	现有工程排放量	拟建项目排放量	"以新带老"削减量	工程完成后总排放量	增减量变化
废气						
废水						
固体废物						

2. 物料平衡和水平衡

在环境影响评价进行工程分析时，必须根据不同行业的具体特点，选择若干有代表性的物料，主要是有毒有害的物料，进行物料衡算。

水作为工业生产中的原料和载体，在任一用水单元内都存在着水量的平衡关系，也同样可以依据质量守恒定律，进行质量平衡计算，这就是水平衡。工业用水量和排水量的关系见图 2.1，水平衡公式如式（2.5）所示。

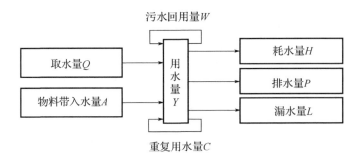

图 2.1 工业用水量和排水量的关系

$$Q+A = H+P+L \tag{2.5}$$

取水量 Q：工业用水的取水量是指取自地表水、地下水、自来水、海水、城市污水及其他水源的总水量。对于建设项目，工业取水量包括生产用水和生活用水。工业取水量＝间接冷却水量＋工艺用水量＋锅炉给水量＋生活用水量。

重复用水量 C：指生产厂（建设项目）内部循环使用和循序使用的总水量。

耗水量 H：指整个工程项目消耗掉的新鲜水量总和。见式（2.6）。

$$H = Q_1+Q_2+Q_3+Q_4+Q_5+Q_6 \tag{2.6}$$

式中：Q_1 为产品含水，即由产品带走的水；Q_2 为间接冷却水系统补充的水量，即循环冷却水系统补充水量；Q_3 为洗涤用水（包括装置和生产区地坪冲洗水）、直接冷却水和其他工艺用水量之和；Q_4 为锅炉运转消耗的水量；Q_5 为水处理用水量，指再生水处理装置所需的用水量；Q_6 为生活用水量。

3. 污染物排放总量控制建议指标

在核算污染物排放量的基础上，按国家对污染物排放总量控制指标的要求，指出工程污染物排放总量控制建议指标，污染物排放总量控制建议指标应包括国家规定的指标和项目的特征污染物，其单位为吨/年（t/a）。提出的工程污染物排放总量控制建议指标必须满足以下要求：一是满足达标排放的要求，二是符合其他环保相关要求（特殊控制的区域和河段），三是技术上可行。

4. 无组织排放源的统计

无组织排放是指生产装置在生产运行过程中污染物不经过排气筒（管）的无规则排放，表现在生产工艺过程中具有弥散型的污染物的无组织排放，以及设备、管道和管件的跑冒滴漏，在空气中的蒸发、逸散引起的无组织排放。其确定方法主要有三种：

①物料衡算法。通过全厂物料的投入产出分析，核算无组织排放量。

②类比法。与工艺相同、使用原料相似的同类工厂进行类比，在此基础上，核算本厂无组织排放量。

③反推法。通过对同类工厂正常生产时无组织监控点进行现场监测，利用面源扩散模式进行反推，以此确定工厂无组织排放量。

5. 非正常工况排污的源强统计与分析

非正常工况排污是指工艺设备或环保设施达不到设计规定指标的超额排污，在风险评价中，应以此作为源强。非正常工况排污还包括设备检修、开车停车、试验性生产等。此类异常排污分析都应重点说明异常情况的原因、发生频率和处置方法。

2.2.4　清洁生产水平分析

1. 清洁生产的概念

《建设项目环境保护管理条例》规定，工业建设项目应当采用能耗物耗小、污染物产生量少的清洁生产工艺，合理利用自然资源，防止环境污染和生态破坏。因此，清洁生产水平分析逐步在建设项目环境影响评价中得到了应用。《中华人民共和国清洁生产促进法》实施后，原国家环保总局在《关于贯彻落实〈清洁生产促进法〉的若干意见》中，明确提出了建设项目应当采用清洁生产技术、工艺和设备，环境影响评价报告书应包括清洁生产分析专题的要求。

清洁生产在不同的发展阶段或不同的国家有着不同的提法。联合国环境署关于清洁生产的定义：清洁生产是指将整体预防的环境战略持续应用于生产过程、产品和服务中，以期增加生态效率并减少对人类和环境的风险。对生产过程，清洁生产包括节约原材料，淘汰有毒原材料，减少和降低所有废弃物的数量和毒性；对产品，清洁生产战略旨在减少从原材料提炼到产品最终处置的全生命周期的不利影响；对服务，要求将环境因素纳入设计和所提供的服务中。《中华人民共和国清洁生产促进法》提出，清洁生产是指不断采取改进设计、使用清洁的能源和原料、采用先进的工艺技术与设备、改善管理、综合利用等措施，从源头削减污染，提高资源利用效率，减少或者避免生产、服务和产品使用过程中污染物的产生和排放，以减轻或者消除对人类健康和环境的危害。

清洁生产体现的是"预防为主"的方针，达到"节能、降耗、减污、增效"的目的。建设项目环境影响评价中开展清洁生产分析，可以促使企业调整投资结构，实现从末端治理到全过程控制的战略转移，促进企业生产健康、持久、有序发展。

2. 清洁生产指标等级

目前生态环境部推出的清洁生产标准中，将清洁生产指标分为三级：

一级代表国际清洁生产先进水平。当一个建设项目全部达到一级标准时，表明该项目在生产工艺、装备选择、资源能源利用、产品设计选用、生产过程废弃物的产生量控制、废物回收利用和环境管理等方面做得非常好，达到国际先进水平，该项目在清洁生产方面是一个很好的项目。

二级代表国内清洁生产先进水平。当一个项目全部达到二级标准或以上时，表明该项目清洁生产指标达到国内先进水平，从清洁生产角度衡量是一个好项目。

三级代表国内清洁生产基本水平。当一个项目全部达到三级标准时，表明该项目清洁生产指标达到一定水平，但对于新建项目，尚需作出较大的调整和改进，使之达到国内先进水平，对于国家明令限制盲目发展的项目，应当在清洁生产方面提出更高的要求。

当一个项目大部分达到一级标准，而有少部分指标尚处于较低水平时，应分析原因，提出改进措施。

3. 清洁生产分析指标的选取原则

从产品生命周期的全过程考虑。制定清洁生产指标是依据生命周期分析理论，围绕产品生命周期展开的清洁生产分析。生命周期分析法是清洁生产指标选取的一个最重要原则，它是从一个产品的整个寿命周期全过程考察其对环境的影响，如从原材料的采掘，到产品的生产，再到产品的销售，直至产品报废后的处理、处置。这种分析方法并非对建设项目要求进行严格意义上的生命周期评价，而是要借助它来确定环境影响评价中清洁生产评价指标的范围。

体现污染预防为主的原则。清洁生产指标必须体现预防为主的原则，要求完全不考虑末端治理，因此污染物产生指标是指污染物离开生产线时的数量和浓度，而不是经过处理后的数量和浓度。清洁生产指标主要反映出建设项目实施过程中所用的资源量即产生的废物量，包括使用能源、水或其他资源的情况，通过对这些指标的评价能够反映出建设项目通过节约和更有效的资源利用来达到保护自然资源的目的。

容易量化的原则。清洁生产指标要力求定量化，对于难以量化的指标也应给出文字说明。为了使所确定的清洁生产指标既能够反映建设项目的主要情况又简便易行，在设计时要充分考虑指标体系的可操作性。因此，应尽量选择容易量化的指标。

满足政策法规要求和符合行业发展趋势。清洁生产指标应符合产业政策和行业发展趋势要求，并应根据行业特点，考虑各种产品的生产过程来选取指标。

4. 清洁生产评价指标的分类

依据生命周期分析的原则，环评中的清洁生产评价指标可分为六大类：生产工艺与装备要求、资源能源利用指标、产品指标、污染物产生指标、废物回收利用指标和环境管理要求。在六大类指标中，既有定性指标，又有定量指标。资源能源利用指标和污染物产生指标在清洁生产审核中是非常重要的两类定量指标，其余四类指标为定性指标或者半定量指标。

2.2.5　环保措施方案分析

环保措施方案分析包括两个层次，首先对项目可行性研究报告等文件提供的污染防治措施进行技术先进性、经济合理性及运行可靠性的评价，若所提措施有的不能满足环保要求，则需提出切实可行的改进完善建议，包括替代方案。分析要点如下：

分析建设项目可行性研究阶段环保措施方案并提出改进建议。根据项目产生污染物的特征，充分调查同类企业和现有环保处理方案的经济技术运行指标，分析项目可行性研究阶段所采用的环保设施的经济技术可行性，在此基础上提出改进的意见。

分析项目采用的污染处理工艺在排放污染物达标方面的可靠性。根据现有同类环保设施的经济技术运行指标，结合项目排放污染物的特征和防治措施的合理性，分析项目环保设施运行、确保污染物达标排放的可靠性并提出改进意见。

分析环保设施投资构成及其在总投资中所占的比例。汇总项目各项环保设施投资，分析其结构，计算环保投资在总投资中的比例。一般可按水、气、声、固废、绿化等列出环保投资一览表。对改扩建项目，一览表还应包括"以新带老"的环保投资。

分析依托设施的可行性。对于改扩建项目，原有工程的环保措施有相当一部分是可以利用的，如现有污水处理厂、固废填埋场、焚烧炉等。原有环保设施是否能满足改扩建后的要求，需要认真核实，分析依托的可靠性。随着经济的发展，依托公用环保设施已经成为区域环境污染防治的重要组成部分。对于项目产生废水经过简单处理后排入区域或城市污水处理厂进一步处理和排放的项目，除了对其采用的污染防治技术的可靠性、可行性进行分析评价外，还应对接纳排水的污水处理厂的工艺合理性进行分析，看其处理工艺是否与项目排水的水质相容；对于可以进一步利用的废气，要结合所在区域的社会经济特点，分析其集中收集、净化、利用的可行性；对于固体废物，则要根据项目所在地的环境、社会经济特点，分析其综合利用的可能性；对于危险废物，则要分析其能否得到妥善处置。

2.2.6 总图布置方案分析

分析厂区与周围的保护目标之间所定卫生防护距离和安全防护距离的保证性。参考国家的有关卫生和安全防护距离规范，调查、分析厂区与周围的保护目标之间所定防护距离的可靠性，合理布置建设项目的各构筑物及生产设施，给出总图布置方案与外环境关系图。

确定卫生防护距离有两种方法：一种是按国家已颁布的某行业的卫生防护距离，根据建设规模和当地气象资料直接确定；另一种是尚无行业卫生防护距离标准的，可利用《制定地方大气污染物排放标准的技术方法》（GB/T 3840—91）推荐的公式进行计算。

根据气象、水文等自然条件分析工厂和车间布置的合理性。在充分掌握项目建设地点的气象、水文和地质资料的条件下，认真考虑这些因素对污染物的污染特性的影响，合理布置工厂和车间，尽可能减少对环境的不利影响。

分析对周围环境敏感点处置措施的可行性。分析项目所产生的污染物的特点及其污染特征，结合现有的有关资料，确定建设项目对附近环境敏感点的影响程度，在此基础上提出切实可行的处置措施（如搬迁、防护等）。

2.3 生态影响型项目工程分析主要内容与技术要点

2.3.1 主要内容

生态影响型项目工程分析的内容应结合工程特点，提出工程施工期和运营期的影响和潜在影响因素，能量化的要给出量化指标。生态影响型项目工程分析应包括以下基本内容：

①工程概况介绍工程的名称、建设地点、性质、规模和工程特性，并给出工程特性表。按工程的特点给出工程的项目组成表，并说明工程不同时期的主要活动内容与方式；阐明工程的主要设计方案，介绍工程的施工布置，并给出施工布置图。

②施工规划。结合工程的建设进度，介绍工程施工规划，对与生态环境保护有重要关系的规划建设内容和施工进度做详细介绍。

③生态环境影响源分析。通过调查，对项目建设可能造成生态环境影响的活动（影响源和影响因素）的强度、范围、方式进行分析，能定量的要给出定量数据。对于占地类型（湿地、滩涂、耕地、林地等）与面积、植被破坏量（特别是珍稀植物的破坏量）、淹没面积、移民数量、水土流失量等分析项，均应给出量化数据。

④主要污染物与源强分析。对于项目建设中的主要污染物如废水、废气、固体废物的

排放量和噪声发生源源强，须给出生产废水和生活污水的排放量和主要污染物排放量；须给出废气排放源点位，说明源性质（固定源、移动源、连续源、瞬时源），主要污染物产生量；针对固体废物，须给出工程弃渣和生活垃圾的产生量；针对噪声则要给出主要噪声源的种类和声源强度。

⑤替代方案。介绍工程选点、选线和工程设计中就不同方案所做的比选工作内容，说明推荐方案理由，以便从环境保护的角度分析工程选线、选址推荐方案的合理性。

2.3.2　技术要点

生态影响型项目的工程分析一般要把握如下几点技术要点：

①工程组成完整。即把所有工程活动都纳入分析中，一般建设项目工程组成有主体工程、辅助工程、配套工程、公用工程和环保工程。有的将作业场等支柱性工程称为大临工程（大型临时工程）或储运工程系列，都是可以的。但必须将所有的工程建设活动，无论是临时的还是永久的，施工期的还是运营期的，直接的还是相关的，都考虑在内。一般应有完善的项目组成表，明确的占地、施工、技术标准等主要内容。

②重点工程明确。造成主要环境影响的工程，应作为重点的工程分析对象，明确其名称、位置、规模、建设方案、施工方案、运营方式等。一般还应将其所涉及的环境作为分析对象，因为同样的工程发生在不同的环境中，其影响作用是不相同的。

③全过程分析。生态环境影响是一个过程，不同时期有不同的问题需要解决，因此必须作全过程分析。一般可将全过程分为选址选线期（工程预可行性研究期）、设计方案期（初步设计与工程设计）、建设期（施工期）、运营期和运营后期（结束期、闭矿、设备退役和渣场封闭）。

④污染源分析。明确产生主要污染物的源，污染物类型、源强、排放方式和纳污环境等。污染源可能发生于施工建设阶段，亦可能发生于运营期。污染源的控制要求与纳污的环境功能密切相关，因此必须同纳污环境联系起来做分析。

⑤其他分析。施工建设方式、运营期方式不同，都会对环境产生不同的影响，需要在工程分析时给予考虑。有些污染发生的可能性不大，一旦发生将会产生重大影响，则可作为风险问题考虑。例如，公路运输农药时，车辆可能在跨越水库或水源地时发生事故性泄漏等。

第3章 环境现状调查与评价

3.1 自然环境与社会环境调查

通过环境现状调查，可以了解建设项目的社会经济背景和相关产业政策等信息，掌握项目建设地的自然环境概况和环境功能区划，同时可以通过现场监测等手段，获得建设项目实施前该地区的大气环境、水环境和声环境质量等现状数据，为建设项目的环境影响预测提供科学的背景。

3.1.1 环境现状调查的一般原则和方法

环境现状调查的一般原则包括以下三点。

①根据建设项目污染源、影响因素及所在地区的环境特点，结合各单项环境影响评价等级，确定各环境要素的现状调查范围，并筛选出调查的因素、项目及重点因子。

②环境现状调查时，首先应收集现有的资料，当这些资料不能满足要求时，需要进行现场调查和测试。收集现有资料时应注意其有效性。

③环境现状调查中，对环境中与评价项目有密切关系的部分（如大气、地面水等）应进行全面、详细的调查。对这些部分的环境质量现状应有定量的数据，并做出分析或评价；对一般自然环境和社会环境的调查，应根据评价地区的实际情况适当增删。

环境质量现状调查的常见方法有三种。

①收集资料法。此法应用范围广，比较节省人力、物力和时间，是首选的方法。但此法只能获得二手资料，而且往往不全面，不能完全满足要求，需要其他方法补充。

②现场调查法。此法可以针对项目评价的需要，直接获得第一手资料。但此法费时、费力，有时还受季节、仪器条件的限制。

③遥感法。此法可以从整体上了解一个区域的环境特点，可以弄清楚人类无法到达地区的地表环境情况，如森林、海洋、沙漠等。此法一般只作为辅助方法，绝大多数情况不直接使用飞行拍摄的方法，只判读和分析已有的航空或卫星照片。

3.1.2　自然环境调查的内容和要求

1. 地理位置

地理位置调查一般简要了解建设项目所处的经度、纬度、行政区位置、交通条件和周围（"四至"）情况，并附区域平面图。对于原辅材料和产品运输量较大的建设项目，应较详细地了解交通运输条件；对于污染型建设项目，要重点关注周围敏感保护对象的规模、方位和距离，一般应在区域平面图中标注位置；对于易受到污染影响的建设项目（如房地产、学校、医院等），应重点关注周围的污染源规模、方位和距离，一般应在区域平面图中标注位置。

2. 地质环境

地质环境调查一般只需根据现有资料，概要说明当地的地质概况。当建设项目较小或与地质条件无关时，可不进行地质环境调查。对于与地质条件密切相关的生态影响类建设项目如矿山等，应进行较为详细的调查。一些特别有危害的地质现象如地震等，也需加以说明。

3. 地形地貌

地形地貌调查一般只需收集现有资料，包括建设项目所在地区海拔、地形特征、地貌类型等，以及滑坡、泥石流等有危害的地貌现象及分布情况。对于与地形地貌密切相关的建设项目，应对上述资料进行详细收集，包括地形图，必要时还应进行一定的现场调查。

4. 气候与气象

气候与气象调查一般只需收集现有资料，包括项目所在地气候类型及特征，列出平均气温、最热月平均气温、年平均气温、绝对最高气温、绝对最低气温、年均风速、最大风速、主导风向、次主导风向、年蒸发量、降水量的分布、年日照时数、灾害性天气等。对于需要开展大气环境影响预测评价的项目，应收集项目建设地区近几年的各季节（月份）各风向频率、各风向下的平均风速和大气稳定度联合频率等资料。

5. 地面水环境

地面水环境调查应充分调查收集已有的项目建设地地面水状况资料，列出评价区内的江、河、湖、水库、海的名称、数量、发源地，评价区段水文情况。对于江、河，应给出年平均径流量、平均流量、河宽、比降、弯曲系数、平枯丰三个水期的流量和流速（某一保证率下的）。明确周围水体，特别是纳污水体的功能区划。了解评价区内以及纳污水体的上下游是否有饮用水水源保护区。现有资料不能满足要求时，进行现场调查与监测。

6. 地下水环境

地下水环境调查应根据资料简要说明项目建设地地下水的类型、埋藏深度、水质类型以及开采利用情况等。若需进行地下水环境影响评价，应进一步调查地下水的物理、化学特性和污染情况等，当资料不全时，应进行现场采样分析。

7. 声环境

根据项目评价等级，声环境调查的内容包括：评价范围内现有噪声源种类、数量及相应的噪声级；评价范围内现有噪声敏感目标、噪声功能区划分情况；评价范围内各噪声功能区的环境噪声现状、各功能区环境噪声超标情况、边界噪声超标以及受噪声影响人口分布情况。

8. 土壤与水土流失

土壤与水土流失调查即根据现有资料简述项目建设地区主要土壤类型及其分布、使用情况、污染或质量现状，水土流失现状及原因。对于有水土保持方案的建设项目，可充分利用其相关资料和结论。

9. 动植物与生态

动植物与生态调查即根据现有资料或现场调查简述项目建设区周围植被情况，如生态类型、主要组成、植被覆盖率等，有无国家保护的野生动物、野生植物情况。当项目较小时，可不叙述；当项目较大时，应进行详细叙述。

3.1.3 社会环境调查的内容和要求

1. 社会经济调查

社会经济调查即对建设项目所在地区的社会经济状况调查和发展规划，包括区域概况、总体发展规划（特别是用地规划）及产业定位；人口数量及分布特点；国家及地方的产业政策，当地产业结构、产值与能源供给、消耗方式；农业结构、规模、产量与土地利用现状，必要时附土地利用图；该地区公路、铁路和水路交通运输情况及与本项目的关系；等等。

2. 人文遗迹、自然遗迹与景观调查

人文遗迹、自然遗迹与景观调查可利用现有资料，了解建设项目周围有哪些重要的遗迹与景观。如建设项目与遗迹或景观密切相关，除详细了解上述情况外，还应进行必要的现场调查，进一步了解遗址或景观对人类活动的敏感性。

3. 人群健康状况及地方病调查

当建设项目规模较大且拟排污染物毒性较大时，应进行一定区域人群健康调查。人群健康状况及地方病调查需给出人体健康调查的区域、调查人数、性别、年龄、职业构成、体检项目、检查方法、调查结果的数理统计以及污染区与对照区的比较分析。

3.2　环境空气质量现状调查与评价

3.2.1　调查内容和目的

1. 一级评价项目

①调查项目所在区域环境质量达标情况，作为项目所在区域是否为达标区的判断依据。

②调查评价范围内有环境质量标准的评价因子的环境质量监测数据或进行补充监测，用于评价项目所在区域污染物环境质量现状，以及计算环境空气保护目标和网格点的环境质量现状浓度。

2. 二级评价项目

①调查项目所在区域环境质量达标情况。

②调查评价范围内有环境质量标准的评价因子的环境质量监测数据或进行补充监测，用于评价项目所在区域污染物环境质量现状。

3. 三级评价项目

只调查项目所在区域环境质量达标情况。

3.2.2　数据来源

1. 基本污染物环境质量现状数据

①项目所在区域达标判定，优先采用国家或地方生态环境主管部门公开发布的评价基准年生态环境状况公报或环境质量报告中的数据或结论。

②采用评价范围内国家或地方环境空气质量监测网中评价基准年连续 1 年的监测数据，或采用生态环境主管部门公开发布的环境空气质量现状数据。

③评价范围内没有环境空气质量监测网数据或公开发布的环境空气质量现状数据的，可选择符合《环境空气质量监测点位布设技术规范（试行）》（HJ 664—2013）的规定，并且与评价范围地理位置邻近，地形、气候条件相近的环境空气质量城市点或区域点的监测数据。

④对于位于环境空气质量一类区的环境空气保护目标或网格点，各污染物环境空气质量现状浓度可取符合《环境空气质量监测点位布设技术规范（试行）》（HJ 664—2013）的规定，并且与评价范围地理位置邻近，地形、气候条件相近的环境空气质量区域点或背景点的监测数据。

2. 其他污染物环境质量现状数据

①优先采用评价范围内国家或地方环境空气质量监测网中评价基准年连续 1 年的监测数据。

②评价范围内没有环境空气质量监测网数据或公开发布的环境空气质量现状数据的，可收集评价范围内近 3 年与建设项目排放的其他污染物有关的历史监测资料。

在没有以上相关监测数据或监测数据不能满足评价内容与方法的要求时，应进行补充监测。

3.2.3 补充监测

监测时段：根据监测因子的污染特征，选择污染较重的季节进行现状监测。补充监测应至少取得 7 d 有效数据；对于部分无法进行连续监测的其他污染物，可监测其一次空气质量浓度，监测时次应满足所用评价标准的取值时间要求。

监测布点：以近 20 年统计的当地主导风向为轴向，在厂址及主导风向下风向 5 km 范围内设置 1～2 个监测点。如需在一类区进行补充监测，监测点应设置在不受人为活动影响的区域。

监测方法：应选择符合监测因子对应环境质量标准或参考标准所推荐的监测方法，并在评价报告中注明。

监测采样：环境空气监测中的采样点、采样环境、采样高度及采样频率，按《环境空气质量监测点位布设技术规范（试行）》（HJ 664—2013）及相关评价标准规定的环境监测技术规范执行。

3.2.4 评价内容与方法

1. 项目所在区域达标判断

城市环境空气质量达标情况评价指标为 SO_2、NO_2、PM_{10}、$PM_{2.5}$、CO 和 O_3，六项污染物全部达标即为城市环境空气质量达标。

根据国家或地方生态环境主管部门公开发布的城市环境空气质量达标情况，判断项目所在区域是否属于达标区。如项目评价范围涉及多个行政区（县级或以上，下同），需分别评价各行政区的达标情况，若存在不达标的行政区，则判定项目所在评价区域为不达标区。

对于国家或地方生态环境主管部门未发布城市环境空气质量达标情况的，可按照《环境空气质量评价技术规范（试行）》（HJ 663—2013）中各评价项目的年评价指标进行判定。年评价指标中的年均浓度和相应百分位数 24 h 平均或 8 h 平均质量浓度满足《环境空气质量标准》（GB 3095—2012）中浓度限值要求的即为达标。

2. 各污染物的环境质量现状评价

长期监测数据的现状评价内容，按《环境空气质量评价技术规范（试行）》（HJ 663—2013）

中的统计方法对各污染物的年评价指标进行环境质量现状评价。对于超标的污染物，计算其超标倍数和超标率。

补充监测数据的现状评价内容，分别对各监测点位不同污染物的短期浓度进行环境质量现状评价。对于超标的污染物，计算其超标倍数和超标率。

3. 环境空气保护目标及网格点环境质量现状浓度

对采用多个长期监测点位数据进行现状评价的，取各污染物相同时刻各监测点位的浓度平均值，作为评价范围内环境空气保护目标及网格点环境质量现状浓度。计算方法见式（3.1）。

$$C_{现状(x,y,t)} = \frac{1}{n}\sum_{j=1}^{n} C_{现状(j,t)} \tag{3.1}$$

式中：$C_{现状(x,y,t)}$ 为环境空气保护目标及网格点（x，y）在 t 时刻环境质量现状浓度，$\mu g/m^3$；n 为长期监测点位数；$C_{现状(j,t)}$ 为第 j 个监测点位在 t 时刻环境质量现状浓度（包括短期浓度和长期浓度），$\mu g/m^3$。

对采用补充监测数据进行现状评价的，取各污染物不同评价时段监测浓度的最大值，作为评价范围内环境空气保护目标及网格点环境质量现状浓度。对于有多个监测点位数据的，先计算相同时刻各监测点位的平均值，再取各监测时段平均值中的最大值。计算方法见式（3.2）。

$$C_{现状(x,y)} = \max\left[\frac{1}{n}\sum_{j=1}^{n} C_{监测(j,t)}\right] \tag{3.2}$$

式中：$C_{现状(x,y)}$ 为环境空气保护目标及网格点（x，y）环境质量现状浓度，$\mu g/m^3$；n 为现状补充监测点位数；$C_{监测(j,t)}$ 为第 j 个监测点位在 t 时刻环境质量现状浓度（包括 1 h 平均质量浓度、8 h 平均质量浓度或日平均质量浓度），$\mu g/m^3$。

3.2.5　污染源调查

1. 调查内容

（1）一级评价项目

调查本项目不同排放方案有组织及无组织排放源，对于改扩建项目还应调查本项目现有污染源。本项目污染源调查包括正常排放和非正常排放，其中非正常排放调查内容包括非正常工况、频次、持续时间和排放量。

调查本项目所有拟被替代的污染源（如有），包括被替代污染源名称、位置、排放污染物及排放量、拟被替代时间等。

调查评价范围内与评价项目排放污染物有关的其他在建项目、已批复环境影响评价文件的拟建项目等污染源。

对于编制报告书的工业建设项目，分析调查受本建设项目物料及产品运输影响新增的交通运输移动源，包括运输方式、新增交通流量、排放污染物及排放量。

（2）二级评价项目

参照一级评价项目要求调查本项目现有及新增污染源和拟被替代的污染源。

（3）三级评价项目

只调查本项目新增污染源和拟被替代的污染源。

对于城市快速路、主干路等城市道路的新建项目，须调查道路交通流量及污染物排放量。对于采用网格模型预测二次污染物的，须结合空气质量模型及评价要求，开展区域现状污染源排放清单调查。

污染源调查要求按点源、面源、体源、线源、火炬源、烟塔合一源、城市道路源和机场源等不同污染源排放方式，分别给出污染源参数。

对于网格源，按照源清单要求给出污染源参数，并说明数据来源。当污染物排放呈现周期性变化时，还须给出周期性变化排放系数。

2. 数据来源与要求

新建项目的污染源调查，依据《建设项目环境影响评价技术导则 总纲》（HJ 2.1—2016）、《排污许可证申请与核发技术规范 总则》（HJ 942—2018）、行业排污许可证申请与核发技术规范及污染源源强核算技术指南，并结合工程分析从严确定污染物排放量。

评价范围内在建和拟建项目的污染源调查，可使用已批准的环境影响评价文件中的资料；改、扩建项目现状工程的污染源和评价范围内拟被替代的污染源调查，可根据数据的可获得性，依次优先使用项目监督性监测数据、在线监测数据、年度排污许可执行报告、自主验收报告、排污许可证数据、环境影响评价数据或补充污染源监测数据等。污染源监测数据应采用满负荷工况下的监测数据或者换算至满负荷工况下的排放数据。

网格模型模拟所需的区域现状污染源排放清单调查，按照国家发布的清单编制相关技术规范执行。污染源排放清单数据应采用近 3 年国家或地方生态环境主管部门发布的包含人为源和天然源在内所有区域污染源清单数据。在国家或地方生态环境主管部门未发布污染源清单之前，可参照污染源清单编制指南自行建立区域污染源清单，并对污染源清单的准确性进行验证分析。

3.3　地表水环境现状调查与评价

3.3.1　地表水环境现状调查

1. 总体要求

①环境现状调查与评价应按照《建设项目环境影响评价技术导则 总纲》（HJ 2.1—

2016）的要求，遵循问题导向与管理目标导向统筹、流域（区域）与评价水域兼顾、水质水量协调、常规监测数据利用与补充监测互补、水环境现状与变化分析结合的原则。

②应满足建立污染源与受纳水体水质响应关系的需求，符合地表水环境影响预测的要求。

③工业园区规划环评的地表水环境现状调查与评价可依据《环境影响评价技术导则 地表水环境》（HJ 2.3—2018）执行，流域规划环评参照执行，其他规划环评根据规划特性与地表水环境评价要求，参考执行或选择相应的技术规范。

2. 调查范围

地表水环境的现状调查范围应覆盖评价范围，以平面图方式表示，并明确起、止断面的位置及涉及范围。

对于水污染影响型建设项目，除覆盖评价范围外，受纳水体为河流时，在不受回水影响的河段，排放口上游调查范围不宜小于 500 m，受回水影响河段的上游调查范围原则上与下游调查的河段长度相等；受纳水体为湖库时，以排放口为圆心，调查半径在评价范围的基础上外延 20%～50%。

对于水文要素影响型建设项目，受影响水体为河流、湖库时，除覆盖评价范围外，一级、二级评价时，还应包括库区及支流回水影响区、坝下至下一个梯级或河口、受水区、退水影响区。

对于水污染影响型建设项目，建设项目排放污染物中包括氮、磷或有毒污染物且受纳水体为湖泊、水库时，一级评价的调查范围应包括整个湖泊、水库，二级、三级 A 评价时，调查范围应包括排放口所在水环境功能区、水功能区或湖（库）湾区。

受纳或受影响水体为入海河口及近岸海域时，调查范围依据《海洋工程环境影响评价技术导则》（GB/T 19485—2014）的要求执行。

3. 调查内容与方法

地表水环境现状调查内容包括建设项目及区域水污染源调查、受纳或受影响水体水环境质量现状调查、区域水资源与开发利用状况、水文情势与相关水文特征值调查，以及水环境保护目标、水环境功能区或水功能区、近岸海域环境功能区及其相关的水环境质量管理要求等调查。涉及涉水工程的，还应调查涉水工程运行规则和调度情况。详细调查内容见《环境影响评价技术导则 地表水环境》（HJ 2.3—2018）附录 B。

调查方法主要采用资料收集、现场监测、无人机或卫星遥感遥测等方法。

4. 调查要求

①建设项目污染源调查应在工程分析的基础上，确定水污染物的排放量及进入受纳水体的污染负荷量。

②区域水污染源调查。

a. 应详细调查与建设项目排放污染物同类的，或有关联关系的已建项目、在建项目、拟建项目（已批复环境影响评价文件，下同）等污染源。一级评价以收集利用排污许可证登记数据、环评及环保验收数据及既有实测数据为主，并辅以现场调查及现场监测；二级评价主要收集利用排污许可证登记数据、环评及环保验收数据及既有实测数据，必要时补充现场监测；水污染影响型三级 A 评价与水文要素影响型三级评价主要收集利用与建设项目排放口的空间位置和所排污染物的性质关系密切的污染源资料，可不进行现场调查及现场监测；水污染影响型三级 B 评价可不开展区域污染源调查，主要调查依托污水处理设施的日处理能力、处理工艺、设计进水水质、处理后的废水稳定达标排放情况，同时应调查依托污水处理设施执行的排放标准是否涵盖建设项目排放的有毒有害的特征水污染物。

b. 一级、二级评价，建设项目直接导致受纳水体内源污染变化，或存在与建设项目排放污染物同类的且内源污染影响受纳水体水环境质量，则应开展内源污染调查，必要时应开展底泥污染补充监测。

c. 具有已审批入河排放口的主要污染物种类及其排放浓度和总量数据，以及国家或地方发布的入河排放口数据的，可不对入河排放口汇水区域的污染源开展调查。

d. 面污染源调查主要采用收集利用既有数据资料的调查方法，可不进行实测。

e. 建设项目的污染物排放指标需要等量替代或减量替代时，还应对替代项目开展污染源调查。

③水环境质量现状调查。应根据不同评价等级对应的评价时期要求开展水环境质量现状调查。应优先采用国务院生态环境主管部门统一发布的水环境状况信息。当现有资料不能满足要求时，应按照不同等级对应的评价时期要求开展现状监测。进行水污染影响型建设项目一级、二级评价时，应调查受纳水体近 3 年的水环境质量数据，分析其变化趋势。

④水环境保护目标调查。应主要采用国家及地方人民政府颁布的各相关名录中的统计资料。

⑤水资源与开发利用状况调查。进行水文要素影响型建设项目一级、二级评价时，应开展建设项目所在流域、区域的水资源与开发利用状况调查。

⑥水文情势调查。

a. 应尽量收集临近水文站既有水文年鉴资料和其他相关的有效水文观测资料。当上述资料不足时，应进行现场水文调查与水文测量，水文调查与水文测量宜与水质调查同步进行。

b. 水文调查与水文测量宜在枯水期进行。必要时，可根据水环境影响预测需要、生态环境保护要求，在其他时期（丰水期、平水期、冰封期等）进行。

c. 水文测量的内容应满足拟采用的水环境影响预测模型对水文参数的要求。在采用水环境数学模型时，应根据所选用的预测模型需输入的水文特征值及环境水力学参数决定水文测量内容；在采用物理模型法模拟水环境影响时，水文测量应提供模型制作及模型试验所需的水文特征值及环境水力学参数。

d. 水污染影响型建设项目开展与水质调查同步进行的水文测量，原则上可只在一个时期（水期）内进行。在水文测量的时间、频次和断面与水质调查不完全相同时，应保证满足水环境影响预测所需的水文特征值及环境水力学参数的要求。

3.3.2 地表水环境现状评价

1. 环境现状评价内容与要求

根据建设项目水环境影响特点与水环境质量管理要求，选择以下全部或部分内容开展评价：

①水环境功能区或水功能区、近岸海域环境功能区水质达标状况。评价建设项目评价范围内水环境功能区或水功能区、近岸海域环境功能区各评价时期的水质状况与变化特征，给出水环境功能区或水功能区、近岸海域环境功能区达标评价结论，明确水环境功能区或水功能区、近岸海域环境功能区水质超标因子、超标程度，分析超标原因。

②水环境控制单元或断面水质达标状况。评价建设项目所在控制单元或断面各评价时期的水质现状与时空变化特征，评价控制单元或断面的水质达标状况，明确控制单元或断面的水质超标因子、超标程度，分析超标原因。

③水环境保护目标质量状况。评价涉及水环境保护目标水域各评价时期的水质状况与变化特征，明确水质超标因子、超标程度，分析超标原因。

④对照断面、控制断面等代表性断面的水质状况。评价对照断面水质状况，分析对照断面水质水量变化特征，给出水环境影响预测的设计水文条件；评价控制断面水质现状、达标状况，分析控制断面来水水质水量状况，识别上游来水不利组合状况，分析不利条件下的水质达标问题。评价其他监测断面的水质状况，根据断面所在水域的水环境保护目标水质要求，评价水质达标状况与超标因子。

⑤底泥污染评价。评价底泥污染项目及污染程度，识别超标因子，结合底泥处置排放去向，评价退水水质与超标情况。

⑥水资源与开发利用程度及其水文情势评价。根据建设项目水文要素影响特点，评价所在流域（区域）水资源与开发利用程度、生态流量满足程度、水域岸线空间占用状况等。

⑦水环境质量回顾评价。结合历史监测数据与国家及地方生态环境主管部门公开发布的环境状况信息，评价建设项目所在水环境控制单元或断面、水环境功能区或水功能区、近岸海域环境功能区的水质变化趋势，评价主要超标因子变化状况，分析建设项目所在区域或水域的水质问题，从水污染、水文要素等方面，综合分析水环境质量现状问题的原因，明确与建设项目排污影响的关系。

⑧流域（区域）水资源（包括水能资源）与开发利用总体状况、生态流量管理要求与现状满足程度、建设项目占用水域空间的水流状况与河湖演变状况。

⑨依托污水处理设施稳定达标排放评价。评价建设项目依托的污水处理设施稳定达标状况，分析建设项目依托污水处理设施的环境可行性。

2. 评价方法

水环境功能区或水功能区、近岸海域环境功能区及水环境控制单元或断面水质达标状况评价方法，参考国家或地方政府相关部门制定的水环境质量评价技术规范、水体达标方案编制指南、水功能区水质达标评价技术规范等。

监测断面或点位水环境质量现状评价采用水质指数法，而底泥污染状况评价采用底泥污染指数法。

（1）水质指数法

一般性水质因子（随着浓度增加而水质变差的水质因子）的指数计算公式见式（3.3）。

$$S_{i,j} = C_{i,j}/C_{si} \tag{3.3}$$

式中：$S_{i,j}$ 为评价因子 i 的水质指数，大于 1 表明该水质因子超标；$C_{i,j}$ 为评价因子 i 在 j 点的实测统计代表值，mg/L；C_{si} 为评价因子 i 的水质评价标准限值，mg/L。

溶解氧（DO）的标准指数计算公式见式（3.4）和式（3.5）。

$$S_{DO,j} = DO_s/DO_j \quad (DO_j \leqslant DO_f) \tag{3.4}$$

$$S_{DO,j} = \frac{|DO_f - DO_j|}{DO_f - DO_s} \quad (DO_j > DO_f) \tag{3.5}$$

式中：$S_{DO,j}$ 为溶解氧的标准指数，大于 1 表明该水质因子超标；DO_j 为溶解氧在 j 点的实测统计代表值，mg/L；DO_s 为溶解氧的水质评价标准限值，mg/L；DO_f 为饱和溶解氧浓度，mg/L。对于河流，$DO_f = 468/(31.6+T)$；对于盐度比较高的湖泊、水库及入海河口、近岸海域，$DO_f = (491-2.65S)/(33.5+T)$，$S$ 为实用盐度符号，量纲为 1，T 为水温，℃。

pH 的指数计算公式见式（3.6）和式（3.7）。

$$S_{pH,j} = \frac{7.0 - pH_j}{7.0 - pH_{sd}} \quad (pH_j \leqslant 7.0) \tag{3.6}$$

$$S_{pH,j} = \frac{pH_j - 7.0}{pH_{su} - 7.0} \quad (pH_j > 7.0) \tag{3.7}$$

式中：$S_{pH,j}$ 为 pH 的指数，大于 1 表明该水质因子超标；pH_j 为 pH 实测统计代表值；pH_{sd} 为评价标准中 pH 的下限值；pH_{su} 为评价标准中 pH 的上限值。

（2）底泥污染指数法

底泥污染指数计算公式见式（3.8）。

$$P_{i,j} = C_{i,j}/C_{si} \tag{3.8}$$

式中：$P_{i,j}$ 为底泥污染因子 i 的单项污染指数，大于 1 表明该污染因子超标；$C_{i,j}$ 为调查点位污染因子 i 的实测值，mg/L；C_{si} 为污染因子 i 的评价标准值或参考值，mg/L。

底泥污染评价标准值或参考值可以根据土壤环境质量标准或所在水域底泥的背景值确定。

3.4　地下水环境现状调查与评价

3.4.1　调查与评价原则

①地下水环境现状调查与评价工作应遵循资料搜集与现场调查相结合、项目所在场地调查（勘察）与类比考察相结合、现状监测与长期动态资料分析相结合的原则。

②地下水环境现状调查与评价工作的深度应满足相应的工作级别要求。当现有资料不能满足要求时，应通过组织现场监测或环境水文地质勘察与试验等方法获取。

③对于一级、二级评价的改、扩建类建设项目，应开展现有工业场地的包气带污染现状调查。

④对于长输油品、化学品管线等线性工程，调查评价工作应重点针对场站、服务站等可能对地下水产生污染的地区开展。

3.4.2　调查评价范围

1. 基本要求

地下水环境现状调查评价范围应包括与建设项目相关的地下水环境保护目标，以能说明地下水环境的现状，反映调查评价区地下水基本流场特征，满足地下水环境影响预测和评价为基本原则。

污染场地修复工程项目的地下水环境影响现状调查参照《建设用地土壤污染状况调查技术导则》（HJ 25.1—2019）执行。

2. 调查评价范围的确定

建设项目（除线性工程外）地下水环境影响现状调查评价范围可采用公式计算法、查表法和自定义法确定。

当建设项目所在地水文地质条件相对简单，且所掌握的资料能够满足公式计算法的要求时，应采用公式计算法确定；当不满足公式计算法的要求时，可采用查表法确定；当计算或查表范围超出所处水文地质单元边界时，应以所处水文地质单元边界为宜。

采用公式计算法时，计算公式见式（3.9）。

$$L = \alpha \cdot K \cdot I \cdot T / n_e \qquad (3.9)$$

式中：L 为下游迁移距离，m；α 为变化系数，$\alpha \geqslant 1$，一般取 2；K 为渗透系数，m/d，常见渗透系数见《环境影响评价技术导则 地下水环境》（HJ 610—2016）附录 B 表 B.1；I 为水力坡度，量纲为 1；T 为质点迁移天数，取值不小于 5 000 d；n_e 为有效孔隙度，量纲为 1。

采用该方法时应包含重要的地下水环境保护目标，所得的调查评价范围如图 3.1 所示。

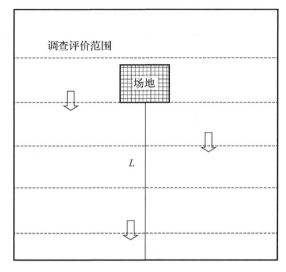

图 3.1　调查评价范围示意图

注：虚线表示等水位线；空心箭头表示地下水流向；场地上游距离根据评价需求确定，场地两侧不小于 $L/2$（L 为下游迁移距离）。

采用查表法时，可参照表 3.1。

表 3.1　地下水环境现状调查评价范围参照表

评价工作等级	调查评价面积/km²	备注
一级	$\geqslant 20$	应包括重要的地下水环境保护目标，必要时适当扩大范围
二级	$6\sim20$	
三级	$\leqslant 6$	

采用自定义法时，可根据建设项目所在地水文地质条件自行确定，须说明理由。

需注意的是，线性工程应以工程边界两侧分别向外延伸 200 m 作为调查评价范围；穿越饮用水源准保护区时，调查评价范围应至少包含水源保护区；线性工程站场的调查评价范围确定参照上述方法。

3. 调查内容与要求

①水文地质条件调查。

在充分收集资料的基础上，根据建设项目特点和水文地质条件复杂程度，开展调查工作。主要内容包括：气象、水文、土壤和植被状况；地层岩性、地质构造、地貌特征与矿产资源；包气带岩性、结构、厚度、分布及垂向渗透系数等（场地范围内应重点调查）；含水层岩性、分布、结构、厚度、埋藏条件、渗透性、富水程度等；隔水层（弱透水层）的岩性、厚度、渗透性等；地下水类型、地下水补径排条件；地下水水位、水质、水温、地下水化学类型；泉的成因类型，出露位置、形成条件及泉水流量、水质、水温，开发利用情况；集中供水水源地和水源井的分布情况（包括开采层的成井密度、水井结构、深度以及开采历史）；地下水现状监测井的深度、结构以及成井历史、使用功能；地下水环境现状值（或地下水污染对照值）。

②地下水污染源调查。

调查评价区内具有与建设项目产生或排放同种特征因子的地下水污染源。

对于一级、二级的改、扩建项目，应在可能造成地下水污染的主要装置或设施附近开展包气带污染现状调查，对包气带进行分层取样，一般在 0～20 cm 埋深范围内取一个样品，其他取样深度应根据污染源特征和包气带岩性、结构特征等确定，并说明理由。样品进行浸溶试验，测试分析浸溶液成分。

3.4.3　地下水环境现状评价

1. 地下水水质现状评价

《地下水质量标准》（GB/T 14848—2017）和有关法规及当地的环保要求是地下水环境现状评价的基本依据。对属于《地下水质量标准》（GB/T 14848—2017）水质指标的评价因子，应按其规定的水质分类标准值进行评价；对于不属于《地下水质量标准》（GB/T 14848—2017）水质指标的评价因子，可参照国家（行业、地方）相关标准，如《地表水环境质量标准》（GB 3838—2002）、《生活饮用水卫生标准》（GB 5749—2022）、《地下水水质标准》（DZ/T 0290—2015）等进行评价。现状监测结果应进行统计分析，得出最大值、最小值、均值、标准差、检出率和超标率等。

地下水水质现状评价应采用标准指数法。标准指数大于 1，表明该水质因子已超标。标准指数越大，超标越严重。标准指数计算公式分为以下两种情况。

对于评价标准为定值的水质因子，其标准指数计算方法见式（3.10）。

$$P_i = \frac{C_i}{C_{si}} \tag{3.10}$$

式中：P_i 为第 i 个水质因子的标准指数，量纲为 1；C_i 为第 i 个水质因子的监测浓度值，mg/L；C_{si} 为第 i 个水质因子的标准浓度值，mg/L。

对于评价标准为区间值的水质因子（如 pH），其标准指数计算方法见式（3.11）和式（3.12）。

$$P_{pH} = \frac{7.0 - pH}{7.0 - pH_{sd}} \qquad (pH \leqslant 7) \tag{3.11}$$

$$P_{pH} = \frac{pH - 7.0}{pH_{su} - 7.0} \qquad (pH > 7) \tag{3.12}$$

式中：P_{pH} 为 pH 的标准指数，量纲为 1；pH 为监测值；pH_{sd} 为标准中 pH 的下限值；pH_{su} 为标准中 pH 的上限值。

2. 包气带环境现状分析

对于污染场地修复工程项目和评价工作等级为一级、二级的改、扩建项目，应开展包气带污染现状调查，分析包气带污染状况。

3.5 土壤环境现状调查与评价

3.5.1 基本原则与要求

①土壤环境现状调查与评价工作应遵循资料收集与现场调查相结合、资料分析与现状监测相结合的原则。

②土壤环境现状调查与评价工作的深度应满足相应的工作级别要求，当现有资料不能满足要求时，应通过组织现场调查、监测等方法获取。

③建设项目同时涉及土壤环境生态影响型与污染影响型时，应分别按相应评价工作等级要求开展土壤环境现状调查，可根据建设项目特征适当调整、优化调查内容。

④工业园区内的建设项目，应重点在建设项目占地范围内开展现状调查工作，并兼顾其可能影响的园区外围土壤环境敏感目标。

3.5.2 调查评价范围

调查评价范围应包括建设项目可能影响的范围，能满足土壤环境影响预测和评价要求；改、扩建类建设项目的现状调查评价范围还应兼顾现有工程可能影响的范围。

建设项目（除线性工程外）土壤环境影响现状调查评价范围可根据建设项目影响类型、污染途径、气象条件、地形地貌、水文地质条件等确定并说明，或参考表 3.2确定。

表 3.2　现状调查范围

评价工作等级	影响类型	调查范围[a]	
		占地[b] 范围内	占地范围外
一级	生态影响型	全部	5 km 范围内
	污染影响型		1 km 范围内
二级	生态影响型		2 km 范围内
	污染影响型		0.2 km 范围内
三级	生态影响型		1 km 范围内
	污染影响型		0.05 km 范围内

注：a. 涉及大气沉降途径影响的，可根据主导风向下风向的最大落地浓度点适当调整。

b. 矿山类项目指开采区与各场地的占地，改、扩建类的指现有工程与拟建工程的占地。

建设项目同时涉及土壤环境生态影响与污染影响时，应各自确定调查评价范围。

危险品、化学品或石油等输送管线应以工程边界两侧向外延伸 0.2 km 作为调查评价范围。

3.5.3　调查内容与要求

（1）资料收集

根据建设项目特点、可能产生的环境影响和当地环境特征，有针对性地收集调查评价范围内的相关资料，主要包括以下内容：土地利用现状图、土地利用规划图、土壤类型分布图；气象资料、地形地貌特征资料、水文及水文地质资料等；土地利用历史情况；与建设项目土壤环境影响评价相关的其他资料。

（2）理化特性调查内容

在充分收集资料的基础上，根据土壤环境影响类型、建设项目特征与评价需要，有针对性地选择土壤理化特性调查内容，主要包括土体构型、土壤结构、土壤质地、阳离子交换量、氧化还原电位、饱和导水率、土壤容重、孔隙度等；土壤环境生态影响型建设项目还应调查植被、地下水位埋深、地下水溶解性总固体等，可参照《环境影响评价技术导则 土壤环境（试行）》（HJ 964—2018）附录 C 表 C.1 填写。

评价工作等级为一级的建设项目应参照《环境影响评价技术导则 土壤环境（试行）》（HJ 964—2018）附录 C 表 C.2 填写土壤剖面调查表。

（3）影响源调查

应调查与建设项目产生同种特征因子或造成相同土壤环境影响后果的影响源。

改、扩建的污染影响型建设项目，其评价工作等级为一级、二级的，应对现有工程的土壤环境保护措施情况进行调查，并重点调查主要装置或设施附近的土壤污染现状。

3.5.4　土壤环境现状评价

1. 评价标准

根据调查评价范围内的土地利用类型，分别选取《土壤环境质量 农用地土壤污染风险管控标准（试行）》（GB 15618—2018）、《土壤环境质量 建设用地土壤污染风险管控标准（试行）》（GB 36600—2018）等标准中的筛选值进行评价，土地利用类型无相应标准的可只给出现状监测值。

评价因子在上述等标准中未规定的，可参照行业、地方或国外相关标准进行评价，无可参照标准的可只给出现状监测值。

土壤盐化、酸化、碱化等的分级标准如表 3.3 和表 3.4 所示。

表 3.3　土壤盐化分级标准

分级	土壤含盐量（SSC）／（g·kg⁻¹）	
	滨海、半湿润和半干旱地区	干旱、半荒漠和荒漠地区
未盐化	SSC<1	SSC<2
轻度盐化	1≤SSC<2	2≤SSC<3
中度盐化	2≤SSC<4	3≤SSC<5
重度盐化	4≤SSC<6	5≤SSC<10
极重度盐化	SSC≥6	SSC≥10

注：根据区域自然背景状况适当调整。

表 3.4　土壤酸化、碱化分级标准

土壤 pH	土壤酸化、碱化强度
pH<3.5	极重度酸化
3.5≤pH<4.0	重度酸化
4.0≤pH<4.5	中度酸化
4.5≤pH<5.5	轻度酸化
5.5≤pH<8.5	无酸化或碱化
8.5≤pH<9.0	轻度碱化
9.0≤pH<9.5	中度碱化
9.5≤pH<10.0	重度碱化
pH≥10.0	极重度碱化

注：土壤酸化、碱化强度指受人为影响后呈现的土壤 pH，可根据区域自然背景状况适当调整。

2. 评价方法

土壤环境质量现状评价应采用标准指数法，并进行统计分析，给出样本数量、最大值、最小值、均值、标准差、检出率和超标率、最大超标倍数等。

根据表 3.3 和表 3.4 对照各监测点位土壤盐化、酸化、碱化的级别，统计样本数量、最大值、最小值和均值，并评价均值对应的级别。

3. 评价结论

生态影响型建设项目应给出土壤盐化、酸化、碱化的现状。

污染影响型建设项目应给出评价因子是否满足《土壤环境质量 农用地土壤污染风险管控标准（试行）》（GB 15618—2018）、《土壤环境质量 建设用地土壤污染风险管控标准（试行）》（GB 36600—2018）中相关标准要求的结论。

当评价因子存在超标时，应分析超标原因。

3.6　声环境现状调查与评价

声环境影响评价工作等级一般分为三级，一级为详细评价，二级为一般性评价，三级为简要评价。

3.6.1　一、二级评价

①调查评价范围内声环境保护目标的名称、地理位置、行政区划、所在声环境功能区、不同声环境功能区内的人口分布情况、与建设项目的空间位置关系、建筑情况等。

②评价范围内具有代表性的声环境保护目标的声环境质量现状需要现场监测，其余声环境保护目标的声环境质量现状可通过类比或现场监测结合模型计算给出。

③调查评价范围内有明显影响的现状声源的名称、类型、数量、位置、源强等。评价范围内现状声源源强调查应采用现场监测法或收集资料法确定。分析现状声源的构成及其影响，对现状调查结果进行评价。

3.6.2　三级评价

①调查评价范围内声环境保护目标的名称、地理位置、行政区划、所在声环境功能区、不同声环境功能区内人口分布情况、与建设项目的空间位置关系、建筑情况等。

②对评价范围内具有代表性的声环境保护目标的声环境质量现状进行调查，可利用已有的监测资料，无监测资料时可选择有代表性的声环境保护目标进行现场监测，并分析现状声源的构成。

3.6.3　声环境质量现状调查方法

现状调查方法包括：现场监测法、现场监测结合模型计算法、收集资料法。调查时，应根据评价等级的要求和现状噪声源情况，确定采用的具体方法。

1. 现场监测法

（1）监测布点原则

①布点应覆盖整个评价范围，包括厂界（场界、边界）和声环境保护目标。当声环境保护目标高于（含）三层建筑时，还应按照噪声垂直分布规律、建设项目与声环境保护目标高差等因素选取有代表性的声环境保护目标的代表性楼层设置测点。

②评价范围内没有明显的声源时（如工业噪声、交通运输噪声、建设施工噪声、社会生活噪声等），可选择有代表性的区域布设测点。

③评价范围内有明显声源，并对声环境保护目标的声环境质量有影响时，或建设项目

为改、扩建工程，应根据声源种类采取不同的监测布点原则：

a. 当声源为固定声源时，现状测点应重点布设在可能同时受到既有声源和建设项目声源影响的声环境保护目标处，以及其他有代表性的声环境保护目标处；为满足预测的需要，也可在距离既有声源不同距离处布设衰减测点。

b. 当声源为移动声源，且呈现线声源特点时，现状测点位置选取应兼顾声环境保护目标的分布状况、工程特点及线声源噪声影响随距离衰减的特点，布设在具有代表性的声环境保护目标处。为满足预测的需要，可在垂直于线声源不同水平距离处布设衰减测点。

c. 对于改、扩建机场工程，测点一般布设在主要声环境保护目标处，重点关注航迹下方的声环境保护目标及跑道侧向较近处的声环境保护目标，测点数量可根据机场飞行量及周围声环境保护目标情况确定。现有单条跑道、两条跑道或三条跑道的机场可分别布设3~9、9~14或12~18个噪声测点，跑道增加或保护目标较多时可进一步增加测点。对于评价范围内少于3个声环境保护目标的情况，原则上布点数量不少于3个，结合声保护目标位置布点的，应优先选取跑道两端航迹3 km以内范围的保护目标位置布点；无法结合保护目标位置布点的，可适当结合航迹下方的导航台站位置进行布点。

（2）监测依据

声环境质量现状监测执行《声环境质量标准》（GB 3096—2008）；机场周围飞机噪声测量执行《机场周围飞机噪声测量方法》（GB 9661—88）；工业企业厂界环境噪声测量执行《工业企业厂界环境噪声排放标准》（GB 12348—2008）；社会生活环境噪声测量执行《社会生活环境噪声排放标准》（GB 22337—2008）；建筑施工场界环境噪声测量执行《建筑施工场界环境噪声排放标准》（GB 12523—2011）；铁路边界噪声测量执行《铁路边界噪声限值及其测量方法》（GB 12525—90）。

2. 现场监测结合模型计算法

当现状噪声声源复杂且声环境保护目标密集，在调查声环境质量现状时，可考虑采用现场监测结合模型计算法。如多种交通并存且周边声环境保护目标分布密集、机场改扩建等情形。

利用监测或调查得到的噪声源强及影响声传播的参数，采用各类噪声预测模型进行噪声影响计算，将计算结果和监测结果进行比较验证，计算结果和监测结果在允许误差范围内（≤3 dB）时，可利用模型计算其他声环境保护目标的现状噪声值。

3.6.4 声环境现状评价

分析评价范围内既有主要声源种类、数量及相应的噪声级、噪声特性等，明确主要声源分布；分别评价厂界（场界、边界）和各声环境保护目标的超标和达标情况，分析其受到既有主要声源的影响状况。

3.6.5 声环境现状评价的图表要求

（1）现状评价图

一般应包括评价范围内的声环境功能区划图，声环境保护目标分布图，工矿企业厂区（声源位置）平面布置图，城市道路、公路、铁路、城市轨道交通等的线路走向图，机场总平面图及飞行程序图，现状监测布点图，声环境保护目标与项目关系图等；图中应标明图例、比例尺、方向标等，制图比例尺一般不应小于工程设计文件对其相关图件要求的比例尺；线性工程声环境保护目标与项目关系图比例尺应不小于1∶5 000，机场项目声环境保护目标与项目关系图底图应采用近3年内空间分辨率不低于5 m的卫星影像或航拍图，声环境保护目标与项目关系图不应小于1∶10 000。

（2）声环境保护目标调查表

列表给出评价范围内声环境保护目标的名称、户数、建筑物层数和建筑物数量，并明确声环境保护目标与建设项目的空间位置关系等。

（3）声环境现状评价结果表

列表给出厂界（场界、边界）、各声环境保护目标现状值及超标和达标情况分析，给出不同声环境功能区或声级范围（机场航空器噪声）内的超标户数。

3.7 生态现状调查与评价

3.7.1 生态现状调查内容与要求

1. 生态现状调查内容

①陆生生态现状调查内容主要包括：评价范围内的植物区系、植被类型，植物群落结构及演替规律，群落中的关键种、建群种、优势种；动物区系、物种组成及分布特征；生态系统的类型、面积及空间分布；重要物种的分布、生态学特征、种群现状，迁徙物种的主要迁徙路线、迁徙时间，重要生境的分布及现状。

②水生生态现状调查内容主要包括：评价范围内的水生生物、水生生境和渔业现状；重要物种的分布、生态学特征、种群现状以及生境状况；鱼类等重要水生动物调查包括种类组成、种群结构、资源时空分布，产卵场、索饵场、越冬场等重要生境的分布、环境条件以及洄游路线、洄游时间等行为习性。

③收集生态敏感区的相关规划资料、图件、数据，调查评价范围内生态敏感区主要保护对象、功能区划、保护要求等。

④调查区域存在的主要生态问题，如水土流失、沙漠化、石漠化、盐渍化、生物入侵

和污染危害等。调查已经存在的对生态保护目标产生不利影响的干扰因素。

⑤对于改扩建、分期实施的建设项目，调查既有工程、前期已实施工程的实际生态影响以及采取的生态保护措施。

2. 生态现状调查要求

①引用的生态现状资料，其调查时间宜在 5 年以内，用于回顾性评价或变化趋势分析的资料可不受调查时间限制。

②当已有调查资料不能满足评价要求时，应通过现场调查获取现状资料，现场调查应遵循全面性、代表性和典型性原则。项目涉及生态敏感区时，应开展专题调查。

③对于工程永久占用或施工临时占用区域，应在收集资料的基础上开展详细调查，查明占用区域是否分布有重要物种及重要生境。

④陆生生态一级、二级评价应结合调查范围、调查对象、地形地貌和实际情况选择合适的调查方法。开展样线、样方调查的，应合理确定样线、样方的数量、长度或面积，涵盖评价范围内不同的植被类型及生境类型，山地区域还应结合海拔段、坡位、坡向进行布设。根据植物群落类型（宜以群系及以下分类单位为调查单元）设置调查样地，一级评价每种群落类型设置的样方数量不少于 5 个，二级评价不少于 3 个，调查时间宜选择植物生长旺盛的季节；一级评价每种生境类型设置的野生动物调查样线数量不少于 5 条，二级评价不少于 3 条；除了收集历史资料外，一级评价还应获得近 1～2 个完整年度不同季节的现状资料，二级评价应尽量获得野生动物繁殖期、越冬期、迁徙期等关键活动期的现状资料。

⑤水生生态一级、二级评价的调查点位、断面等应涵盖评价范围内的干流、支流、河口、湖库等不同水域类型。一级评价应至少开展丰水期、枯水期（河流、湖库）或春季、秋季（入海河口、海域）两期（季）调查，二级评价至少获得一期（季）调查资料，涉及显著改变水文情势的项目应增加调查强度。鱼类调查时间应包括主要繁殖期，水生生境调查内容应包括水域形态结构、水文情势、水体理化性状和底质等。

⑥三级评价现状调查以收集有效资料为主，可开展必要的遥感调查或现场校核。

⑦生态现状调查中还应充分考虑保护生物多样性的要求。

⑧涉海工程生态现状调查要求参照《海洋工程环境影响评价技术导则》（GB/T 19485—2014）。

3.7.2　生态现状评价内容与要求

一级、二级评价应根据现状调查结果选择以下全部或部分内容开展评价：

①根据植被和植物群落调查结果，编制植被类型图，统计评价范围内的植被类型及面积，可采用植被覆盖度等指标分析植被现状，图示植被覆盖度空间分布特点。

②根据土地利用调查结果，编制土地利用现状图，统计评价范围内的土地利用类型及面积。

③根据物种及生境调查结果，分析评价范围内的物种分布特点、重要物种的种群现状以及生境的质量、连通性、破碎化程度等，编制重要物种、重要生境分布图，迁徙、洄游物种的迁徙、洄游路线图；涉及国家重点保护野生动植物、极危、濒危物种的，可通过模型模拟物种适宜的生境分布，图示工程与物种生境分布的空间关系。

④根据生态系统调查结果，编制生态系统类型分布图，统计评价范围内的生态系统类型及面积；结合区域生态问题调查结果，分析评价范围内的生态系统结构与功能状况以及总体变化趋势；涉及陆地生态系统的，可采用生物量、生产力、生态系统服务功能等指标开展评价；涉及河流、湖泊、湿地生态系统的，可采用生物完整性指数等指标开展评价。

⑤涉及生态敏感区的，分析其生态现状、保护现状和存在的问题；明确并图示生态敏感区及其主要保护对象、功能分区与工程的位置关系。

⑥可采用物种丰富度（species richness）、香农-维纳多样性指数（Shannon-Wiener's diversity index）、皮洛均匀度指数（Pielou's evenness index）、辛普森多样性指数（Simpson's diversity index）等对评价范围内的物种多样性进行评价。

三级评价可采用定性描述或面积、比例等定量指标，重点对评价范围内的土地利用现状、植被现状、野生动植物现状等进行分析，编制土地利用现状图、植被类型图、生态保护目标分布图等图件。

对于改扩建、分期实施的建设项目，应对既有工程、前期已实施工程的实际生态影响、已采取的生态保护措施的有效性和存在问题进行评价。

海洋生态现状评价还应符合《海洋工程环境影响评价技术导则》（GB/T 19485—2014）的要求。

3.7.3　调查评价方法

生态现状调查应在充分收集资料的基础上开展现场工作，生态现状调查范围应不小于评价范围。调查方法如下。

①资料收集法。收集现有的可以反映生态现状或生态背景的资料，分为现状资料和历史资料，包括相关文字、图件和影像等。引用资料应进行必要的现场校核。

②现场调查法。现场调查应遵循整体与重点相结合的原则，整体上兼顾项目所涉及的各个生态保护目标，突出重点区域和关键时段的调查，并通过实地踏勘，核实收集资料的准确性，以获取实际资料和数据。

③专家和公众咨询法。通过咨询有关专家，收集公众、社会团体和相关管理部门对项目的意见，发现现场踏勘中遗漏的相关信息。专家和公众咨询应与资料收集和现场调查同步开展。

④生态监测法。当资料收集、现场调查、专家和公众咨询获取的数据无法满足评价工作需要，或项目可能产生潜在的或长期累积的影响时，可选用生态监测法。生态监测应根据监测因子的生态学特点和干扰活动的特点确定监测位置和频次，有代表性地布点。生态

监测方法与技术要求须符合国家现行的有关生态监测规范和监测标准分析方法；对于生态系统生产力的调查，必要时需现场采样、实验室测定。

⑤遥感调查法。包括卫星遥感、航空遥感等方法。遥感调查应辅以必要的实地调查工作。

⑥陆生、水生动植物调查方法。陆生、水生动植物调查所需要的仪器、工具和常用的技术方法见《生物多样性观测技术导则 陆生维管植物》（HJ 710.1—2014）等系列规范。

⑦海洋生态调查方法。海洋生态调查方法见《海洋工程环境影响评价技术导则》（GB/T 19485—2014）。

⑧淡水渔业资源调查方法。淡水渔业资源调查方法见《淡水渔业资源调查规范 河流》（SC/T 9429—2019）。

⑨淡水浮游生物调查方法。淡水浮游生物调查方法见《淡水浮游生物调查技术规范》（SC/T 9402—2010）。

生态现状评价应坚持定性和定量相结合、尽量采用定量方法的原则。评价方法见本书第五章"5.6.2 生态影响预测与评价方法"。

生态现状调查及评价工作成果应采用文字、表格和图件相结合的表现形式，参见《环境影响评价技术导则 生态影响》（HJ 19—2022）附录 B 列出的调查结果统计表，并按照附录 D 制作必要的图件。

第4章 环境影响识别与评价因子筛选

4.1 环境影响识别的基本内容

4.1.1 环境影响因子识别

环境影响因子就是人类某项活动的各层"活动"。识别环境影响因子，就是根据人类某项活动的过程特征，采用一定的方法和手段将一个整体的活动分解成不同层次的"活动"。这些不同层次的活动各具特点，它们可能对环境造成不同的影响。因此，环境影响因子识别的结果往往成为保护环境的决策依据。

对建设项目进行环境影响识别时，首先要弄清楚该项目影响地区的自然环境和社会环境状况，确定环境影响评价的工作范围；然后根据工程的组成、特性，结合影响地区的特点，从自然环境和社会环境两方面，选择需要进行影响评价的环境因子。自然环境要素可以划分为地形、地貌、地质、水文、气候、地表水质、空气质量、土壤、森林、草场、陆生生物、水生生物等，社会环境要素可以划分为城市（镇）、土地利用、人口、居民区、交通、文物古迹、风景名胜、自然保护区、重要的基础设施等。各环境要素可由表征该要素特性的各相关环境因子具体描述，构成一个有结构、分层次的环境因子序列。构造的环境因子序列应能描述评价对象的主要环境影响、表达环境质量状态，并便于度量和监测。

4.1.2 环境影响类型识别

按照拟建项目的"活动"对环境要素的作用属性，环境影响可以划分为有利影响、不利影响，直接影响、间接影响，短期影响、长期影响，可逆影响、不可逆影响等。

（1）有利影响与不利影响

有利影响一般用正号表示，不利影响常用负号表示。有利、不利是针对效益而言的，这两种影响有时会同时存在。识别不利影响是环境影响评价的重点，但同样也应识别有利影响。对于不利影响，还应分析其是否可以避免或减轻。

（2）直接影响与间接影响

一般不利影响都是直接影响，如污染物对人类健康及自然环境的影响。而诸如污染物造成水体污染后通过食物链的生物富集作用而影响人体健康等属于间接影响。

（3）短期影响与长期影响

短期影响如施工阶段的某些影响，其随着施工结束自行停止。长期影响如工厂废气的排放，其随着项目运行长期存在。

（4）可逆影响与不可逆影响

前者是经过人为处理后可以恢复的；后者是造成不可再恢复的影响，如物种灭绝。

4.1.3　环境影响程度识别

环境影响的程度是指建设项目的各种"活动"对环境要素的影响强度。在环境影响识别中，可以使用一些定性的、具有程度判断的词语来表征环境影响的程度，如"重大""轻度""微小"等。这种表达没有统一的标准，通常与评价人员的文化、环境价值取向和当地环境状况有关。但是这种表述对给"影响"排序、制定其相对重要性或显著性是非常有用的。

在环境影响程度的识别中，通常按 3 个等级或 5 个等级来定性地划分影响程度。如按5 个等级划分不利环境影响：

（1）极端不利

外界压力引起某个环境因子无法替代、恢复与重建的损失，此种损失是永久的、不可逆的。如使某濒危的生物种群遭受灭绝威胁，对人群健康有致命的危害等。

（2）非常不利

外界压力引起某个环境因子严重而长期的损害或损失，其代替、恢复和重建非常困难和昂贵，并需很长的时间。如造成稀少的生物种群濒危，对大多数人的健康造成严重危害等。

（3）中度不利

外界压力引起某个环境因子的损害或破坏，其代替或者恢复是可能的，但相当困难且可能要较高的代价，并需比较长的时间。如使当地优势生物种群的生存条件产生重大变化或者种群严重减少。

（4）轻度不利

外界压力引起某个环境因子的轻微损失或暂时性破坏，其再生、恢复与重建可以实现，但需要一定的时间。

（5）微弱不利

外界压力引起某个环境因子暂时性破坏或受干扰，此级敏感度中的各项是人类能忍受的，环境的破坏或干扰能较快地自动恢复或再生，或者其替代与重建比较容易实现。

在规定环境影响因子受影响的程度时，对于受影响程度的预测要尽可能客观，必须认真做好环境的本底调查，同时要对建设项目必须达到的目标及其相应的技术指标有清楚的了解；然后预测环境因子由于环境变化而产生的生态影响、人群健康影响和社会经济影响，确定影响程度的等级。

4.2　环境影响识别方法

4.2.1　环境影响识别的一般步骤

在进行建设项目的环境影响识别过程中，首先需要判断拟建项目的类型，即拟建项目是污染型建设项目，还是非污染生态影响型建设项目；然后根据国家发布的《建设项目环境保护分类管理名录》中的若干规定和建议，对拟建项目对环境的影响进行初步识别，例如，拟建项目是否对环境可能造成重大影响、轻度影响或者微小影响。

4.2.2　环境影响识别的技术方法

环境影响识别的技术方法多种多样，包括清单法、矩阵法、叠图法和网络法等。

1. 清单法

清单法又称为核查表法，是将可能受开发方案影响的环境因子和可能产生的影响性质用一张表格的形式罗列出来，从而进行识别的一种方法。这种方法目前还在普遍使用，并有多种形式。

①简单型清单：仅是一个可能受到影响的环境因子表，不做其他说明，可作定性的环境影响识别分析，但不能作为决策依据。

②描述型清单：在简单型清单基础上增加了环境因子如何度量的准则。

③分级型清单：在描述型清单基础上又增加了对环境影响程度的分级。

环境影响识别常用的是描述型清单。其包括以下两种。

第一种是环境资源分类清单。对受影响的环境要素（环境资源）先作简单的划分，以突出有价值的环境因子，这种方法比较常用。通过环境影响识别，将具有显著性影响的环境因子作为后续评价的主要内容。该类清单已按工业类、能源类、水利工程类、交通类、农业工程、森林资源、市政工程等编制了主要环境影响识别表，可在世界银行《环境评价资源手册》等文件中查询到。这些编制成册的环境影响识别表可供具体建设项目环境影响识别时参考。

第二种是传统的问卷式清单。在清单中仔细列出有关"项目环境影响"需要询问的问题，针对项目的各项"活动"和环境影响进行询问。答案可以是"有"或"没有"。如果答案为有影响，则在表中注解栏说明影响程度、发生影响的条件及环境影响的方式，而不是简单地回答某项活动将产生某种影响。

2. 矩阵法

矩阵法是由清单法发展而来的，不仅具有影响识别功能，还有影响综合分析评价功能。它将清单中所列内容系统加以排列，把拟建项目的各项"活动"和受影响的环境要素组成一个矩阵，在拟建项目的各项"活动"和环境影响之间建立起直接的因果关系，以定性或半定量的方式说明拟建项目的环境影响。

该类方法主要有相关矩阵法、迭代矩阵法和表格矩阵法，下面简要介绍相关矩阵法和表格矩阵法。

在环境影响识别中，一般采用相关矩阵法，即通过系统地列出拟建项目的各阶段的各项"活动"，以及可能受拟建项目各项"活动"影响的环境要素构造矩阵，确定各项"活动"和环境要素及环境因子的相互作用关系。

表格矩阵法是由多个方格组成的一张表格。这张表格有两个轴：一个横轴、一个竖轴。横轴位于表格的第一行，竖轴位于表格左边的第一列。横轴列出建设项目可供选择的各种建设方案，竖轴列出各建设文档可能影响的自然环境、经济、社会与文化和土地利用规划等方面的环境因素。这样就得到了一张由许多方格组成的网格表。在每一个小方格中，填写某一建设方案（或特定活动）对某个特定因素的影响。一般在小方格中画两条斜线，斜线左上角用数字表示直接影响值的大小。斜线右下角数值表示间接影响值的大小，中间斜格中的数值表示综合影响值的大小，综合影响值的大小等于直接影响值和间接影响值的代数和乘以权重，一般权重值列在右边第一列。

3. 叠图法

叠图法包括手工叠图法和 GIS 支持下的叠图法。叠图法在环境影响评价中的应用包括通过应用一系列的环境、资源图件叠置来识别、预测环境影响，标示环境要素、不同区域的相对重要性以及表征对不同区域和不同环境要素的影响。叠图法简单易懂，因此很受欢迎，它能很好地显示影响的空间分布。此外，叠图法还有利于作出对环境影响较小的决策。叠图法常用于涉及地理空间较大的建设项目，如"线型"影响项目（公路、铁道、管道等）和区域开发项目。但是，该法有一定的局限性，因为它没有考虑次级影响或可恢复与不可恢复影响之间的区别等情况，因此它不能真实地反映各种情况。

4. 网络法

网络法是采用因果关系分析网络来解释和描述拟建项目的各项"活动"和环境要素之间的关系。除了具有相关矩阵法的功能外，还可识别间接影响和累积影响。网络法没有确定环境要素或变化范围之间相互影响的大小或重要性。该法最大的优点是可以追踪拟开发活动产生的较为显著的影响。

4.3　环境影响评价因子的筛选方法

4.3.1　大气环境影响评价因子筛选

①应根据拟建项目的特点和当地的大气污染状况对污染因子进行筛选。

②应选择项目等标排放量较大的污染物为主要污染因子。

③还应考虑评价区内已造成严重污染的污染物。

④列入国家主要污染物总量控制指标的污染物，亦应作为评价因子。

等标排放量 P_i（单位为 m^3/h）的计算公式见式（4.1）。

$$P_i = \frac{Q_i}{C_{0i}} \times 10^9 \qquad (4.1)$$

式中：Q_i 为第 i 类污染物单位时间的排放量，t/h；C_{0i} 为第 i 类污染物空气质量标准，mg/m^3。

空气质量标准 C_{0i} 按《环境空气质量标准》（GB 3095—2012）中二级、1 h 平均值计算，对于该标准未包括的项目，可参照《工业企业设计卫生标准》（GBZ 1—2010）中的相应值选用。上述两个标准只规定了日平均容许浓度限值的大气污染物，C_{0i} 一般可取日平均容许浓度限值的 3 倍，但对于致癌物质、毒性可积累或毒性较大的污染物，如苯、汞、铅等，可直接取其日平均容许浓度限值。

4.3.2　水环境影响评价因子筛选

水环境影响评价因子是从所调查的水质参数中选取的。需要调查的水质参数有两类：常规水质参数和特征水质参数。

常规水质参数以《地表水环境质量标准》（GB 3838—2002）中所列的 pH、溶解氧、高锰酸盐指数、化学耗氧量、五日生化需氧量、总氮或氨氮、酚、氰化物、砷、汞、铬（六价）、总磷及水温为基础，根据水域类别、评价等级及污染源状况适当增减。

特殊水质参数根据建设项目特点、水域类别、评价等级以及建设项目所属行业的特征水质参数表进行选择，具体情况可以适当删减。

还有其他方面的参数，例如，被调查水域的环境质量要求较高（如自然保护区、饮用水源地、珍贵水生生物保护区、经济鱼类养殖区等），且评价等级为一、二级，应考虑调查水生生物和底质。其调查项目可根据具体工作要求确定，或从下列项目中选择部分内容。水生生物方面主要调查浮游动植物、藻类、底栖无脊椎动物的种类和数量、水生生物群落结构等。底质方面主要调查与建设项目排水水质有关的易累积的污染物。

　　根据对拟建项目废水排放的特点和水质现状调查的结果，选择其中主要的污染物，对地表水环境危害较大以及国家和地方要求控制的污染物作为评价因子。预测评价因子应能反映拟建项目废水排放对地表水体的主要影响。建设期、运营期、服务期满后各阶段均应根据具体情况确定预测评价因子。对于河流水体，可按式（4.2）将水质参数排序后从中选取：

$$ISE = \frac{c_{pi}Q_{pi}}{(c_{si} - c_{hi})Q_{hi}} \tag{4.2}$$

　　式中：c_{pi}为水污染物 i 的排放浓度，mg/L；Q_{pi}为含水污染物 i 的废水排放量，m³/s；c_{si}为水质参数 i 的地表水水质标准，mg/L；c_{hi}为河流上游水质参数 i 的浓度，mg/L；Q_{hi}为河流上游来水流量，m³/s。

　　ISE 越大，说明拟建项目对河流中该项水质参数的影响越大。

第 5 章 环境影响预测与评价

5.1 大气环境影响预测与评价

5.1.1 预测范围及周期

预测范围应覆盖评价范围，并覆盖各污染物短期浓度贡献值占标率大于10%的区域。对于经判定需预测二次污染物的项目，预测范围应覆盖$PM_{2.5}$年平均质量浓度贡献值占标率大于1%的区域。对于评价范围内包含环境空气功能区一类区的，预测范围应覆盖项目对一类区最大环境影响。预测范围一般以项目厂址为中心，东西向为 X 坐标轴、南北向为 Y 坐标轴。

选取评价基准年作为预测周期，预测时段取连续1年。选用网格模型模拟二次污染物的环境影响时，预测时段应至少选取评价基准年1、4、7、10月。

5.1.2 预测方法

采用推荐模型预测建设项目或规划项目对预测范围不同时段的大气环境影响。

当建设项目或规划项目排放 SO_2、NO_x 及 VOCs 年排放量达到表5.1规定的量时，可按表5.2推荐的方法预测二次污染物。

表 5.1 二次污染物评价因子筛选

类别	污染物排放量/（t·a^{-1}）	二次污染物评价因子
建设项目	$SO_2 + NO_x \geqslant 500$	$PM_{2.5}$
规划项目	$SO_2 + NO_x \geqslant 500$	$PM_{2.5}$
	$NO_x + VOC_s \geqslant 2\ 000$	O_3

表 5.2 二次污染物预测方法

污染物排放量/（t·a^{-1}）		预测因子	二次污染物预测方法
建设项目	$SO_2 + NO_x \geqslant 500$	$PM_{2.5}$	AERMOD/ADMS（系数法） 或 CALPUFF（模型模拟法）
规划项目	$500 \leqslant SO_2 + NO_x < 2\,000$	$PM_{2.5}$	AERMOD/ADMS（系数法） 或 CALPUFF（模型模拟法）
	$SO_2 + NO_x \geqslant 2\,000$	$PM_{2.5}$	网格模型（模型模拟法）
	$NO_x + VOC_s \geqslant 2\,000$	O_3	网格模型（模型模拟法）

采用 AERMOD 模型（AMS/EPA regulatory model）、ADMS（atmospheric dispersion management system）模型等模型模拟 $PM_{2.5}$ 时，需将模型模拟的 $PM_{2.5}$ 一次污染物的质量浓度，同步叠加按 SO_2、NO_2 等前体物转化比率估算的二次 $PM_{2.5}$ 质量浓度，得到 $PM_{2.5}$ 的贡献浓度。前体物转化比率可引用科研成果或有关文献，并注意地域的适用性。对于无法取得 SO_2、NO_2 等前体物转化比率的，可取 φ_{SO_2} 为 0.58、φ_{NO_2} 为 0.44，按式（5.1）计算二次 $PM_{2.5}$ 贡献浓度。

$$C_{二次PM_{2.5}} = \varphi_{SO_2} \times C_{SO_2} + \varphi_{NO_2} \times C_{NO_2} \tag{5.1}$$

式中：$C_{二次PM_{2.5}}$ 为二次 $PM_{2.5}$ 质量浓度，$\mu g/m^3$；φ_{SO_2}、φ_{NO_2} 为 SO_2、NO_2 浓度换算为 $PM_{2.5}$ 浓度的系数；C_{SO_2}、C_{NO_2} 为 SO_2、NO_2 的预测质量浓度，$\mu g/m^3$。

采用 CALPUFF 或网格模型预测 $PM_{2.5}$ 时，模拟输出的贡献浓度应包括一次 $PM_{2.5}$ 和二次 $PM_{2.5}$ 质量浓度的叠加结果。

对已采纳规划环评要求的规划所包含的建设项目，当工程建设内容及污染物排放总量均未发生重大变更时，建设项目环境影响预测可引用规划环评的模拟结果。

5.1.3 预测与评价内容

1. 达标区的评价项目

①项目正常排放条件下，预测环境空气保护目标和网格点主要污染物的短期浓度和长期浓度贡献值，评价其最大浓度占标率。

②项目正常排放条件下，预测评价叠加环境空气质量现状浓度后，环境空气保护目标和网格点主要污染物的保证率日平均质量浓度和年平均质量浓度的达标情况；对于项目排放的主要污染物仅有短期浓度限值的，评价其短期浓度叠加后的达标情况。如果是改建、扩建项目，还应同步减去"以新带老"污染源的环境影响。如果有区域削减项目，应同步减去削减源的环境影响。如果评价范围内还有其他排放同类污染物的在建、拟建项目，还应叠加在建、拟建项目的环境影响。

③项目非正常排放条件下，预测评价环境空气保护目标和网格点主要污染物的 1 h 最

大浓度贡献值及占标率。

2. 不达标区的评价项目

①项目正常排放条件下，预测环境空气保护目标和网格点主要污染物的短期浓度和长期浓度贡献值，评价其最大浓度占标率。

②项目正常排放条件下，预测评价叠加大气环境质量限期达标规划（简称"达标规划"）的目标浓度后，环境空气保护目标和网格点主要污染物保证率日平均质量浓度和年平均质量浓度的达标情况；对于项目排放的主要污染物仅有短期浓度限值的，评价其短期浓度叠加后的达标情况。如果是改建、扩建项目，还应同步减去"以新带老"污染源的环境影响。如果有区域达标规划之外的削减项目，应同步减去削减源的环境影响。如果评价范围内还有其他排放同类污染物的在建、拟建项目，还应叠加在建、拟建项目的环境影响。

③对于无法获得达标规划目标浓度场或区域污染源清单的评价项目，需评价区域环境质量的整体变化情况。

④项目非正常排放条件下，预测环境空气保护目标和网格点主要污染物的 1h 最大浓度贡献值，评价其最大浓度占标率。

3. 区域规划

预测评价区域规划方案中不同规划年叠加现状浓度后，环境空气保护目标和网格点主要污染物保证率日平均质量浓度和年平均质量浓度的达标情况；对于规划排放的其他污染物仅有短期浓度限值的，评价其叠加现状浓度后短期浓度的达标情况。

预测评价区域规划实施后的环境质量变化情况，分析区域规划方案的可行性。

4. 污染控制措施

对于达标区的建设项目，按上述要求（5.1.3 中"1. 达标区的评价项目"中的②）预测评价不同方案主要污染物对环境空气保护目标和网格点的环境影响及达标情况，比较分析不同污染治理设施、预防措施或排放方案的有效性。

对于不达标区的建设项目，按上述要求（5.1.3 中"2. 不达标区的评价项目"中的②）预测不同方案主要污染物对环境空气保护目标和网格点的环境影响，评价达标情况或评价区域环境质量的整体变化情况，比较分析不同污染治理设施、预防措施或排放方案的有效性。

5. 大气环境防护距离

对于项目厂界浓度满足大气污染物厂界浓度限值，但厂界外大气污染物短期贡献浓度超过环境质量浓度限值的，可以自厂界向外设置一定范围的大气环境防护区域，以确保大气环境防护区域外的污染物贡献浓度满足环境质量标准。

对于项目厂界浓度超过大气污染物厂界浓度限值的，应要求削减排放源强或调整工程布局，待满足厂界浓度限值后，再核算大气环境防护距离。

大气环境防护距离内不应有长期居住的人群。

6. 不同评价对象或排放方案对应预测内容和评价要求（见表5.3）

表5.3 预测内容和评价要求

评价对象	污染源	污染源排放形式	预测内容	评价内容
达标区评价项目	新增污染源	正常排放	短期浓度 长期浓度	最大浓度占标率
	新增污染源 — "以新带老"污染源（如有） ＋ 区域削减污染源（如有） ＋ 其他在建、拟建污染源（如有）	正常排放	短期浓度 长期浓度	叠加环境质量现状浓度后的保证率日平均质量浓度和年平均质量浓度的占标率，或短期浓度的达标情况
	新增污染源	非正常排放	1h平均质量浓度	最大浓度占标率
不达标区评价项目	新增污染源	正常排放	短期浓度 长期浓度	最大浓度占标率
	新增污染源 — "以新带老"污染源（如有） ＋ 区域削减污染源（如有） ＋ 其他在建、拟建的污染源（如有）	正常排放	短期浓度 长期浓度	叠加达标规划目标浓度后的保证率日平均质量浓度和年平均质量浓度的占标率，或短期浓度的达标情况；评价年平均质量浓度变化率
	新增污染源	非正常排放	1h平均质量浓度	最大浓度占标率
区域规划	不同规划期/规划方案污染源	正常排放	短期浓度 长期浓度	保证率日平均质量浓度和年平均质量浓度的占标率，年平均质量浓度变化率
大气环境防护距离	新增污染源 — "以新带老"污染源（如有） ＋ 项目全厂现有污染源	正常排放	短期浓度	大气环境防护距离

5.1.4　评价方法

1. 环境影响叠加

（1）达标区环境影响叠加

预测评价项目建成后各污染物对预测范围的环境影响，应用本项目的贡献浓度，叠加（减去）区域削减污染源以及其他在建、拟建项目污染源环境影响，并叠加环境质量现状浓度。计算方法见式（5.2）。

$$C_{叠加(x,y,t)} = C_{本项目(x,y,t)} - C_{区域削减(x,y,t)} + C_{拟在建(x,y,t)} + C_{现状(x,y,t)} \qquad (5.2)$$

式中：$C_{叠加(x,y,t)}$ 为在 t 时刻，预测点（x，y）叠加各污染源及现状浓度后的环境质量浓度，$\mu g/m^3$；$C_{本项目(x,y,t)}$ 为在 t 时刻，本项目对预测点（x，y）的贡献浓度，$\mu g/m^3$；$C_{区域削减(x,y,t)}$ 为在 t 时刻，区域削减污染源对预测点（x，y）的贡献浓度，$\mu g/m^3$；$C_{拟在建(x,y,t)}$ 为在 t 时刻，其他在建、拟建项目污染源对预测点（x，y）的贡献浓度，$\mu g/m^3$；$C_{现状(x,y,t)}$ 为在 t 时刻，预测点（x，y）的环境质量现状浓度，$\mu g/m^3$。

其中本项目预测的贡献浓度除新增污染源环境影响外，还应减去"以新带老"污染源的环境影响，计算方法见式（5.3）。

$$C_{本项目(x,y,t)} = C_{新增(x,y,t)} - C_{以新带老(x,y,t)} \qquad (5.3)$$

式中：$C_{新增(x,y,t)}$ 为在 t 时刻，本项目新增污染源对预测点（x，y）的贡献浓度，$\mu g/m^3$；$C_{以新带老(x,y,t)}$ 为在 t 时刻，"以新带老"污染源对预测点（x，y）的贡献浓度，$\mu g/m^3$。

（2）不达标区环境影响叠加

对于不达标区的环境影响评价，应在各预测点上叠加达标规划中达标年的目标浓度，分析达标规划年的保证率日平均质量浓度和年平均质量浓度的达标情况。叠加方法可以用达标规划方案中的污染源清单参与影响预测，也可直接用达标规划模拟的浓度场进行叠加计算。计算方法见式（5.4）。

$$C_{叠加(x,y,t)} = C_{本项目(x,y,t)} - C_{区域削减(x,y,t)} + C_{拟在建(x,y,t)} + C_{规划(x,y,t)} \qquad (5.4)$$

式中：$C_{规划(x,y,t)}$ 为在 t 时刻，预测点（x，y）的达标规划年目标浓度，$\mu g/m^3$。

2. 保证率日平均质量浓度

对于保证率日平均质量浓度，首先按上述（1. 环境影响叠加）中的方法之一计算叠加后预测点上的日平均质量浓度，然后对该预测点所有日平均质量浓度从小到大进行排序，根据各污染物日平均质量浓度的保证率（p），计算排在 p 百分位数的第 m 个序数，序数 m 对应的日平均质量浓度即为保证率日平均浓度 C_m。

其中序数 m 的计算方法见式（5.5）。

$$m = 1 + (n-1) \times p \qquad (5.5)$$

式中：p 为该污染物日平均质量浓度的保证率，按《环境空气质量评价技术规范（试行）》（HJ 663—2013）规定的对应污染物年评价中 24 h 平均百分位数取值，%；n 为 1 个日历年内单个预测点上的日平均质量浓度的所有数据个数，个；m 为百分位数 p 对应的序数（第 m 个），向上取整数。

3. 浓度超标范围

以评价基准年为计算周期，统计各网格点的短期浓度或长期浓度的最大值，所有最大浓度超过环境质量标准的网格，即为该污染物浓度超标范围。超标网格的面积之和即为该污染物的浓度超标面积。

4. 区域环境质量变化评价

当无法获得不达标区规划达标年的区域污染源清单或预测浓度场时，也可评价区域环境质量的整体变化情况。按式（5.6）计算实施区域削减方案后预测范围的年平均质量浓度变化率 k。当 $k \leqslant -20\%$ 时，可判定项目建设后区域环境质量得到整体改善。

$$k = \left[\overline{C}_{本项目(a)} - \overline{C}_{区域削减(a)}\right] / \overline{C}_{区域削减(a)} \times 100\% \tag{5.6}$$

式中：k 为预测范围年平均质量浓度变化率，%；$\overline{C}_{本项目(a)}$ 为本项目对所有网格点的年平均质量浓度贡献值的算术平均值，$\mu g / m^3$；$\overline{C}_{区域削减(a)}$ 为区域削减污染源对所有网格点的年平均质量浓度贡献值的算术平均值，$\mu g / m^3$。

5. 大气环境防护距离确定

采用进一步预测模型模拟评价基准年内，本项目所有污染源（改建、扩建项目应包括全厂现有污染源）对厂界外主要污染物的短期贡献浓度分布。厂界外预测网格分辨率不应超过 50 m。

在底图上标注从厂界起所有超过环境质量短期浓度标准值的网格区域，以自厂界起至超标区域的最远垂直距离作为大气环境防护距离。

6. 污染控制措施有效性分析与方案比选

达标区建设项目选择大气污染治理设施、预防措施或多方案比选时，应综合考虑成本和治理效果，选择最佳可行技术方案，保证大气污染物能够达标排放，并使环境影响可以接受。

不达标区建设项目选择大气污染治理设施、预防措施或多方案比选时，应优先考虑治理效果，结合达标规划和替代源削减方案的实施情况，在只考虑环境因素的前提下选择最优技术方案，保证大气污染物达到最低排放强度和排放浓度，并使环境影响可以接受。

污染治理设施及预防措施有效性分析与方案比选内容、结果与格式要求见《环境影响评价技术导则 大气环境》（HJ 2.2—2018）附录 C 中的 C.5.10。

7. 污染物排放量核算

污染物排放量核算包括本项目的新增污染源及改建、扩建污染源（如有）。

根据最终确定的污染治理设施、预防措施及排污方案，确定本项目所有新增及改建、扩建污染源大气排污节点、排放污染物、污染治理设施与预防措施以及大气排放口基本情况。

本项目各排放口排放大气污染物的核算排放浓度、排放速率及污染物年排放量，应为通过环境影响评价，并且环境影响评价结论为可接受时对应的各项排放参数。污染物排放量核算内容与格式要求见《环境影响评价技术导则　大气环境》（HJ 2.2—2018）附录 C 中的 C.6.1、C.6.2。

本项目大气污染物年排放量包括项目各有组织排放源和无组织排放源在正常排放条件下的预测排放量之和。污染物年排放量按式（5.7）计算，内容与格式要求见《环境影响评价技术导则　大气环境》（HJ 2.2—2018）附录 C 中 C.6.3。

$$E_{年排放} = \sum_{i=1}^{n}(M_{i有组织} \times H_{i有组织})/1\,000 + \sum_{j=1}^{m}(M_{j无组织} \times H_{j无组织})/1\,000 \qquad (5.7)$$

式中：$E_{年排放}$ 为项目年排放量，t/a；$M_{i有组织}$ 为第 i 个有组织排放源排放速率，kg/h；$H_{i有组织}$ 为第 i 个有组织排放源年有效排放小时数，h/a；$M_{j无组织}$ 为第 j 个无组织排放源排放速率，kg/h；$H_{j无组织}$ 为第 j 个无组织排放源全年有效排放小时数，h/a。

本项目各排放口非正常排放量核算，应结合（5.1.3 中"1. 达标区的评价项目"中的③）和（5.1.3 中"2. 不达标区的评价项目"中的④）非正常排放预测结果，优先提出相应的污染控制与减缓措施。当出现 1 h 平均质量浓度贡献值超过环境质量标准时，应提出减少污染排放直至停止生产的相应措施。明确列出发生非正常排放的污染源、非正常排放原因、排放污染物、非正常排放浓度与排放速率、单次持续时间、年发生频次及应对措施等。相关内容与格式要求见《环境影响评价技术导则　大气环境》（HJ 2.2—2018）附录 C 中的 C.6.4。

5.2　地表水环境影响预测与评价

5.2.1　地表水环境影响预测

1. 预测范围和预测点位

一般来说，地表水影响预测的范围应与现状调查范围相同或略小（特殊情况下也可略大），确定原则与地表水现状调查相同。

在预测范围内应选择适当的预测点位，通过预测这些点位所受的水环境影响来全面反映建设项目对该范围内地表水环境的影响。预测点位的数量和预测点位的选择，应根据受纳水体和建设项目的特点、评价等级以及当地的环保要求确定。

虽然在预测范围以外，但估计有可能受到影响的重要用水地点，也应选择水质预测点位。

地表水环境现状监测点位应作为预测点位。应选择水文特征突然变化和水质突然变化处的上、下游，重要水工建筑物附近，以及水文站附近等地作为预测点位。当需要预测河流混合过程段的水质时，应在该段河流中选择若干预测点位。

当拟预测水中溶解氧时，应预测最大亏氧点的位置及该点位的浓度，但是分段预测的河段不需要预测最大亏氧点。

排放口附近常有局部超标水域，如有必要，应在适当水域加密预测点位，以便确定超标水域的范围。

2. 预测时期与预测情景

水环境影响预测的时期应满足不同评价等级的评价时期要求（见表5.4）。水污染影响型建设项目，水体自净能力最不利以及水质状况相对较差的不利时期、水环境现状补充监测时期应作为重点预测时期；水文要素影响型建设项目，以水质状况相对较差或对评价范围内水生生物影响最大的不利时期为重点预测时期。

表 5.4 评价时期确定表

受影响地表水体类型	评价等级		
	一级	二级	水污染影响型（三级 A）/水文要素影响型（三级）
河流、湖库	丰水期、平水期、枯水期；至少丰水期和枯水期	丰水期和枯水期；至少枯水期	至少枯水期
入海河口（感潮河段）	河流：丰水期、平水期和枯水期 河口：春季、夏季和秋季 至少丰水期和枯水期，春季和秋季	河流：丰水期和枯水期；河口：春、秋 2 个季节；至少枯水期或 1 个季节	至少枯水期或 1 个季节
近岸海域	春季、夏季和秋季；至少春、秋 2 个季节	春季或秋季；至少 1 个季节	至少 1 次调查

注：1. 感潮河段、入海河口、近岸海域在丰、枯水期（或春、夏、秋、冬四季）均应选择大潮期或小潮期中一个潮期开展评价（无特殊要求时，可不考虑一个潮期内高潮期、低潮期的差别）。选择原则为，依据调查监测海域的环境特征，以影响范围较大或影响程度较重为目标，定性判别和选择大潮期或小潮期作为调查潮期。

2. 冰封期较长且作为生活饮用水与食品加工用水的水源或有渔业用水需求的水域，应将冰封期纳入评价时期。

3. 具有季节性排水特点的建设项目，根据建设项目排水期对应的水期或季节确定评价时期。

4. 水文要素影响型建设项目对评价范围内的水生生物生长、繁殖与洄游有明显影响的时期，需将对应的时期作为评价时期。

5. 复合影响型建设项目分别确定评价时期，按照覆盖所有评价时期的原则综合确定。

根据建设项目特点分别选择建设期、生产运行期和服务期满后三个阶段进行预测；生产运行期应预测正常排放、非正常排放两种工况对水环境的影响，如建设项目具有充足的调节容量，可只预测正常排放对水环境的影响；应对建设项目污染控制和减缓措施方案进行水环境影响模拟预测；对受纳水体环境质量不达标区域，应考虑区（流）域环境质量改善目标要求情景下的模拟预测。

3. 预测因子筛选

在选用预测方法之后，还应从工程和环境两方面确定必需的预测条件，方可实施预测工作。建设项目实施过程各阶段拟预测的水质参数应根据建设项目的工程分析和环境现状、评价等级、当地的环保要求筛选和确定。拟预测的水质参数既要说明问题又不能过多，一般应少于环境现状调查水质参数的数目。建设过程、生产运行（包括正常工况和非正常工况排放两种情况）、服务期满后各阶段均应根据各自的具体情况决定其拟预测水质参数，彼此不一定相同。

在环境现状调查水质参数中选择拟预测水质参数。对河流，可按式（5.8）将水质参数排序后从中选取。

$$ISE = \frac{c_p Q_p}{(c_s - c_h) Q_h} \tag{5.8}$$

式中：ISE 为污染物排序指标；c_p 为污染物排放浓度，mg/L；Q_p 为废水排放量，m^3/s；c_s 为污染物排放标准，mg/L；c_h 为河流上游污染物浓度，mg/L；Q_h 为河流流量，m^3/s。

ISE 越大，说明建设项目对河流中该项水质参数的影响越大。

5.2.2 地表水环境影响预测模型

地表水环境影响预测模型包括数学模型、物理模型。地表水环境影响预测宜选用数学模型。评价等级为一级且有特殊要求时选用物理模型，物理模型应遵循水工模型实验技术规程等要求。

数学模型包括：面源污染负荷估算模型、水动力模型、水质（包括水温及富营养化）模型等，可根据地表水环境影响预测的需要选择。具体选择如下。

（1）面源污染负荷估算模型

根据污染源类型分别选择适用的污染源负荷估算或模拟方法，预测污染源排放量与入河量。面源污染负荷预测可根据评价要求与数据条件，采用源强系数法、水文分析法以及面源模型法等，有条件的地方可以综合采用多种方法进行比对分析确定，各方法适用条件如下：

一是源强系数法。当评价区域有可采用的源强产生、流失及入河系数等面源污染负荷估算参数时，可采用源强系数法。

二是水文分析法。当评价区域具备一定数量的同步水质水量监测资料时，可基于基流分割确定暴雨径流污染物浓度、基流污染物浓度，采用通量法估算面源的负荷量。

三是面源模型法。面源模型选择应结合污染特点、模型适用条件、基础资料等综合确定。

（2）水动力模型及水质模型

按照时间分为稳态模型与非稳态模型，按照空间分为零维、一维（包括纵向一维及垂向一维，纵向一维包括河网模型）、二维（包括平面二维及立面二维）以及三维模型，按照是否需要采用数值离散方法分为解析解模型与数值解模型。水动力模型及水质模型的选取根据建设项目的污染源特性、受纳水体类型、水力学特征、水环境特点及评价等级等要求，选取适宜的预测模型。

各地表水体适用的数学模型选择要求如下：

①河流数学模型。在模拟河流顺直、水流均匀且排污稳定时可以采用解析解模型。

②湖库数学模型。在模拟湖库水域形态规则、水流均匀且排污稳定时可以采用解析解模型。

③感潮河段、入海河口数学模型。污染物在断面上均匀混合的感潮河段、入海河口，可采用纵向一维非恒定数学模型，感潮河网区宜采用一维河网数学模型。浅水感潮河段和入海河口宜采用平面二维非恒定数学模型。如感潮河段、入海河口的下边界难以确定，宜采用一维、二维连接数学模型。

④近岸海域数学模型。近岸海域宜采用平面二维非恒定模型。如果评价海域的水流和水质分布在垂向上存在较大的差异（如排放口附近水域），宜采用三维数学模型。

常用数学模型推荐：河流、湖库、感潮河段、入海河口和近岸海域常用数学模型见《环境影响评价技术导则 地表水环境》（HJ 2.3—2018）附录 E，入海河口及近岸海域特殊预测数学模型见《环境影响评价技术导则 地表水环境》（HJ 2.3—2018）附录 F。地表水环境影响预测模型，应优先选用国家生态环境主管部门发布的推荐模型。

5.2.3 预测模型参数确定与验证要求

水动力及水质模型参数包括水文及水力学参数、水质（包括水温及富营养化）参数等。其中水文及水力学参数包括流量、流速、坡度、糙率等；水质参数包括污染物综合衰减系数、扩散系数、耗氧系数、复氧系数、蒸发散热系数等。模型参数确定可采用类比、经验公式、实验室测定、物理模型试验、现场实测及模型率定等，可以采用多类方法比对确定模型参数。当采用数值解模型时，宜采用模型率定法核定模型参数。

在模型参数确定的基础上，通过模型计算结果与实测数据进行比较分析，验证模型的适用性与误差及精度；选择模型率定法确定模型参数的，模型验证应采用与模型参数率确定不同组的实测资料数据进行；应对模型参数确定与模型验证的过程和结果进行分析说明，并以河宽、水深、流速、流量以及主要预测因子的模拟结果作为分析依据，当采用二维或三维模型时，应开展流场分析。模型验证应分析模拟结果与实测结果的拟合情况，阐明模型参数确定取值的合理性。

5.2.4 水体与污染源简化

地面水环境简化包括边界几何形状的规则化和水文、水力要素时空分布的简化等。这种简化应根据水文调查与水文测量的结果和评价等级等进行。

1. 水体简化

河流可以简化为矩形平直河流、矩形弯曲河流和非矩形河流。河流的断面宽深比≥20时，可视为矩形河流。大、中河流中，预测河段弯曲较大（如其最大弯曲系数>1.3）时，可视为弯曲河流，否则可以简化为平直河流。大、中河流预测河段的断面形状沿程变化较大时，可以分段考虑。大、中河流断面上水深变化很大且评价等级较高（如一级评价）时，可以视为非矩形河流并应调查其流场，其他情况均可简化为矩形河流。小河流可以简化为矩形平直河流。

河流水文特征或水质有急剧变化的河段，可在急剧变化之处分段，各段分别进行环境影响预测。河网应分段进行环境影响预测。

评价等级为三级时，江心洲、浅滩等均可按无江心洲、浅滩的情况对待。江心洲位于充分混合段，评价等级为二级时，可以按无江心洲对待；评价等级为一级且江心洲较大时，可以分段进行环境影响预测；江心洲较小时可不考虑。江心洲位于混合过程段，可分段进行环境影响预测，评价等级为一级时也可以采用数值模式进行环境影响预测。

2. 污染源简化

污染源简化包括排放形式的简化和排放规律的简化。根据污染源的具体情况排放形式可简化为点源和面源，排放规律可简化为连续恒定排放和非连续恒定排放。

排入河流的两排放口的间距较近时，可以简化为一个，其位置假设在两排放口之间，其排放量为两者之和。两排放口间距较远时，可分别单独考虑。

排入小湖（库）的所有排放口可以简化为一个，其排放量为所有排放量之和。排入大湖（库）的两排放口间距较近时，可以简化成一个，其位置假设在两排放口之间，其排放量为两者之和。两排放口间距较远时，可分别单独考虑。

当评价等级为一级、二级并且排入海湾的两排放口间距小于沿岸方向差分网格的步长时，可以简化成一个，其排放量为两者之和；如不是这种情况，可分别单独考虑。评价等级为三级时，海湾污染源简化与大湖（库）相同。

无组织排放可以简化成面源。从多个间距很近的排放口排水时，也可以简化为面源。

在地面水环境影响预测中，通常可以把排放规律简化为连续恒定排放。

5.2.5 地表水环境影响评价分析

水环境影响评价是在工程分析和影响预测的基础上，以法规、标准为依据解释拟建项目引起水环境变化的重大性，同时辨识敏感对象对污染物排放的反应；对拟建项目的生产工艺、水污染防治与废水排放方案等提出意见；提出避免、消除和减少水体影响的措施和对策建议；最后提出评价结论。

一级、二级、水污染影响型三级 A 评价及水文要素影响型三级评价的主要评价内容包括水污染控制和水环境影响减缓措施有效性评价，以及水环境影响评价。水污染影响型三级 B 评价的主要评价内容包括水污染控制和水环境影响减缓措施有效性评价，以及依托污水处理设施的环境可行性评价。

水环境影响评价要求如下：

①排放口所在水域形成的混合区，应限制在达标控制（考核）断面以外水域，且不得与已有排放口形成的混合区叠加，混合区外水域应满足水环境功能区或水功能区的水质目标要求。

②水环境功能区或水功能区、近岸海域环境功能区水质达标。说明建设项目对评价范围内的水环境功能区或水功能区、近岸海域环境功能区的水质影响特征，分析水环境功能区或水功能区、近岸海域环境功能区水质变化状况，在考虑叠加影响的情况下，评价建设项目建成以后各预测时期水环境功能区或水功能区、近岸海域环境功能区达标状况。涉及富营养化问题的，还应评价水温、水文要素、营养盐等变化特征与趋势，分析判断富营养化演变趋势。

③满足水环境保护目标水域水环境质量要求。评价水环境保护目标水域各预测时期的水质（包括水温）变化特征、影响程度与达标状况。

④水环境控制单元或断面水质达标。说明建设项目污染排放或水文要素变化对所在控制单元各预测时期的水质影响特征，在考虑叠加影响的情况下，分析水环境控制单元或断面的水质变化状况，评价建设项目建成以后水环境控制单元或断面在各预测时期下的水质达标状况。

⑤满足重点水污染物排放总量控制指标要求，重点行业建设项目，主要污染物排放满足等量或减量替代要求。

⑥满足区（流）域水环境质量改善目标要求。

⑦水文要素影响型建设项目同时应包括水文情势变化评价、主要水文特征值影响评价、生态流量符合性评价。

⑧对于新设或调整入河（湖库、近岸海域）排放口的建设项目，应包括排放口设置的环境合理性评价。

⑨满足生态保护红线、水环境质量底线、资源利用上线和环境准入清单管理要求。

⑩依托污水处理设施的环境可行性评价，主要从污水处理设施的日处理能力、处理工艺、设计进水水质、处理后的废水稳定达标排放情况及排放标准是否涵盖建设项目排放的有毒有害的特征水污染物等方面开展评价，满足依托的环境可行性要求。

5.3　地 下 水 环 境 影 响 预 测 与 评 价

5.3.1　地下水环境影响预测

1. 预测范围和时段

地下水环境影响预测范围一般与调查评价范围一致。预测层位应以潜水含水层或污染物直接进入的含水层为主，兼顾与其水力联系密切且具有饮用水开发利用价值的含水层。当建设项目场地天然包气带垂向渗透系数小于 1.0×10^{-6} cm/s 或厚度超过 100 m 时，预测范围应扩展至包气带。

地下水环境影响预测时段应选取可能产生地下水污染的关键时段，至少包括污染发生后 100 d、1 000 d，服务年限或者能反映特征因子迁移规律的其他重要时间节点。

2. 预测方法

①建设项目地下水环境影响预测方法包括数学模型法和类比分析法。其中，数学模型法包括数值法、解析法等。常用的地下水预测数学模型参见《环境影响评价技术导则 地下水环境》（HJ 610—2016）附录 D。

②预测方法的选取应根据建设项目工程特征、水文地质条件及资料掌握程度来确定，当数值法不适用时，可用解析法或其他方法预测。一般情况下，一级评价应采用数值法，不宜概化为等效多孔介质的地区除外；二级评价中水文地质条件复杂且适宜采用数值法时，建议优先采用数值法；三级评价可采用解析法或类比分析法。

③采用数值法预测前，应先进行参数识别和模型验证。

④采用解析模型预测污染物在含水层中的扩散时，一般应满足以下条件：污染物的排放对地下水流场没有明显的影响；调查评价区内含水层的基本参数（如渗透系数、有效孔隙度等）不变或变化很小。

⑤采用类比分析法时，应给出类比条件。类比分析对象与拟预测对象之间应满足以下要求：二者的环境水文地质条件、水动力场条件相似；二者的工程类型、规模及特征因子对地下水环境的影响具有相似性。

⑥地下水环境影响预测过程中，对于采用非本导则推荐模式进行预测评价时，需明确所采用模式的适用条件，给出模型中的各参数物理意义及参数取值，并尽可能地采用本导则中的相关模式进行验证。

3. 预测内容

给出特征因子不同时段的影响范围、程度、最大迁移距离。

给出预测期内建设项目场地边界或地下水环境保护目标处特征因子随时间的变化规律。

当建设项目场地天然包气带垂向渗透系数小于 $1.0×10^{-6}$ cm/s 或厚度超过 100 m 时，须考虑包气带的阻滞作用，预测特征因子在包气带中的迁移规律。

污染场地修复治理工程项目应给出污染物变化趋势或污染控制的范围。

5.3.2 地下水环境影响评价

1. 评价原则

评价应以地下水环境现状调查和地下水环境影响预测结果为依据，对建设项目各实施阶段（建设期、运营期及服务期满后）不同环节及不同污染防控措施下的地下水环境影响进行评价。

地下水环境影响预测未包括环境质量现状值时，应叠加环境质量现状值后再进行评价。

应评价建设项目对地下水水质的直接影响，重点评价建设项目对地下水环境保护目标的影响。

2. 评价范围与方法

地下水环境影响评价范围一般与调查评价范围一致。

采用标准指数法对建设项目地下水水质影响进行评价，具体方法同"3.4.3 地下水环境现状评价"。

对属于《地下水质量标准》（GB/T 14848—2017）水质指标的评价因子，应按其规定的水质分类标准值进行评价；对于不属于上述标准水质指标的评价因子，可参照国家（行业、地方）相关标准的水质标准值，如《地表水环境质量标准》（GB 3838—2002）、《生活饮用水卫生标准》（GB 5749—2022）、《地下水水质标准》（DZ/T 0290—2015）等进行评价。

3. 评价结论

评价建设项目对地下水水质的影响时，可采用以下判据评价水质能否满足标准的要求。

以下情况应得出可以满足评价标准要求的结论：建设项目各个不同阶段，除场界内小范围以外地区，均能满足《地下水质量标准》（GB/T 14848—2017）或国家（行业、地方）相关标准要求的；在建设项目实施的某个阶段，有个别评价因子出现较大范围超标，但采取环保措施后，可满足《地下水质量标准》（GB/T 14848—2017）或国家（行业、地方）相关标准要求的。

以下情况应得出不能满足评价标准要求的结论：新建项目排放的主要污染物，改、扩建项目已经排放的及将要排放的主要污染物在评价范围内地下水中已经超标的；环保措施在技术上不可行，或在经济上明显不合理的。

5.4　土壤环境影响预测与评价

5.4.1　概述

1. 基本原则与要求

根据影响识别结果与评价等级，结合当地土地利用规划确定影响预测的范围、时段、内容和方法。

选择适宜的预测方法，预测评价建设项目各实施阶段在不同环节与不同环境影响防控措施下的土壤环境影响，给出预测因子的影响范围与程度，明确建设项目对土壤环境的影响结果。

应重点预测评价建设项目对占地范围外土壤环境敏感目标的累积影响，并根据建设项目特征兼顾对占地范围内的影响预测。

土壤环境影响分析可定性或半定量地说明建设项目对土壤环境产生的影响及趋势。

建设项目导致土壤潜育化、沼泽化、潴育化和土地沙漠化等影响的，可根据土壤环境特征，结合建设项目特点，分析土壤环境可能受到影响的范围和程度。

2. 预测评价范围和时段

一般与现状调查评价范围一致。根据建设项目土壤环境影响识别结果，确定重点预测时段。在影响识别的基础上，根据建设项目特征设定预测情况。

3. 预测与评价因子

污染影响型建设项目应根据环境影响识别出的特征因子选取关键预测因子。

可能造成土壤盐化、酸化、碱化影响的建设项目，分别选取土壤盐分含量、pH 等作为预测因子。

4. 预测评价标准

《土壤环境质量 农用地土壤污染风险管控标准（试行）》（GB 15618—2018）、《土壤环境质量 建设用地土壤污染风险管控标准（试行）》（GB 36600—2018），参见表 3.3、表 3.4、表 5.5。

表 5.5　土壤盐化预测表

土壤盐化综合评分值（Sa）	Sa<1	1≤Sa<2	2≤Sa<3	3≤Sa<4.5	Sa≥4.5
土壤盐化综合评分预测结果	未盐化	轻度盐化	中度盐化	重度盐化	极重度盐化

5.4.2　预测与评价方法

土壤环境影响预测评价方法应根据建设项目土壤环境影响类型与评价工作等级确定。

①评价工作等级为一级、二级，可能引起土壤盐化、酸化、碱化等影响的建设项目或

污染影响型建设项目的预测方法。

单位质量土壤中某种物质的增量可用式（5.9）计算：

$$\Delta S = n(I_s - L_s - R_s)/(\rho_b \times A \times D) \tag{5.9}$$

式中：ΔS 为单位质量表层土壤中某种物质的增量，g/kg；或表层土壤中游离酸或游离碱浓度增量，mmol/kg。n 为持续年份，a。I_s 为预测评价范围内单位年份表层土壤中某种物质的输入量，g；或预测评价范围内单位年份表层土壤中游离酸、游离碱输入量，mmol。L_s 为预测评价范围内单位年份表层土壤中某种物质经淋溶排出的量，g；或预测评价范围内单位年份表层土壤中经淋溶排出的游离酸、游离碱的量，mmol。R_s 为预测评价范围内单位年份表层土壤中某种物质经径流排出的量，g；或预测评价范围内单位年份表层土壤中经径流排出的游离酸、游离碱的量，mmol。ρ_b 为表层土壤容重，kg/m³。A 为预测评价范围，m²。D 为表层土壤深度，一般取 0.2 m，可根据实际情况适当调整。

单位质量土壤中某种物质的预测值可根据其增量叠加现状值进行计算，见式（5.10）。

$$S = S_b + \Delta S \tag{5.10}$$

式中：S 为单位质量土壤中某种物质的预测值，g/kg；S_b 为单位质量土壤中某种物质的现状值，g/kg。

酸性物质或碱性物质排放后表层土壤 pH 预测值，可根据表层土壤游离酸或游离碱浓度的增量进行计算，见公式（5.11）。

$$pH = pH_b \pm \Delta S/BC_{pH} \tag{5.11}$$

式中：pH 为土壤 pH 预测值；pH_b 为土壤 pH 现状值；BC_{pH} 为缓冲容量，mmol/(kg·pH)。

缓冲容量（BC_{pH}）的测定方法：采集项目区土壤样品，样品加入不同量游离酸或游离碱后分别进行 pH 测定，绘制不同浓度游离酸或游离碱和 pH 之间的关系曲线，曲线斜率即为缓冲容量。

该方法适用于某种物质可概化为以面源形式进入土壤环境的影响预测，包括大气沉降、地面漫流以及盐、酸、碱类等物质进入土壤环境引起的土壤盐化、酸化、碱化等。

②评价工作等级为一级、二级，土壤盐化类建设项目的综合评分预测方法。根据表 5.6 选取各项影响因素的分值与权重，采用式（5.12）计算土壤盐化综合评分值（Sa），对照表 5.5 得出土壤盐化综合评分预测结果。

$$Sa = \sum_{i=1}^{n} Wx_i \times Ix_i \tag{5.12}$$

式中：n 为影响指标数目；Wx_i 为影响因素 i 指标权重；Ix_i 为影响因素 i 指标评分。

表 5.6　土壤盐化影响因素赋值表

影响因素	分值				权重
	0 分	2 分	4 分	6 分	
地下水位埋深（GWD）/m	GWD≥2.5	1.5≤GWD<2.5	1.0≤GWD<1.5	GWD<1.0	0.35
干燥度（蒸降比值）（EPR）	EPR<1.2	1.2≤EPR<2.5	2.5≤EPR<6	EPR≥6	0.25
土壤本底含盐量（SSC）/ (g·kg⁻¹)	SSC<1	1≤SSC<2	2≤SSC<4	SSC≥4	0.15
地下水溶解性总固体（TDS）/ (g·L⁻¹)	TDS<1	1≤TDS<2	2≤TDS<5	TDS≥5	0.15
土壤质地	黏土	砂土	壤土	砂壤、粉土、砂粉土	0.10

评价工作等级为三级的建设项目，可采用定性描述或类比分析法进行预测。

5.4.3　预测评价结论

以下情况可得出建设项目土壤环境影响可接受的结论：

①建设项目各不同阶段，土壤环境敏感目标处且占地范围内各评价因子均满足预测评价标准中相关标准要求的。

②生态影响型建设项目各不同阶段，出现或加重土壤盐化、酸化、碱化等问题，但采取防控措施后，可满足相关标准要求的。

③污染影响型建设项目各不同阶段，土壤环境敏感目标处或占地范围内有个别点位、层位或评价因子出现超标，但采取必要措施后，可满足《土壤环境质量 农用地土壤污染风险管控标准（试行）》（GB 15618—2018）、《土壤环境质量 建设用地土壤污染风险管控标准（试行）》（GB 36600—2018）或其他土壤污染防治相关管理规定的。

以下情况不能得出建设项目土壤环境影响可接受的结论：

①生态影响型建设项目：土壤盐化、酸化、碱化等对预测评价范围内土壤原有生态功能造成重大不可逆影响的。

②污染影响型建设项目各不同阶段，土壤环境敏感目标处或占地范围内多个点位、层位或评价因子出现超标，采取必要措施后，仍无法满足《土壤环境质量 农用地土壤污染风险管控标准（试行）》（GB 15618—2018）、《土壤环境质量 建设用地土壤污染风险管控标准（试行）》（GB 36600—2018）或其他土壤污染防治相关管理规定的。

5.5 声环境影响预测与评价

5.5.1 基本要求

1. 预测范围及预测点

噪声预测范围一般与所确定的噪声评价等级所规定的范围相同。根据建设项目声源特性（声级大小特征、频率特征和时空分布特征等）和周边敏感目标分布特征（集中与分散分布、地面水平与楼房垂直分布、建筑物使用功能等）可适当扩大预测范围。

建设项目评价范围内声环境保护目标和建设项目厂界（场界、边界）应作为预测点和评价点。

2. 预测基础数据规范与要求

（1）声源数据

建设项目的声源资料主要包括：声源种类、数量、空间位置、声级、发声持续时间和对声环境保护目标的作用时间等，环境影响评价文件中应标明噪声源数据的来源。工业企业等建设项目声源置于室内时，应给出建筑物门、窗、墙等围护结构的隔声量和室内平均吸声系数等参数。

（2）环境数据

影响声波传播的各类参数应通过资料收集和现场调查取得，各类数据如下：建设项目所处区域的年平均风速和主导风向、年平均气温、年平均相对湿度、大气压强；声源和预测点间的地形、高差；声源和预测点间障碍物（如建筑物、围墙等）的几何参数；声源和预测点间树林、灌木等的分布情况以及地面覆盖情况（如草地、水面、水泥地面、土质地面等）。

3. 预测方法

声环境影响可采用参数模型、经验模型、半经验模型进行预测，也可采用比例预测法、类比预测法进行预测。

声环境影响预测模型见《环境影响评价技术导则 声环境》（HJ 2.4—2021）附录 A 和附录 B。一般应按照附录 A 和附录 B 给出的预测方法进行预测，如采用其他预测模型，须注明来源并对所用的预测模型进行验证，并说明验证结果。

4. 预测和评价内容

①预测建设项目在施工期和运营期所有声环境保护目标处的噪声贡献值和预测值，评价其超标和达标情况。

②预测和评价建设项目在施工期和运营期的厂界（场界、边界）噪声贡献值，评价其超标和达标情况。

③铁路、城市轨道交通、机场等建设项目，还需预测列车通过时段内声环境保护目标处的等效连续 A 声级（$L_{Aeq,Tp}$）、单架航空器通过时在声环境保护目标处的最大 A 声级（L_{Amax}）。

④一级评价应绘制运行期代表性评价水平年噪声贡献值等声级线图，二级评价根据需要绘制等声级线图。

⑤对工程设计文件给出的代表性评价水平年噪声级可能发生变化的建设项目，应分别预测。

⑥典型建设项目噪声影响预测要求可参照《环境影响评价技术导则 声环境》（HJ 2.4—2021）附录 C。

5.5.2　户外声传播的衰减

《环境影响评价技术导则 声环境》（HJ 2.4—2021）附录 A 规定了计算户外声传播衰减的工程法，用于预测各种类型声源在远处产生的噪声。该方法可预测已知噪声源在有利于声传播的气象条件下的等效连续 A 声级。

附录 A 规定的方法特别包括倍频带算法（用 63～8 000 Hz 的标称频带中心频率）用于计算点声源或点声源组的声衰减，这些声源是移动的或者是固定的，算法中规定了以下物理效应计算方法：几何发散；大气吸收；地面效应；表面反射；障碍物引起的屏蔽。

实际上该方法可用于各式各样的噪声源和噪声环境，可以直接或间接应用于有关路面、铁路交通、工业噪声源、建筑施工活动和许多其他以地面为基础的噪声源，但不能应用于在飞行的飞机，或对采矿、军事或相似操作的冲击波。

1. 声源的描述

广义的噪声源，例如路面和铁路交通或工业区（可能包括一些设备或设施以及在场地内的交通往来）将用一组分区表示，每一个分区有一定的声功率及指向特性，在每一个分区内以一个代表点的声音所计算的衰减来表示这一分区的声衰减。一方面，一个线源可以分为若干线分区，一个面积源可以分为若干面积分区，而每一个分区用处于中心位置的点声源表示。

另一方面，点声源组可以用处在组的中部的等效点声源来描述，特别是具有以下特征的声源：有大致相同的强度和离地面高度；到接收点有相同的传播条件；从单一等效点声源到接收点间的距离 d 大于声源的最大尺寸 H_{max} 的两倍（$d>2H_{max}$）。假若距离 d 较小（$d\leqslant 2H_{max}$）或分量点声源传播条件不同，其总声源必须分为若干分量点声源。

等效点声源声功率等于声源组内各声源声功率的和。

2. 基本公式

户外声传播衰减包括几何发散（A_{div}）、大气吸收（A_{atm}）、地面效应（A_{gr}）、障碍物屏蔽（A_{bar}）、其他多方面效应（A_{misc}）引起的衰减。

①在环境影响评价中，应根据声源声功率级或参考位置处的声压级、户外声传播衰减，计算预测点的声级，分别按式（5.13）或式（5.14）计算。

$$L_p(r) = L_w + D_C - (A_{div} + A_{atm} + A_{gr} + A_{bar} + A_{misc}) \tag{5.13}$$

式中：$L_p(r)$ 为预测点处声压级，dB；L_w 为由点声源产生的声功率级（A计权或倍频带），dB；D_C 为指向性校正，它描述点声源的等效连续声压级与产生声功率级 L_w 的全向点声源在规定方向的声级的偏差程度，dB；A_{div} 为几何发散引起的衰减，dB；A_{atm} 为大气吸收引起的衰减，dB；A_{gr} 为地面效应引起的衰减，dB；A_{bar} 为障碍物屏蔽引起的衰减，dB；A_{misc} 为其他多方面效应引起的衰减，dB。

$$L_p(r) = L_p(r_0) + D_C - (A_{div} + A_{atm} + A_{gr} + A_{bar} + A_{misc}) \tag{5.14}$$

式中：$L_p(r_0)$ 为参考位置 r_0 处的声压级，dB；其他符号说明同上。

②预测点的 A 声级 $L_A(r)$ 可按式（5.15）计算，即将 8 个倍频带声压级合成，计算出预测点的 A 声级 $[L_A(r)]$。

$$L_A(r) = 10 \lg \left\{ \sum_{i=1}^{8} 10^{0.1[L_{pi}(r) - \Delta L_i]} \right\} \tag{5.15}$$

式中：$L_A(r)$ 为距声源 r 处的 A 声级，dB（A）；$L_{pi}(r)$ 为预测点（r）处，第 i 倍频带声压级，dB；ΔL_i 为第 i 倍频带的 A 计权网络修正值，dB。

③在只考虑几何发散衰减时，可按式（5.16）计算。

$$L_A(r) = L_A(r_0) - A_{div} \tag{5.16}$$

式中：$L_A(r_0)$ 为参考位置 r_0 处的 A 声级，dB（A）；其他符号说明同上。

3. 衰减项的计算

（1）几何发散引起的衰减（A_{div}）

①点声源的几何发散衰减。

a. 无指向性点声源的几何发散衰减：

无指向性点声源的几何发散衰减的基本公式见式（5.17）。

$$L_p(r) = L_p(r_0) - 20 \lg(r/r_0) \tag{5.17}$$

式中：r 为预测点距声源的距离；r_0 为参考位置距声源的距离；其他符号说明同上。

式（5.17）中第二项表示了点声源的几何发散衰减，见式（5.18）。

$$A_{div} = 20 \lg(r/r_0) \tag{5.18}$$

如果已知点声源的倍频带声功率级或 A 计权声功率级（L_{Aw}），且声源处于自由声场，则式（5.17）等效为式（5.19）或式（5.20）。

$$L_p(r) = L_w - 20 \lg r - 11 \tag{5.19}$$

$$L_A(r) = L_{Aw} - 20 \lg r - 11 \tag{5.20}$$

式中：L_{Aw} 为点声源 A 计权声功率级，dB；其他符号说明同上。

如果声源处于半自由声场，则式（5.17）等效为式（5.21）或式（5.22）。

$$L_p(r) = L_w - 20 \lg r - 8 \tag{5.21}$$

$$L_A(r) = L_{Aw} - 20 \lg r - 8 \tag{5.22}$$

b. 指向性点声源的几何发散衰减：

具有指向性点声源的几何发散衰减按式（5.23）计算：

声源在自由空间中辐射声波时，其强度分布的一个主要特性是指向性。例如，喇叭发声，其喇叭正前方声音大，而侧面或背面就小。

对于自由空间的点声源，其在某一 θ 方向上距离 r 处的声压级 $[L_p(r)_\theta]$ 为：

$$L_p(r)_\theta = L_w - 20 \lg(r) + D_{l\theta} - 11 \tag{5.23}$$

式中：$L_p(r)_\theta$ 为自由空间的点声源在某一 θ 方向上距离 r 处的声压级，dB；$D_{l\theta}$ 为 θ 方向上的指向性指数，$D_{l\theta} = 10 \lg R_\theta$。其中，$R_\theta$ 为指向性因数，$R_\theta = I_\theta/I$，I_θ 为某一 θ 方向上的声强，W/m^2；I 为所有方向上的平均声强，W/m^2。

按式（5.17）计算具有指向性点声源的几何发散衰减时，式（5.17）中的 $L_p(r)$ 和 $L_p(r_0)$ 必须是在同一方向上的倍频带声压级。

c. 反射体引起的修正（ΔL_r）：

如图 5.1 所示，当点声源与预测点处在反射体同侧附近时，到达预测点的声级是直达声与反射声叠加的结果，从而使预测点声级增高。

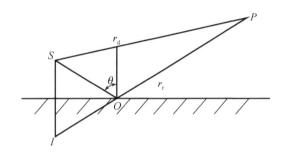

图 5.1　反射体的影响

当满足下列条件时，需考虑反射体引起的声级增高：反射体表面平整、光滑、坚硬；反射体尺寸远远大于所有声波波长 λ；入射角 $\theta < 85°$。

$r_r - r_d \gg \lambda$ 反射引起的修正量 ΔL_r 与 r_r/r_d 有关（r_r 和 r_d 为反射体，$r_r = IP$、$r_d = SP$），可按表 5.7 计算。

表 5.7　反射体引起的修正量

r_r/r_d	dB
≈ 1	3
≈ 1.4	2
≈ 2	1
> 2.5	0

②线声源的几何发散衰减。

a. 无限长线声源：

无限长线声源的几何发散衰减的基本公式见式（5.24）。

$$L_p(r) = L_p(r_0) - 10 \lg(r/r_0) \tag{5.24}$$

式（5.24）中第二项表示了无限长线声源的几何发散衰减，见式（5.25）。

$$A_{div} = 10 \lg(r/r_0) \tag{5.25}$$

b. 有限长线声源：

如图 5.2 所示，假设线声源长度为 l_0，单位长度线声源辐射的倍频带声功率级为 L_w。在线声源垂直平分线上距声源 r 处的声压级见式（5.26）或式（5.27）。

$$L_p(r) = L_w + 10 \lg\left[\frac{1}{r}\arctan\left(\frac{l_0}{2r}\right)\right] - 8 \tag{5.26}$$

$$L_p(r) = L_p(r_0) + 10 \lg\left[\frac{\frac{1}{r}\arctan\left(\frac{l_0}{2r}\right)}{\frac{1}{r_0}\arctan\left(\frac{l_0}{2r_0}\right)}\right] \tag{5.27}$$

当 $r > l_0$ 且 $r_0 > l_0$ 时，式（5.27）可近似简化为式（5.17）。即在有限长线声源的远场，有限长线声源可当作点声源处理。

当 $r < l_0/3$ 且 $r_0 < l_0/3$ 时，式（5.27）可近似简化为式（5.24）。

当 $l_0/3 < r < l0$，且 $l_0/3 < r_0 < l_0$ 时，式（5.27）可作近似计算，见式（5.28）。

$$L_p(r) = L_p(r_0) - 15 \lg(r/r_0) \tag{5.28}$$

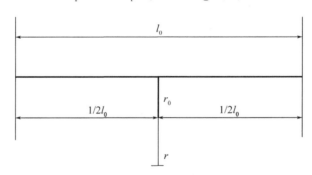

图 5.2　有限长线声源

③面声源的几何发散衰减。

一个大型机器设备的振动表面，车间透声的墙壁，均可以认为是面声源。如果已知面声源单位面积的声功率为 W，各面积元噪声的位相是随机的，那么面声源可看作由无数点声源连续分布组合而成，其合成声级可按能量叠加法求出。

图 5.3 给出了长方形面声源中心轴线上的声衰减曲线。当预测点和面声源中心距离 r 处于以下条件时，可按下述方法近似计算：当 $r < a/\pi$ 时，几乎不衰减（$A_{div} \approx 0$）；当 $a/\pi < r < b/\pi$，距离加倍衰减 3 dB 左右，类似线声源衰减特性 $[A_{div} \approx 10 \lg(r/r_0)]$；当 $r > b/\pi$

时，距离加倍衰减趋近于 6 dB，类似点声源衰减特性 $[A_{div} \approx 20 \lg (r/r_0)]$。其中面声源的 $b > a$。图 5.3 中虚线为实际衰减量。

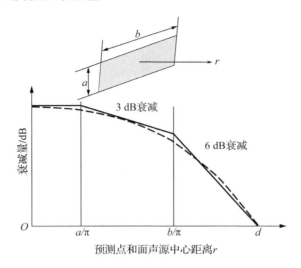

图 5.3　长方形面声源中心轴线上的声衰减曲线

注：a 为长方形面声源的宽；b 为长方形面声源的长。

（2）大气吸收引起的衰减（A_{atm}）

大气吸收引起的衰减按式（5.29）计算：

$$A_{atm} = \frac{\alpha(r - r_0)}{1\,000} \tag{5.29}$$

式中：α 为与温度、湿度和声波频率有关的大气吸收衰减系数，预测计算中一般根据建设项目所处区域常年平均气温和湿度，选择相应的大气吸收衰减系数（见表 5.8）。

表 5.8　倍频带噪声的大气吸收衰减系数 α

温度/℃	相对湿度/%	大气吸收衰减系数 α /（dB·km^{-1}）							
		倍频带中心频率/Hz							
		63	125	250	500	1 000	2 000	4 000	8 000
10	70	0.1	0.4	1.0	1.9	3.7	9.7	32.8	117.0
20	70	0.1	0.3	1.1	2.8	5.0	9.0	22.9	76.6
30	70	0.1	0.3	1.0	3.1	7.4	12.7	23.1	59.3
15	20	0.3	0.6	1.2	2.7	8.2	28.2	28.8	202.0
15	50	0.1	0.5	1.2	2.2	4.2	10.8	36.2	129.0
15	80	0.1	0.3	1.1	2.4	4.1	8.3	23.7	82.8

（3）地面效应引起的衰减（A_{gr}）

地面类型可分为三种：第一种，坚实地面，包括铺筑过的路面、水面、冰面以及夯实地面；第二种，疏松地面，包括被草或其他植物覆盖的地面，以及农田等适合于植物生长的地面；第三种，混合地面，由坚实地面和疏松地面组成。

声波掠过疏松地面传播，或大部分为疏松地面的混合地面时，在预测点仅计算 A 声级前提下，地面效应引起的倍频带衰减可用式（5.30）计算。

$$A_{gr} = 4.8 - \left(\frac{2h_m}{r}\right)\left(17 + \frac{300}{r}\right) \tag{5.30}$$

式中：h_m 为传播路径的平均离地高度，m。

（4）障碍物屏蔽引起的衰减（A_{bar}）

位于声源和预测点之间的实体障碍物，如围墙、建筑物、土坡或地堑等起声屏障作用，从而引起声能量的较大衰减。在环境影响评价中，可将各种形式的屏障简化为具有一定高度的薄屏障。

如图 5.4 所示，S、O、P 三点在同一平面内且垂直于地面。定义 $\delta = SO + OP - SP$ 为声程差，$N = 2\delta/\lambda$ 为菲涅耳数，其中 λ 为声波波长。

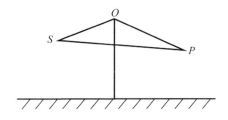

图 5.4　无限长声屏障示意图

在噪声预测中，声屏障插入损失的计算方法需要根据实际情况作简化处理。

屏障衰减 A_{bar} 在单绕射（即薄屏障）的情况下，衰减最大取 20 dB；在双绕射（即厚屏障）的情况下，衰减最大取 25 dB。

①有限长薄屏障在点声源声场中引起的衰减。

首先计算图 5.5 所示三个传播途径的声程差 δ_1、δ_2、δ_3 和相应的菲涅耳数 N_1、N_2、N_3。

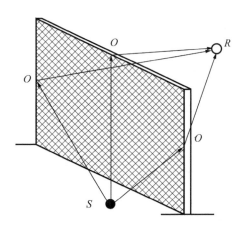

图 5.5　有限长声屏障传播路径

声屏障引起的衰减按式（5.61）计算：

$$A_{bar} = -10 \lg\left(\frac{1}{3+20N_1} + \frac{1}{3+20N_2} + \frac{1}{3+20N_3}\right) \tag{5.31}$$

当屏障很长（作无限长处理）时，仅可考虑顶端绕射衰减，按式（5.32）进行计算。

$$A_{bar} = -10 \lg\left(\frac{1}{3+20N_1}\right) \tag{5.32}$$

②双绕射计算。

对于图 5.6 所示的双绕射情形，可由式（5.33）计算绕射声与直达声之间的声程差 δ。

$$\delta = \left[(d_{ss} + d_{sr} + e)^2 + a^2\right]^{\frac{1}{2}} - d \tag{5.33}$$

式中：δ 为声程差，m；d_{ss} 为声源到第一绕射边的距离，m；d_{sr} 为第二绕射边到接收点的距离，m；e 为在双绕射情况下两个绕射边界之间的距离，m；a 为声源和接收点之间的距离在平行于屏障上边界的投影长度，m；d 为声源到接收点的直线距离，m。

屏障衰减 A_{bar} 参照《声学 户外声传播的衰减 第 2 部分：一般计算方法》（GB/T 17247.2—1998）进行计算。计算屏障衰减后，不再考虑地面效应衰减。

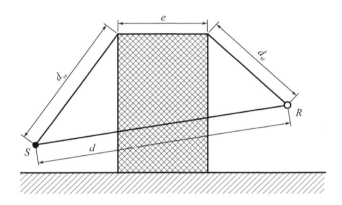

（a）利用建筑物、土堤作为厚屏障

建、土堤作为厚屏障

筑物、土堤作为厚屏障

③屏障在线声源声场中引起的衰减

无限长声屏障参照《声屏障声学设计和测量规范》（HJ/T 90—2004）中 4.2.1.2 规定的方法进行计算，计算公式为式（5.34）。

$$A_{\mathrm{bar}} = \begin{cases} 10\ \lg \dfrac{3\pi \sqrt{1-t^2}}{4\ \arctan \sqrt{\dfrac{1-t}{1+t}}} & (t = \dfrac{40f\delta}{3c} \leqslant 1) \\[4mm] 10\ \lg \dfrac{3\pi \sqrt{t^2-1}}{2\ \ln(t+\sqrt{t^2-1})} & (t = \dfrac{40f\delta}{3c} > 1) \end{cases} \tag{5.34}$$

式中：f 为声波频率，Hz；c 为声速，m/s。

在公路建设项目评价中，可采用 500 Hz 频率的声波计算得到的屏障衰减量近似作为 A 声级的衰减量。

当使用式（5.34）计算声屏障衰减时，若 $0 > N > -0.2$，也应计算衰减量，同时保证衰减量为正值，为负值时舍弃。

有限长声屏障的衰减量（A'_{bar}）可按公式（5.35）近似计算：

$$A'_{bar} \approx -10\ \lg \left(\dfrac{\beta}{\theta} 10^{-0.1A_{\mathrm{bar}}} + 1 - \dfrac{\beta}{\theta} \right) \tag{5.35}$$

式中：A'_{bar} 为有限长声屏障引起的衰减，dB；β 为受声点与声屏障两端连接线的夹角，（°）；θ 为受声点与线声源两端连接线的夹角，（°）；A_{bar} 为无限长声屏障的衰减量，dB，可按式（5.34）计算。

（5）其他方面效应引起的衰减（A_{misc}）

其他衰减包括通过工业场所的衰减，通过建筑群的衰减等。在声环境影响评价中，一般情况下，不考虑自然条件（如风、温度梯度、雾）变化引起的附加修正。

工业场所的衰减可参照《声学 户外声传播的衰减 第 2 部分：一般计算方法》（GB/T 17247.2—1998）进行计算。

①绿化林带引起的衰减（A_{fol}）。

绿化林带的附加衰减与树种、林带结构和密度等因素有关。在声源附近的绿化林带，或在预测点附近的绿化林带，或两者均有的情况都可以使声波衰减，见图 5.7。

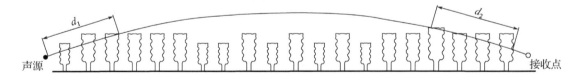

图 5.7　通过树和灌木时噪声衰减示意图

通过树叶传播造成的噪声衰减，随通过树叶传播距离 d_{f} 的增长而增加，其中 $d_{\mathrm{f}} = d_1 + d_2$，为了计算 d_1 和 d_2，可假设弯曲路径的半径为 5 km。

表 5.9 中的第一行给出了通过总长度为 10～20 m 的乔灌结合郁闭度较高的林带时，由林带引起的衰减；第二行为通过总长度为 20～200 m 的林带时的衰减系数；当通过林带的路径长度大于 200 m 时，可使用 200 m 的衰减值。

表 5.9　倍频带噪声通过林带传播时产生的衰减

项目	传播距离 d_f/m	倍频带中心频率/Hz							
		63	125	250	500	1 000	2 000	4 000	8 000
衰减/dB	$10{\leqslant}d_f{<}20$	0	0	1	1	1	1	2	3
衰减系数/（dB·m^{-1}）	$20{\leqslant}d_f{<}200$	0.02	0.03	0.04	0.05	0.06	0.08	0.09	0.12

②建筑群噪声衰减（A_{hous}）。

建筑群噪声衰减 A_{hous} 不超过 10 dB 时，近似等效连续 A 声级按式（5.36）～（5.38）估算。当从受声点可直接观察到线路时，不考虑此项衰减。

$$A_{hous} = A_{hous,1} + A_{hous,2} \tag{5.36}$$

$$A_{hous,1} = 0.1Bd_b \tag{5.37}$$

$$d_b = d_1 + d_2 \tag{5.38}$$

式中：$A_{hous,1}$ 为以建筑物面积作为考虑对象的噪声衰减；$A_{hous,2}$ 为附加衰减项；B 为沿声传播路线上的建筑物的密度，等于建筑物总平面面积除以总地面面积（包括建筑物所占面积）；d_b 为通过建筑群的声传播路线长度，d_1 和 d_2 如图 5.8 所示。

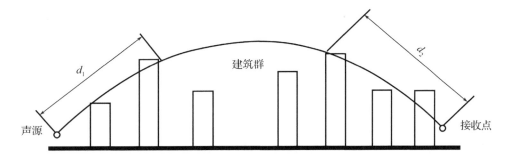

图 5.8　建筑群中声传播路径

假如声源沿线附近有成排整齐排列的建筑物时，则可将附加项 $A_{hous,2}$ 包括在内（假定这一项小于在同一位置上与建筑物平均高度等高的一个屏障插入损失）。$A_{hous,2}$ 按式（5.39）计算。

$$A_{hous,2} = -10 \lg(1-p) \tag{5.39}$$

式中：p 为沿声源纵向分布的建筑物正面总长度除以对应的声源长度，其值小于或等于 90%。

在进行预测计算时，建筑群衰减 A_{hous} 与地面效应引起的衰减 A_{gr} 通常只需考虑一项最主要的衰减。对于通过建筑群的声传播，一般不考虑地面效应引起的衰减 A_{gr}；但地面效应引起的衰减 A_{gr}（假定预测点与声源之间不存在建筑群时的计算结果）大于建筑群衰减 A_{hous} 时，则不考虑建筑群插入损失 A_{hous}。

5.5.3　公路（道路）交通运输噪声预测模型

此处仅对公路（道路）交通运输噪声预测模型进行介绍，其他行业噪声预测模型可参考《环境影响评价技术导则 声环境》（HJ 2.4—2021）附录 B。

（1）公路（道路）交通运输噪声预测基本模型

①车型分类及交通量折算。

车型分类方法按照《公路工程技术标准》（JTG B01—2014）中有关车型划分的标准进行，交通量换算根据工程设计文件提供的小客车标准车型，按照不同折算系数分别折算成大、中、小型车，见表 5.10。

表 5.10 车型分类表

车型	汽车代表车型	车辆折算系数	车型划分标准
小	小客车	1.0	座位≤19 座的客车和载质量≤2 t 货车
中	中型车	1.5	座位>19 座的客车和 2 t<载质量≤7 t 货车
大	大型车	2.5	7 t 货车<载质量≤20 t 货车
	汽车列车	4.0	载质量>20 t 货车

②基本预测模型。

a. 第 i 类车等效声级的预测模型见式（5.40）。

$$L_{eq}(h)_i = (\overline{L_{0E}})_i + 10 \lg\left(\frac{N_i}{V_i T}\right) + \Delta L_{距离} + 10 \lg\left(\frac{\psi_1 + \psi_2}{\pi}\right) + \Delta L - 16 \quad (5.40)$$

式中：L_{eq} $(h)_i$ 为第 i 类车的小时等效声级，dB（A）。V_i 为第 i 类车的平均车速，km/h。$(\overline{L_{0E}})_i$ 为第 i 类车速度为 V_i、水平距离为 7.5 m 处的能量平均 A 声级，dB。N_i 为昼夜间通过某个预测点的第 i 类车平均小时车流量，辆/h。T 为计算等效声级的时间，1 h。$\Delta L_{距离}$ 为距离衰减量，dB（A），小时车流量不小于 300 辆/h 时，$\Delta L_{距离} = 10 \lg (7.5/r)$；小时车流量小于 300 辆/h 时，$\Delta L_{距离} = 15 \lg (7.5/r)$，$r$ 为从车道中心线到预测点的距离，m。式（5.40）适用于 $r > 7.5$ m 的预测点的噪声预测；ψ_1、ψ_2 为预测点到有限长路段两端的张角，弧度；ΔL 为由其他因素引起的修正量，dB（A）。

由其他因素引起的修正量（ΔL）可按式（5.41）～式（5.43）计算。

$$\Delta L = \Delta L_1 - \Delta L_2 + \Delta L_3 \quad (5.41)$$

$$\Delta L_1 = \Delta L_{坡度} + \Delta L_{路面} \quad (5.42)$$

$$\Delta L_2 = A_{atm} + A_{gr} + A_{bar} + A_{misc} \quad (5.43)$$

式中：ΔL_1 为线路因素引起的修正量，dB（A）；ΔL_2 为声波传播途径中引起的衰减量，dB（A）；ΔL_3 为由反射等引起的修正量，dB（A）；$\Delta L_{坡度}$ 为公路纵坡修正量，dB（A）；$\Delta L_{路面}$ 为公路路面引起的修正量，dB（A）；其他符号说明同上。

b. 总车流等效声级。

总车流等效声级按式（5.44）计算：

$$L_{eq}(T) = 10 \lg\left[10^{0.1 L_{eq}(h)大} + 10^{0.1 L_{eq}(h)中} + 10^{0.1 L_{eq}(h)小}\right] \quad (5.44)$$

式中：L_{eq} (T) 为总车流等效声级，dB（A）；L_{eq} (h) 大、L_{eq} (h) 中、L_{eq} (h) 小

为大、中、小型车的小时等效声级，dB（A）。

如某个预测点受多条线路交通噪声影响（如高架桥周边预测点受桥上和桥下多条车道的影响，路边高层建筑预测点受地面多条车道的影响），应分别计算每条道路对该预测点的声级，经叠加后得到贡献值。

（2）修正量和衰减量的计算

①线路因素引起的修正量（ΔL_1）。

a. 纵坡修正量（$\Delta L_{坡度}$）。

公路纵坡修正量（$\Delta L_{坡度}$）可按式（5.45）计算：

$$\Delta L_{坡度} = \begin{cases} 98 \times \beta & （大型车） \\ 73 \times \beta & （中型车） \\ 50 \times \beta & （小型车） \end{cases} \tag{5.45}$$

式中：β 为公路纵坡坡度，%。

b. 路面修正量（$\Delta L_{路面}$）。

不同路面的噪声修正量见表 5.11。

表 5.11　常见路面噪声修正量

路面类型	不同行驶速度修正量/（km·h⁻¹）		
	30	40	≥50
沥青混凝土/dB（A）	0	0	0
水泥混凝土/dB（A）	1.0	1.5	2.0

②声波传播途径中引起的衰减量（ΔL_2）。

A_{bar}、A_{atm}、A_{gr}、A_{misc} 衰减项计算按 5.5.2 中"3. 衰减项的计算"中的模型进行计算。

③两侧建筑物的反射声修正量（ΔL_3）。

公路（道路）两侧建筑物反射影响因素的修正。当线路两侧建筑物间距小于总计算高度 30% 时，其反射声修正量见式（5.46）～式（5.48）。

两侧建筑物是反射面时：

$$\Delta L_3 = 4H_b/w \leqslant 3.2 \text{ dB} \tag{5.46}$$

两侧建筑物是一般吸收性表面时：

$$\Delta L_3 = 2H_b/w \leqslant 1.6 \text{ dB} \tag{5.47}$$

两侧建筑物为全吸收性表面时：

$$\Delta L_3 \approx 0 \tag{5.48}$$

式中：H_b 为建筑物的平均高度，取线路两侧较低一侧高度平均值代入计算，m；w 为线路两侧建筑物反射面的间距，m。

5.6 生态影响预测与评价

5.6.1 生态影响预测与评价内容及要求

一级、二级评价应根据现状评价内容选择以下全部或部分内容开展预测评价：

①采用图形叠置法分析工程占用的植被类型、面积及比例；通过引起地表沉陷或改变地表径流、地下水水位、土壤理化性质等方式对植被产生影响的，采用生态机理分析法、类比分析法等方法分析植物群落的物种组成、群落结构等变化情况。

②结合工程的影响方式预测分析重要物种的分布、种群数量、生境状况等变化情况；分析施工活动和运行产生的噪声、灯光等对重要物种的影响；涉及迁徙、洄游物种的，分析工程施工和运行对迁徙、洄游行为的阻隔影响；涉及国家重点保护野生动植物、极危、濒危物种的，可采用生境评价方法预测分析物种适宜生境的分布及面积变化、生境破碎化程度等，图示建设项目实施后的物种适宜生境分布情况。

③结合水文情势、水动力和冲淤、水质（包括水温）等影响预测结果，预测分析水生生境质量、连通性以及产卵场、索饵场、越冬场等重要生境的变化情况，图示建设项目实施后的重要水生生境分布情况；结合生境变化预测分析鱼类等重要水生生物的种类组成、种群结构、资源时空分布等变化情况。

④采用图形叠置法分析工程占用的生态系统类型、面积及比例；结合生物量、生产力、生态系统功能等变化情况预测分析建设项目对生态系统的影响；

⑤结合工程施工和运行引入外来物种的主要途径、物种生物学特性以及区域生态环境特点，参考《外来物种环境风险评估技术导则》（HJ 624—2011）分析建设项目实施可能导致外来物种造成生态危害的风险。

⑥结合物种、生境以及生态系统变化情况，分析建设项目对所在区域生物多样性的影响；分析建设项目通过时间或空间的累积作用产生的生态影响，如生境丧失、退化及破碎化、生态系统退化、生物多样性下降等。

⑦涉及生态敏感区的，结合主要保护对象开展预测评价；涉及以自然景观、自然遗迹为主要保护对象的生态敏感区时，分析工程施工对景观、遗迹完整性的影响，结合工程建筑物、构筑物或其他设施的布局及设计，分析与景观、遗迹的协调性。

三级评价可采用图形叠置法、生态机理分析法、类比分析法等预测分析工程对土地利用、植被、野生动植物等的影响。

不同行业应结合项目规模、影响方式、影响对象等确定评价重点：

①矿产资源开发项目应对开采造成的植物群落及植被覆盖度变化、重要物种的活动、

分布及重要生境变化以及生态系统结构和功能变化、生物多样性变化等开展重点预测与评价。

②水利水电项目应对河流、湖泊等水体天然状态改变引起的水生生境变化、鱼类等重要水生生物的分布及种类组成、种群结构变化，水库淹没、工程占地等引起的植物群落、重要物种的活动、分布及重要生境变化，调水引起的生物入侵风险，以及生态系统结构和功能变化、生物多样性变化等开展重点预测与评价。

③公路、铁路、管线等线性工程应对植物群落及植被覆盖度变化、重要物种的活动、分布及重要生境变化、生境连通性及破碎化程度变化、生物多样性变化等开展重点预测与评价。

④农业、林业、渔业等建设项目应对土地利用类型或功能改变引起的重要物种的活动、分布及重要生境变化、生态系统结构和功能变化、生物多样性变化以及生物入侵风险等开展重点预测与评价。

⑤涉海工程海洋生态影响评价应符合《海洋工程环境影响评价技术导则》（GB/T 19485—2014）的要求，对重要物种的活动、分布及重要生境变化、海洋生物资源变化、生物入侵风险以及典型海洋生态系统的结构和功能变化、生物多样性变化等开展重点预测与评价。

5.6.2　生态影响预测与评价方法

1. 清单法

见"4.2.2 环境影响识别的技术方法"中的"1. 清单法"。

2. 图形叠置法

见"4.2.2 环境影响识别的技术方法"中的"3. 叠图法"。

3. 生态机理分析法

生态机理分析法是根据建设项目的特点和受影响物种的生物学特征，依照生态学原理分析、预测建设项目生态影响的方法。生态机理分析法的工作步骤如下：首先调查环境背景现状，收集工程组成、建设、运行等有关资料，并调查植物和动物分布，动物栖息地和迁徙、洄游路线；然后根据调查结果分别对植物或动物种群、群落和生态系统进行分析，描述其分布特点、结构特征和演化特征，并识别有无珍稀濒危物种、特有种等需要特别保护的物种；进而预测项目建成后该地区动物、植物生长环境的变化；最后根据项目建成后的环境变化，对照无开发项目条件下动物、植物或生态系统演替或变化趋势，预测建设项目对个体、种群和群落的影响，并预测生态系统演替方向。

评价过程中可根据实际情况进行相应的生物模拟试验，如环境条件、生物习性模拟试验、生物毒理学试验、实地种植或放养试验等；或进行数学模拟，如种群增长模型的应用。

该方法需要与生物学、地理学、水文学、数学及其他多学科合作评价，才能得出较为客观的结果。

4. 类比分析法

类比分析法是一种比较常用的定性和半定量评价方法，一般有生态整体类比、生态因子类比和生态问题类比等。该方法是根据已有的建设项目的生态影响，分析或预测拟建项目可能产生的影响。选择好类比对象（类比项目）是进行类比分析或预测评价的基础，也是该方法成败的关键。

类比对象的选择条件是类比对象的工程性质、工艺和规模与拟建项目基本相当，生态因子（地理、地质、气候、生物因素等）相似，项目建成已有一定时间，所产生的影响已基本全部显现。

类比对象确定后，需选择和确定类比因子及指标，并对类比对象开展调查与评价，再分析拟建项目与类比对象的差异。根据类比对象与拟建项目的比较，做出类比分析结论。

该方法可应用在以下方面：进行生态影响识别（包括评价因子筛选）；以原始生态系统作为参照，可评价目标生态系统的质量；进行生态影响的定性分析与评价；进行某一个或几个生态因子的影响评价；预测生态问题的发生与发展趋势及其危害；确定环保目标和寻求最有效、最可行的生态保护措施。

5. 系统分析法

系统分析法是指把要解决的问题作为一个系统，对系统要素进行综合分析，找出解决问题的可行方案的咨询方法。具体步骤包括限定问题、确定目标、调查研究、收集数据、提出备选方案和评价标准、备选方案评估和提出最可行方案。

系统分析法因其能妥善解决一些多目标动态性问题，已广泛应用于各行各业，尤其在进行区域开发或解决优化方案选择问题时，系统分析法显示出其他方法所不能达到的效果。

在生态系统质量评价中使用系统分析的具体方法有专家咨询法、层次分析法、模糊综合评判法、综合排序法、系统动力学、灰色关联法等方法。

6. 生物多样性评价方法

生物多样性是生物（动物、植物、微生物）与环境形成的生态复合体以及与此相关的各种生态过程的总和，包括生态系统、物种和基因三个层次。生态系统多样性指生态系统的多样化程度，包括生态系统的类型、结构、组成、功能和生态过程的多样性等。物种多样性指物种水平的多样化程度，包括物种丰富度和物种多度。基因多样性（或遗传多样性）指一个物种的基因组成中遗传特征的多样性，包括种内不同种群之间或同一种群内不同个体的遗传变异性。

物种多样性常用的评价指标包括物种丰富度、香农-维纳多样性指数、皮洛均匀度指数、辛普森多样性指数等。

①物种丰富度：调查区域内物种种数之和。

②香农-维纳多样性指数计算公式见式（5.49）。

$$H = -\sum_{i=1}^{s} P_i \ln P_i \qquad (5.49)$$

式中：H 为香农-维纳多样性指数；s 为调查区域内物种总数；P_i 为调查区域内属于第 i 种的个体比例，如总个体数为 N，第 i 种个体数为 n_i，则 $P_i = n_i/N$。

③皮洛均匀度指数是反映调查区域各物种个体数目分配均匀程度的指数，计算公式见式（5.50）。

$$J = (-\sum_{i=1}^{s} P_i \ln P_i)/\ln S \qquad (5.50)$$

式中：J 为皮洛均匀度指数；S 为调查区域内物种种类总数；P_i 为调查区域内属于第 i 种的个体比例。

④辛普森多样性指数与均匀度指数相对应，计算公式见式（5.51）。

$$D = 1 - \sum_{i=1}^{s} P_i^2 \qquad (5.51)$$

式中：D 为辛普森多样性指数；S 为调查区域内物种种类总数；P_i 为调查区域内属于第 i 种的个体比例。

7. 生态系统评价方法

（1）植被覆盖度

植被覆盖度可用于定量分析评价范围内的植被现状。

基于遥感估算植被覆盖度可根据区域特点和数据基础采用不同的方法，如植被指数法、回归模型、机器学习法等。

植被指数法主要是通过对各像元中植被类型及分布特征的分析，建立植被指数与植被覆盖度的转换关系。采用归一化植被指数（NDVI）估算植被覆盖度的方法见式（5.52）。

$$FVC = (NDVI - NDVI_s)/(NDVI_v - NDVI_s) \qquad (5.52)$$

式中：FVC 为所计算像元的植被覆盖度；$NDVI$ 为所计算像元的 $NDVI$ 值；$NDVI_v$ 为纯植物像元的 $NDVI$ 值；$NDVI_s$ 为完全无植被覆盖像元的 $NDVI$ 值。

（2）生物量

生物量是指一定地段面积内某个时期生存着的活有机体的重量。不同生态系统的生物量测定方法不同，可采用实测与估算相结合的方法。

地上生物量估算可采用植被指数法、异速生长方程法等方法进行计算。基于植被指数的生物量统计法是通过实地测量的生物量数据和遥感植被指数建立统计模型，在遥感数据的基础上反演得到评价区域的生物量。

（3）生产力

生产力是生态系统的生物生产能力，反映生产有机质或积累能量的速率。群落（或生态系统）初级生产力是单位面积、单位时间群落（或生态系统）中植物利用太阳能固定的能量或生产的有机质的量。净初级生产力（NPP）是从固定的总能量或产生的有机质总量中减去植物呼吸所消耗的量，直接反映了植被群落在自然环境条件下的生产能力，表征陆地生态系统的质量状况。

NPP 可利用统计模型（如 Miami 模型）、过程模型（如 Biome-BGC 模型、BEPS 模型）和光能利用率模型（如 CASA 模型）进行计算。根据区域植被特点和数据基础确定具体方法。

通过 CASA 模型计算净初级生产力的公式见式（5.53）。

$$NPP(x,t) = APAR(x,t) \times \varepsilon(x,t) \tag{5.53}$$

式中：NPP 为净初级生产力；x 为空间位置；t 为时间；$APAR$ 为植被所吸收的光合有效辐射；ε 为光能转化率。

（4）生物完整性指数

生物完整性指数（index of biotic integrity，IBI）已被广泛应用于河流、湖泊、沼泽、海岸滩涂、水库等生态系统健康状况评价，指示生物类群也由最初的鱼类扩展到底栖动物、着生藻类、维管植物、两栖动物和鸟类等。生物完整性指数评价的工作步骤如下。

首先结合工程影响特点和所在区域水生态系统特征，选择指示物种；并根据指示物种种群特征，在指标库中确定指示物种状况参数指标；然后选择参考点（未开发建设、未受干扰的点或受干扰极小的点）和干扰点（已开发建设、受干扰的点），采集参数指标数据，通过对参数指标值的分布范围分析、判别能力分析（敏感性分析）和相关关系分析，建立评价指标体系；进而确定每种参数指标值以及生物完整性指数的计算方法，分别计算参考点和干扰点的指数值；接着建立生物完整性指数的评分标准；最终评价项目建设前所在区域水生态系统状况，预测分析项目建设后水生态系统变化情况。

（5）生态系统功能评价

陆域生态系统服务功能评价方法可参考《全国生态状况调查评估技术规范——生态系统服务功能评估》（HJ 1173—2021），根据生态系统类型选择适用指标。

8. 景观生态学评价方法

景观生态学主要研究宏观尺度上景观类型的空间格局和生态过程的相互作用及其动态变化特征。景观格局是指大小和形状不一的景观斑块在空间上的排列，是各种生态过程在不同尺度上综合作用的结果。景观格局变化对生物多样性产生直接而强烈影响，其主要原因是生境丧失和破碎化。

景观变化的分析方法主要有三种：定性描述法、景观生态图叠置法和景观动态的定量化分析法。目前较常用的方法是景观动态的定量化分析法，主要是对收集的景观数据进行解译或数字化处理，建立景观类型图，通过计算景观格局指数或建立动态模型对景观面积变化和景观类型转化等进行分析，揭示景观的空间配置以及格局动态变化趋势。

景观指数是能够反映景观格局特征的定量化指标，分为三个级别，代表三种不同的应用尺度，即斑块级别指数、斑块类型级别指数和景观级别指数，可根据需要选取相应的指标，采用 FRAGSTATS 等景观格局分析软件进行计算分析。涉及显著改变土地利用类型的矿山开采、大规模的农林业开发以及大中型水利水电建设项目等，可采用该方法对景观格局的现状及变化进行评价，公路、铁路等线性工程造成的生境破碎化等累积生态影响也可采用该方法进行评价。常用的景观指数及其含义见表 5.14。

表 5.14　常用的景观指数及其含义

名称	含义
斑块类型面积 （class area，CA）	斑块类型面积是度量其他指标的基础，其值的大小影响以此斑块类型作为生境的物种数量及丰度
斑块所占景观面积比例 （percent of landscape，PLAND）	某一斑块类型占整个景观面积的百分比，是确定优势景观元素的重要依据，也是决定景观中优势种和数量等生态系统指标的重要因素
最大斑块指数 （largest patch index，LPI）	某一斑块类型中最大斑块占整个景观的百分比，用于确定景观中的优势斑块，可间接反映景观变化受人类活动的干扰程度
香农多样性指数（Shannon-wiener's diversity index，SHDI）	反映景观类型的多样性和异质性，对景观中各斑块类型非均衡分布状况较敏感，值增大表明斑块类型增加或各斑块类型呈均衡趋势分布
蔓延度指数 （contagion index，CONTAG）	高蔓延度值表明景观中的某种优势斑块类型形成了良好的连接性，反之则表明景观具有多种要素的密集格局，破碎化程度较高
散布与并列指数 （interspersion juxtaposition index，IJI）	反映斑块类型的隔离分布情况，值越小表明斑块与相同类型斑块相邻越多，而与其他类型斑块相邻的越少
聚集度指数 （aggregation index，AI）	基于栅格数量测度景观或者某种斑块类型的聚集程度

9. 生境评价方法

物种分布模型（species distribution models，SDMs）是基于物种分布信息和对应的环境变量数据对物种潜在分布区进行预测的模型，广泛应用于濒危物种保护、保护区规划、入侵物种控制及气候变化对生物分布区影响预测等领域。目前已发展了多种多样的预测模型，每种模型因其原理、算法不同而各有优势和局限，预测表现也存在差异。其中，基于最大熵理论建立的最大熵模型（maximum entropy model，MaxEnt），可以在分布点相对较少的情况下获得较好的预测结果，是目前使用频率最多的物种分布模型之一。基于MaxEnt 模型开展生境评价的工作步骤如下：

首先通过近年文献记录、现场调查收集物种分布点数据，并进行数据筛选；将分布点的经纬度数据在 Excel 表格中汇总，统一为十进制的格式，保存用于 MaxEnt 模型计算；然后选取环境变量数据以表现栖息生境的生物气候特征、地形特征、植被特征和人为影响程度，在 ArcGIS 软件中将环境变量统一边界和坐标系，并重采样为同一分辨率；进而使用 MaxEnt 软件建立物种分布模型，以受试者工作特征曲线下面积（area under the receiving operator curve，AUC）评价模型优劣；采用刀切法（jackknife method）检验各个环境变量的相对贡献。根据模型标准及图层栅格出现概率重分类，确定生境适宜性分级指数范围；最后将结果文件导入 ArcGIS，获得物种适宜生境分布图，叠加建设项目，分析对物种分布的影响。

10. 海洋生物资源影响评价方法

海洋生物资源影响评价技术方法参见《海洋工程环境影响评价技术导则》（GB/T 19485—2014）相关要求。

5.7 固体废物环境影响预测与评价

5.7.1 固体废物的分类

固体废物是指在生产、生活和其他活动中产生的丧失原有利用价值，或者虽未丧失利用价值但被抛弃或者放弃的固态、半固态和置于容器中的气态物、物质，以及法律、行政法规规定纳入固体废物管理的物品、物质。不能排入水体的液态废物和不能排入大气的置于容器中的气态废物，由于多数具有较大的危害性，一般也被归入固体废物管理体系。

固体废物种类繁多，主要来自生产过程和生活活动的一些环节。其按污染特性可分为一般废物和危险废物，按来源又可分为城市固体废物、工业固体废物和农业固体废物。

1. 城市固体废物

城市固体废物是指居民生活、商业活动、市政建设与维护、机关办公等过程中产生的固体废物，一般分为以下几类。

生活垃圾：指在日常生活中或者为日常生活提供服务的活动中产生的固体废物，以及法律、行政法规规定视为生活垃圾的固体废物，主要包括厨余物、废纸、废塑料、废金属、废玻璃、陶瓷碎片、废家具、废旧电器等。

城建渣土：包括废砖瓦碎石、渣土、混凝土碎块（板）等。

商业固体废物：包括废纸，各种废旧的包装材料，丢弃的主、副食品等。

粪便：城市居民产生的粪便，大都通过下水道输入污水处理厂处理。小城镇或边远地区，城市下水处理设施少，粪便需要收集、清运，是城市固体废物的重要组成部分。

2. 工业固体废物

工业固体废物是指在工业生产活动中产生的固体废物，主要包括以下几类。

冶金工业固体废物：主要包括各种金属冶炼或加工过程中所产生的各种废渣，如高炉炼铁产生的高炉渣，平炉转电炉炼钢产生的钢渣、铜、镍、铅、锌等，有色金属冶炼过程中产生的有色金属渣、铁合金渣及提炼氧化铝时产生的赤泥等。

能源工业固体废物：主要包括燃煤电厂产生的粉煤灰、炉渣、烟道灰、采煤机洗煤过程中产生的煤矸石等。

石油化学工业固体废物：主要包括石油及加工工业产生的油泥、焦油页岩渣、废催化剂、废有机溶剂等，化学工业生产过程中产生的硫铁矿渣、酸渣、碱渣、盐泥、釜底泥、精（蒸）馏残渣，以及医药和农药生产过程中产生的医药废物、废药品、废农药等。

矿业固体废物：主要包括采矿石和尾矿。采矿石是指各种金属、非金属矿山开采过程中从矿上剥离下来的各种围岩，尾矿是指在选矿过程中提取精矿以后剩下的尾渣。

轻工业固体废物：主要包括食品工业、造纸印刷工业、纺织印染工业、皮革工业等工业加工过程中产生的污泥、动物残物、废酸、废碱及其他废物。

其他工业固体废物：主要包括机械加工过程产生的金属碎屑、电镀污泥、建筑废料及其他工业加工过程中产生的废渣等。

3. 农业固体废物

农业固体废物来自农业生产、畜禽饲养、农副产品加工所产生的废物，如农作物秸秆、农田薄膜及畜禽排泄物等。

4. 危险废物

危险废物泛指除放射性废物以外，具有毒性、易燃性、反应性、腐蚀性、爆炸性、传染性，因而可能对人类的生活环境产生危害的废物。《中华人民共和国固体废物污染环境防治法》中规定："危险废物，是指列入国家危险废物名录或者根据国家规定的危险废物鉴别标准和鉴别方法认定的具有危险特性的固体废物。"

2020 年 11 月 25 日，由生态环境部、国家发展和改革委员会、公安部、交通运输部和国家卫生健康委员会联合发布《国家危险废物名录（2021 年版）》，并于 2021 年 1 月 1 日开始施行。在《国家危险废物名录（2021 年版）》，危险废物类别有 50 种，把具有腐蚀性、毒性、易燃性、反应性或者感染性等特性的固体废物和液态废物均列入名录，还特别将医疗废物因其具有感染性而列入危险废物范畴，同时明确家庭日常生活中产生的废药品及其包装物、废杀虫剂和消毒剂及其包装物、废油漆和溶剂及其包装物、电子类危险废物等可以不按照危险废物进行管理，但是将上述家庭生活中产生的废物从生活垃圾中分类收集后，其运输、存储、利用或者处置须按照危险废物进行管理。

5.7.2 固体废物产生量预测

固体废物产生量预测应结合具体的工程分析,采用物料衡算法、资料复用法、现场调查或类比分析等手段进行预测。一般说来,建设项目建设期主要固体废物为建筑垃圾和施工人员生活垃圾;营运期主要固体废物为工业固体废物和职工生活垃圾等。

1. 建筑垃圾产生量

建筑垃圾是指建设单位、施工单位和个人在建设和修缮各类建筑物、构筑物、管网等过程中所产生的弃料、弃土、渣土、淤泥及其他废物。建筑垃圾大多为固体,一般是在建设过程中或旧建筑物维修、拆除过程中产生的。不同结构类型的建筑所产生垃圾的各种成分的含量虽有所不同,但其基本组成一致,主要由土、渣土、散落的砂浆和混凝土、剔凿产生的砖石和混凝土碎块、打桩截下的钢筋混凝土桩头、金属、竹木材、装饰装修产生的废料、各种包装材料和其他废物等组成。根据对砖混结构、全现浇结构和框架结构等建筑的施工材料损耗的粗略统计,在每万平方米建筑的施工过程中,产生建筑废渣 $500\sim600$ t。

建筑垃圾产生量可由式(5.54)计算:

$$J_s = \frac{Q_s D_s}{1\ 000} \tag{5.54}$$

式中: J_s 为年建筑垃圾产生量,t/a; Q_s 为年建筑面积,m²; D_s 为单位建筑面积年垃圾产生量,kg/(m²·a)。

2. 生活垃圾产生量

生活垃圾产生量预测主要采用人口预测法和回归分析法等,可参见《生活垃圾生产量计算及预测方法》(CJ/T 106—2016)。

在没有详细统计资料的情况下,生活垃圾的产生量可由式(5.55)计算:

$$W_s = \frac{P_s C_s}{1\ 000} \tag{5.55}$$

式中: W_s 为生活垃圾产生量,t/d; P_s 为人口数量,人; C_s 为人均生活垃圾产生量,kg/(人·d)。

根据我国经济发展及居民生活水平,目前城市人均生活垃圾产生量一般可按 $1.0\sim1.3$ kg/d 计算。随着社会经济发展及居民生活水平的提高,生活垃圾产生量会随之增长。根据估计,到 2030 年,我国城市地区废物产生量约为 1.50 kg/(人·d),虽然在 GDP 增长和人均废物产生增长之间有着不可分割的关系,但是,也可能存在明显的变动。日本和美国的情况证明了这一点。两个国家有着相似的人均 GDP,但是,日本的人均废物产生量仅为 1.1 kg/(人·d),而美国城市居民的废物产生量差不多是日本的两倍,为 2.1 kg/(人·d)。

3. 工业固体废物产生量

工业固体废物产生量指企业在生产过程中产生的固体状、半固体状和高浓度液体状废物的总量。包括危险废物、冶炼废渣、粉煤灰、炉渣、煤矸石、尾矿、放射性废物和其他废物等；不包括矿山开采的剥离废石和掘进废石（煤矸石和呈酸性或碱性的废石除外）。酸性或碱性废石是指采掘的废石其流经水、雨淋水的 pH 小于 4 或大于 10.5 的废石。

中国的工业固体废物 95％来自矿业、电力蒸汽热水生产和供应业、黑色金属冶炼及压延加工业、食品饮料及烟草制造业、建筑材料及其他非金属矿物制造业、机械电气电子设备制造业。目前中国的工业固体废物大致组成为：尾矿 29％，粉煤灰 19％，煤矸石 17％，炉渣 12％，冶金废渣 11％，其他废弃物 10％，危险废物 1.5％，放射性废渣 0.3％。

工业固体废物产生量结合具体的工程分析，进行物料衡算，或采用现场调查、类比分析等手段进行预测。通过现场调查实测后，可采用产品排污系数、工业产值排污系数等方法预测。

产品排污系数预测法可采用式（5.56）计算：

$$M_t = S_t W_t \tag{5.56}$$

式中：M_t 为废物产生量，kg 污染物/a；S_t 为目标年的单位产品废物产生量，kg 污染物/t 产品；W_t 为预计的产品产量，t 产品/a。

单产排污系数 S_t 是一个变化的量，随着技术进步和管理水平的提高，单产排污量逐步下降。因此，预测时排污系数需考虑到科学技术进步对废物产生量的影响，引入衰减系数。

4. 有毒有害气体的释放量

固体废物除一部分本身有异味或恶臭外，极大部分是生物或细菌的作用、遇水引起化学反应或自燃的情况下释放出的大量有毒有害气体。下面列出几种典型情况。

（1）恶臭气体挥发速率计算公式

含有有机物和生物病原体的固体废物，在堆置过程中，因有机物的腐烂变质或厌氧分解产生恶臭气体污染环境。恶臭气体的散发速率，推荐用式（5.57）进行计算：

$$E_r = 2pW\sqrt{\frac{DLU}{\pi F}} \times \frac{m}{M} \tag{5.57}$$

式中：E_r 为气体散发速率，ms/s；p 为常压下气体的蒸气压，kPa；W 为堆场或填埋场的宽度，m；D 为扩散率，m²/s；L 为堆场或填埋场的长度，m；U 为风速，m/s；F 为蒸气压校正系数；m 为堆场或填埋场中挥发性化合物的量，kg；M 为堆场或填埋场中所有物质的总量，kg。

（2）煤起尘量

煤矿、煤码头、工矿企业贮料场等，由于自然风力等作用，产生粉尘固体废物，污染大气。关于这类污染物源强尚无理论计算公式，目前根据风洞模拟试验等测定数据，得出一些有价值的经验公式，可以参考使用。

①日本三菱重工业公司长崎研究所煤尘污染起尘量的计算公式，见式（5.58）。

$$Q_P = \beta \left(\frac{W}{4}\right)^{-6} U^5 A_P \tag{5.58}$$

式中：Q_P 为起尘量，mg/s；β 为经验系数，大同煤 $\beta=6.13\times10^{-5}$，淮北煤 $\beta=1.55\times10^{-4}$；W 为物料含水率，%；U 为煤场平均风速，m/s；A_P 为煤场的面积，m^2。

②西安冶金建筑学院常用公式，见式（5.59）和式（5.60）。

适用于干煤堆放，$W\leqslant2.8\%$：

$$Q_P = 4.23\times10^{-4}U^{4.9}A_P \tag{5.59}$$

适用于湿煤堆放，$2.8\%<W\leqslant8.2\%$：

$$Q_P = 1.479\times10^2 e^{-4.3W}A_P \tag{5.60}$$

③秦皇岛码头煤堆起尘量计算公式，见式（5.61）。

$$Q_P = 2.1K(U-U_0)^3\times e^{-1.023W}P \tag{5.61}$$

式中：Q_P 为煤堆起尘量，kg/a；K 为经验系数，是煤含水量的函数，参见表 5.15；U 为煤场平均风速，m/s；U_0 为煤尘的启动风速，m/s；e 为单辆车引起的煤堆起尘量散发因子，kg/km；W 为煤尘表面含水率，%；P 为煤场年累计堆煤量，t/a。

表 5.15　不同含水量的 K 值

含水量/%	1	2	3	4	5	6	7	8	9
K	1.019	1.010	1.002	0.995	0.986	0.979	0.971	0.963	0.960

5.7.3　固体废物环境影响评价

固体废物的环境影响评价主要分为两大类型：第一类是对一般建设项目产生的固体废物，从产生、收集、运输、处理到最终处置的环境影响评价；第二类是以处理、处置固体废物为建设内容项目（如一般工业废物的存储、处置场，危险废物存储场所，生活垃圾填埋场，生活垃圾焚烧厂，危险废物填埋场，危险废物焚烧厂等）的环境影响评价。

1. 一般建设项目产生的固体废物的环境影响评价

固体废物对环境危害很大，其污染往往是多方面、多环境要素的。固体废物不适当地堆放、处置除有损环境美观外，还会产生有毒有害气体和扬尘，污染周围环境空气；废物经雨水淋溶或地下水浸泡，有毒有害物质随渗滤液迁移，污染附近江河湖泊及地下水；同时，渗滤液的渗透破坏土壤团粒结构和微生物的生存条件，影响植物的生长发育；大量未经处理的人畜粪便和生活垃圾又是病原菌的滋生地。因此，固体废物是污染环境的重要污染源。

（1）对大气环境的影响

固体废物在堆放和处理处置过程中会产生有害气体，若不加以妥善处理，将对大气环境造成不同程度的影响。例如，露天堆放和填埋的固体废物会由于有机组分的分解而产生沼气。一方面，沼气中的 NH_3、H_2S、甲硫醇等的扩散会造成恶臭的影响；另一方面，沼气的主要成分是 CH_4，这是一种温室气体，其温室效应是 CO_2 的 21 倍，而空气中 CH_4 含量达到 5%～15% 时很容易发生爆炸，对生命安全造成很大威胁。固体废物在焚烧过程中产生的粉尘、酸性气体等，也会对大气环境造成污染。

另外，堆放的固体废物中的细微颗粒、粉尘等可随风飞扬，从而对大气环境造成污染。研究表明，当发生 4 级以上的风力时，在粉煤灰或尾矿堆表层的粉末将出现剥离，其飘扬的高度可达 20～50 m，甚至 50 m 以上；在季风期间可使平均视程降低 30%～70%。一些有机固体废物，在适宜的湿度和温度下被微生物分解，能释放出有害气体，可以在不同程度上产生毒气或恶臭，造成地区性空气污染。

此外，采用焚烧法处理固体废物，如露天焚烧法处理塑料，排放的 Cl_2、HCl 和大量粉尘，也将造成大气污染；一些工业和民用锅炉，收尘效率不高造成的大气污染更是屡见不鲜。

（2）对水环境的影响

固体废物对水环境的污染途径有直接污染和间接污染两种。前者是把水体作为固体废物的接纳体，向水体直接倾倒废物，从而导致水体的直接污染，并缩减水体的有效面积，进而影响水体的排洪、航运、养殖和灌溉能力。后者是固体废物在堆放过程中，经过自身分解和雨水淋溶将会产生含有有害化学物质的渗滤液，流入相关地表水和渗入地下而导致地表水和地下水的污染。

（3）对土壤环境的影响

固体废物对土壤的环境影响有两个方面。第一个影响是废物堆放、存储和处置过程中，其中的有害组分容易污染土壤。土壤是许多细菌、真菌等微生物聚居的场所，这些微生物与其周围环境构成了一个生态系统，在大自然的物质循环中，担负着碳循环和氮循环的一部分重要任务。工业固体废物特别是有害固体废物，经过风化、雨雪淋溶、地表径流的侵蚀，产生高温和有毒液体渗入土壤，能杀害土壤中的微生物，改变土壤的性质和土壤结构，破坏土壤的腐解能力，导致草木不生。第二个影响是固体废物的堆放需要占用土地。据估计，每堆积 10 000 t 废渣约需占用土地 0.067×10^{-4} km^2。我国许多城市的近郊也常常是城市垃圾的堆放场所，形成垃圾围城的状况。

（4）对人体健康的影响

固体废物处理过程中，特别是露天存放，其中的有害成分在物理、化学和生物的作用下会发生浸出，含有害成分的浸出液可通过地表水、地下水、大气和土壤等环境介质直接或间接被人体吸收，从而对人体健康造成威胁。

根据物质的化学特性，当某些不相容物质相混时，可能发生不良反应，包括热反应（燃烧或爆炸），产生有毒气体（砷化氢、氰化氢、氯气等）和可燃性气体（氯气、乙炔等）。若人体皮肤与废强酸或废强碱接触，将发生烧灼性腐蚀作用。若误吸收一定量的农药，能引起急性中毒，出现呕吐、头晕等症状。存储化学物品的空容器，若未经适当处理或管理不善，能引起严重中毒事件。化学废物的长期暴露会产生对人类健康有不良影响的恶性物质。对这类潜存的负面效应，应予以高度重视。

2. 以处理、处置固体废物为建设内容项目的环境影响评价

以处置固体废物为建设内容的项目包括生活垃圾处理厂、一般工业固体废物处置场、医疗废物处置中心、危险废物处置中心等。在进行这些项目的环境影响评价时，应根据处理处置的工艺特点，根据《建设项目环境影响评价技术导则 总纲》（HJ 2.1—2016）及相应的污染控制标准进行环境影响评价。评价的重点应放在处理、处置固体废物设施的选址，污染控制项目，污染物排放等内容上。除此之外，为了保证固体废物处理、处置设施的安全稳定运行，必须建立一个完整的收集、贮存、运输系统，因此在环境影响评价中，这个系统是与处理、处置设施构成一个整体的。如果这一系统在运行过程中，可能对周围环境敏感目标造成威胁（如危险废物的运输），那么如何规避环境风险也是环境影响评价的主要任务。

一般固体废物和危险废物在性质上差别较大，因此其环境影响评价的内容和重点也有所不同。

（1）一般固体废物集中处置设施建设项目环境影响评价

根据处理、处置设施建设及其排污特点，一般固体废物处理、处置设施建设项目环境影响评价的主要工作内容有厂址选择评价、环境质量现状评价、工程污染因素分析、施工期影响评价、地表水和地下水环境影响预测与评价以及大气环境影响预测与评价。

以生活垃圾卫生填埋场的建设为例，其厂（场）址选择和公众参与两项评价内容显得尤其重要。对周围环境（特别是周围居民）影响最直接、周围居民反应最强烈的恶臭气体，轻物质（废纸片、废塑料袋等），以及苍蝇等生物须被重点关注，一旦污染造成严重后果且难以消除，将会对水环境（特别是地下水环境、生活水源地）造成恶劣的影响。

（2）危险废物和医疗废物集中处置设施建设项目环境影响评价

①评价技术依据。

由于危险废物和医疗废物具有较大的危险性、危害性和对环境影响的滞后性，开展集中处置设施的建设也刚起步，所以此类建设项目的环境影响评价应谨慎从事。为了认真落实《国务院关于全国危险废物和医疗废物处置设施建设规划的批复》（国函〔2003〕128号），解决危险废物和医疗废物带来的环境污染问题，实现危险废物和医疗废物的无害化集中处置的目标，防止在处置危险废物和医疗废物过程中产生二次污染，明确危险废物和医疗废物集中处置设施建设项目环境影响评价的技术要求，原国家环境保护总局于2004年4月15日颁布了《危险废物和医疗废物处置设施建设项目环境影响评价技术原则（试行）》，内容主要包括厂址选择、工程分析、环境现状调查、环境空气影响评价、水环境影响评价、生态环境影响评价、污染防治措施经济技术论证、环境风险评价、环境监测与管理、公众参与结论与建议等。《危险废物和医疗废物处置设施建设项目环境影响评价技术原则（试行）》是进行危险废物和医疗废物集中处置设施建设项目环境影响评价的主要技术依据。

②危险废物和医疗废物集中处置设施建设项目环境影响评价的特点。

危险废物和医疗废物集中处置设施建设项目与一般工程项目的环境影响评价相比主要有以下几方面的特点。

a.厂址选择至关重要。由于危险废物和医疗废物所具有的危险性和危害性，因此在环境影响评价中，首要关注的就是厂址选择。处置设施选址除要符合国家法律法规要求外，还要对社会环境、自然环境、场地环境、工程地质、水文地质、气候条件、应急救援等因素进行综合分析。结合《危险废物焚烧污染控制标准》（GB 18484—2020）、《危险废物填埋污染控制标准》（GB 18598—2019）废止等规定的对厂址选择的要求，详细论证拟选厂址的合理性。确定厂址的各种因素（见表 5.16）可分成 A、B、C 三类。A 类为必须满足，B 类为场址比选优劣的重要性，C 类为参考条件。

表 5.16　处置设施选址的各种因素

环境	条件	因素区划
社会环境	符合当地发展规划、环境保护规划、环境功能区划	A
	减少因缺乏联系而使公众产生过度担忧，得到公众支持	
	确保城市市区和规划区边缘的安全距离，不得位于城市主导风向上风向	
	确保与重要目标（包括重要的军事设施、大型水利电力设施、交通通信主要干线、核电站、飞机场、重要桥梁、易燃易爆危险设施等）的安全距离	
	社会安定、治安良好地区，避开人口稠密区、宗教圣地等敏感区。危险废物焚烧厂厂界距居民区应大于 1 000 m，危险废物填埋场场界应位于 800 m 以外	
自然环境	不属于河流溯源地、饮用水源保护区	B
	不属于自然保护区、风景区、旅游度假区	
	不属于国家、省（自治区）、直辖市规定的文物保护区	
	不属于重要资源丰富区	
场地环境	避开现有和规划中的地下设施	A
	地形开阔，避免大规模平整土地、砍伐森林、占用基本保护农田	B
	减少设施用地对周围环境的影响，避免公用设施或居民的大规模拆迁	B
	具备一定的基础条件（水、电、交通、通信、医疗等）	C
	可以常年获得危险废物和医疗废物供应	A
	危险废物和医疗废物运输风险	B

环境	条件	因素区划
工程地质/水文地质	避免自然灾害多发区和地质条件不稳定地区（废弃矿区、坍塌区、崩塌、岩堆、滑坡区、泥石流多发区、活动断层、其他危及设施安全的地质不稳定区），设施选址应在百年一遇洪水位以上	A
	地震烈度在Ⅵ度以下	B
	最高地下水位应在不透水层以下 3 m	B
	土壤不具有强烈腐蚀性	B
气候	有明显的主导风向，静风频率低	B
	暴雨、暴雪、雷暴、尘暴、台风等灾害性天气出现概率小	
	冬季冻土层厚度低	
应急救援	有实施应急救援的水、电、通信、交通、医疗条件	A

b. 全时段的环境影响评价。处置的对象是危险废物和医疗废物，处置的方法包括焚烧、安全填埋及其他物化技术等。无论使用何种技术处置何种对象，其建设项目都经历建设期、营运期和服务期满后的全时段。至于采用焚烧和其他物化技术的处置厂，主要关注的是营运期，而对于填埋场则关注的是建设期、营运期和服务期满后的全时段的环境影响。填埋场在建设期势必有永久占地和临时占地，植被将受到影响，可能造成生物资源和农业资源的损失，甚至对生态环境敏感目标产生影响。而在服务期满后，需要提出封场、植被恢复层和植被建设的具体措施，并要求提出封场后 30 年内的管理和监测方案。

c. 全过程的环境影响评价。危险废物和医疗废物处置的环境影响评价应包括收集、运输、贮存、预处理、处置全过程的环境影响评价。分类收集、专业运输、安全贮存和防止不相容废物的混配都直接影响物化方法、焚烧工况、填埋工艺和运行安全。同时各环节的污染物及对环境的影响又有所不同。因此，制定污染防治措施是保证在处置过程中不产生二次污染的重要评价内容。

d. 必须有环境风险评价。危险废物种类繁多、成分复杂，具有传染性、毒性、腐蚀性和易燃易爆性。环境风险评价的目的是分析和预测建设项目存在的潜在危险，预测项目营运期和服务期满后可能发生的突发性事件，以及因此而产生的有毒有害和易燃易爆等物质的泄露，造成对人身的损害和对环境的污染，从而提出合理可行的防范、减缓措施及应急预案，以使建设项目的事故率降到最小，使事故带来的损失及对环境的影响到达可以接受的水平。所以环境风险评价是该类项目环境影响评价的必有内容。

e. 充分重视环境管理与环境监测。为了保证危险废物和医疗废物处置设施安全、有效地运行，必须有健全的管理机构和完整的规章制度。环境影响报告书必须提出风险管理及应急救援制度、转移联单管理制度、处置过程安全操作规程、人员培训考核制度、档案管理制度、处置全过程管理制度以及职业健康、安全、环境保护管理体系等。在环境监测方面，对焚烧处置厂的检测重点是环境空气检测，而对安全填埋场监测的重点是地下水环境监测。临时灰渣场设置应注意临时灰渣场、周围敏感点分布及对环境的影响。

第6章　环境污染控制与保护措施

6.1　大气污染控制

大气污染物的主要来源包括三个方面：一是生产性污染，这是大气污染的主要来源，如煤和石油燃烧过程中排放大量的烟尘、二氧化硫、一氧化碳等有害物质，火力发电厂、钢铁厂、石油化工厂、水泥厂等生产过程排出的烟尘和废气，农业生产过程中喷洒农药而产生的粉尘和雾滴等。二是由生活炉灶和采暖锅炉耗用煤炭产生的烟尘、二氧化硫等有害气体。三是交通运输性污染，汽车、火车、轮船和飞机等排出的尾气，其污染物主要是氮氧化物、碳氢化合物、一氧化碳和铅尘等。本节主要讨论生产性污染控制。

根据在大气中的物理状态，污染物可分为颗粒污染物和气态污染物两大类。颗粒污染物又称气溶胶状态污染物，在大气污染中，是指沉降速度可以忽略的小固体粒子、液体粒子或它们在气体介质中的悬浮体系，主要包括粉尘、烟、飞灰等。气态污染物是以分子状态存在的污染物，气态污染物的种类很多，常见的气体污染物有 CO、SO_2、NO_2、NH_3、H_2S、挥发性有机化合物（VOC_s）、卤素化合物等。

颗粒污染物净化过程是气溶胶两相分离的过程，由于污染物颗粒与载气分子大小悬殊，作用在二者上的外力（质量力、势差力等）差异很大，利用这些外力差异，可实现气-固或气-液分离。烟（粉）尘净化技术又称为除尘技术，它是将颗粒污染物从废气中分离出来并加以回收的操作过程。

气态污染物与载气呈均相分散，作用在两类分子上的外力差异很小，气态污染物的净化只能利用污染物与载气物理或者化学性质（沸点、溶解度、吸附性、反应性等）的差异，实现分离或者转化。常用的方法有吸收法、吸附法、催化法、燃烧法、冷凝法、膜分离法和生物净化法等。

6.1.1 大气污染治理的典型工艺

1. 除尘

除尘技术是治理烟（粉）尘的有效措施，实现该技术的设备称为除尘器。除尘器主要有机械除尘器、湿式除尘器、袋式除尘器和静电除尘器。

选择除尘器应主要考虑如下因素：烟气及粉尘的物理、化学性质；烟气流量、粉尘浓度和粉尘允许排放浓度；除尘器的压力损失以及除尘效率；粉尘回收、利用的价值及形式；除尘器的投资以及运行费用；除尘器占地面积以及设计使用寿命；除尘器的运行维护要求。

除尘器收集的粉尘或排出的污水，根据生产条件、除尘器类型、粉尘的回收价值、粉尘的特性和便于维护管理等因素，按照国家、行业、地方相关标准，采取妥善的回收和处理措施。

（1）机械除尘器

包括重力沉降室、惯性除尘器和旋风除尘器等。机械除尘器用于处理密度较大、颗粒较粗的粉尘，在多级除尘工艺中作为高效除尘器的预除尘。重力沉降室适用于捕集粒径大于 50 μm 的尘粒，惯性除尘器适用于捕集粒径 10 μm 以上的尘粒，旋风除尘器适用于捕集粒径 5 μm 以上的尘粒。

（2）湿式除尘器

包括喷淋塔、填料塔、筛板塔（又称泡沫洗涤器）、湿式水膜除尘器、自激式湿式除尘器和文氏管除尘器等。

（3）袋式除尘器

包括机械振动袋式除尘器、逆气流反吹袋式除尘器和脉冲喷吹袋式除尘器等。袋式除尘器具有除尘效率高、能够满足极其严格排放标准的特点，广泛应用于冶金、铸造、建材、电力等行业，主要用于处理风量大、浓度范围广和波动较大的含尘气体。当粉尘具有较高的回收价值或烟气排放标准很严格时，优先采用袋式除尘器。焚烧炉除尘装置应选用袋式除尘器。常见的袋式除尘器工艺流程见图 6.1。

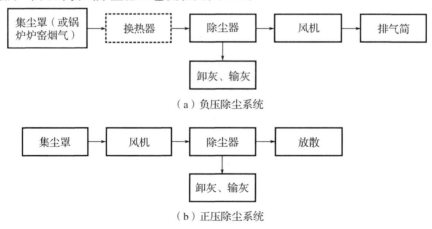

图 6.1 常见的袋式除尘器工艺流程

（4）静电除尘器

包括板式静电除尘器和管式静电除尘器。静电除尘器属于高效除尘设备，用于处理大风量的高温烟气，适用于捕集电阻率在 $1 \times 10^4 \sim 5 \times 10^{10}\ \Omega \cdot cm$ 范围内的粉尘。我国电除尘器技术水平基本赶上国际同期先进水平，已较普遍地应用于火力发电厂、建材水泥厂、钢铁厂、有色冶炼厂、化工厂、轻工造纸厂、电子厂等的炉窑中。其中，火力发电厂是我国电除尘器的第一大用户。

（5）电袋复合除尘器

是在一个箱体内安装电场区和滤袋区，有机结合静电除尘和过滤除尘两种机理的一种除尘器。电袋复合除尘器适用于电除尘难以高效收集的高比阻、特殊煤种等烟尘的净化处理；适用于去除 $0.1\ \mu m$ 以上的尘粒以及对运行稳定性要求高和粉尘排放浓度要求严格的烟气净化。

2. 气态污染物吸收

吸收法净化气态污染物是利用气体混合物中各组分在一定液体中溶解度的不同而分离气体混合物的方法，是治理气态污染物的常用方法。主要用于吸收效率和速率较高的有毒有害气体的净化，尤其是对于大气量、低浓度的气体多使用吸收法。吸收法使用最多的吸收剂是水，一是价廉，二是资源丰富。只有在一些特殊场合使用其他类型的吸收剂。

吸收工艺的选择应考虑废气流量、浓度、温度、压力、组分、性质、吸收剂性质、再生、吸收装置特性及经济性因素等。例如，高温气体应采取降温措施；对于含尘气体，需回收副产品时应进行预除尘。

（1）吸收装置

常用的吸收装置有填料塔、喷淋塔、板式塔、鼓泡塔、湍球塔和文丘里等。吸收装置应具有较大的有效接触面积、较高的处理效率、较高的界面更新强度、良好的传质条件、较小的阻力和较高的推动力。早期的吸收法大都采用填料塔。随着处理气体量的增大及喷淋塔技术的发展，对于大气量（如大型火电厂湿法脱硫），一般都选择喷淋塔，即空塔。

选择吸收塔时，应遵循以下原则：填料塔用于小直径塔及不易吸收的气体，不宜用于气液相中含有较多固体悬浮物的场合；板式用于大直径塔及容易吸收的气体；喷淋塔用于反应吸收快、含有少量固体悬浮物、气体量大的吸收工艺；鼓泡塔用于吸收反应较慢的气体。

（2）吸收液后处理

吸收液应循环使用或经过进一步处理后循环使用，不能循环使用的应按照相关标准和规范处理或处置，避免二次污染。使用过的吸收液可采用沉淀分离再生、化学置换再生、蒸发结晶回收和蒸馏分离。吸收液再生过程中产生的副产物应回收利用，产生的有毒有害产物应按照有关规定处理或处置。

3. 气态污染物吸附

吸附法净化气态污染物是利用固体吸附剂对气体混合物中各组分吸附选择性的不同而

分离气体混合物的方法，主要适用于低浓度有毒有害气体净化。吸附法在环境工程中得到广泛的应用，是由于吸附过程能有效地捕集浓度很低的有害物质。因此，当采用常规的吸收法去除液体或气体中的有害物质特别困难时，吸附可能就是比较满意的解决办法。吸附操作也有它的不足之处：其一，由于吸附剂的吸附容量小，需耗用大量的吸附剂，因而设备体积庞大；其二，由于吸附剂是固体，在工业装置上固相处理较困难，从而使设备结构复杂，给大型生产过程的连续化、自动化带来一定的困难。吸附工艺分为变温吸附和变压吸附，目前在大气污染治理工程中广泛采用的是变温吸附法，而且多采用固定床设计，尤其是在挥发性有机物的治理方面在大量应用。随着环保要求力度的加大，目前变压吸附已应用在有毒有害气体（如氯乙烯）的治理回收上。

常用的吸附设备有固定床、移动床和流化床。工业应用采用固定床。

常用吸附剂包括活性炭（包括活性炭纤维）、分子筛、活性氧化铝和硅胶等。选择吸附剂时，应遵循以下原则：比表面积大，孔隙率高，吸附容量大；吸附选择性强；有足够的机械强度、热稳定性和化学稳定性；易于再生和活化；原料来源广泛，价廉易得。

脱附操作可采用升温、降压、置换、吹扫和化学转化等脱附方式或几种方式的组合。有机溶剂的脱附宜选用水蒸气和热空气，对不溶于水的有机溶剂冷凝后直接回收，对溶于水的有机溶剂应进一步分离回收。

4. 气态污染物催化燃烧

催化燃烧法净化气态污染物是利用固体催化剂在较低温度下将废气中的污染物通过氧化作用转化为二氧化碳和水等化合物的方法。催化燃烧法适用于由连续、稳定的生产工艺产生的固定源气态及气溶胶态有机化合物的净化，净化效率不应低于95%。

有机废气催化燃烧装置是目前国内外喷涂和涂装作业、汽车制造、制鞋等固定源工业有机废气净化的主要手段，适用于气态及气溶胶态烃类化合物、醇类化合物等挥发性有机化合物（VOCs）的净化。有机废气经过催化净化装置净化后可以被彻底地分解为二氧化碳和水，无二次污染，且操作方便，使用简单。据统计，目前国内外固定源工业有机废气的净化50%以上是依靠催化净化装置完成的。近年来随着燃烧催化剂性能的不断提高，特别是抗中毒、抗烧结能力的提高，使用寿命的延长，催化燃烧技术的应用范围不断扩大。如在漆包线行业需要高温燃烧（700～800 ℃）的场合，新型的催化剂的使用寿命可以达到1年以上；又如对某些能够引起催化剂中毒的物质，如氯苯等，目前也可以使用催化法进行净化。

5. 气态污染物热力燃烧

热力燃烧法（包括蓄热燃烧法）净化气态污染物是利用辅助燃料燃烧产生的热能、废气本身的燃烧热能或者利用蓄热装置所贮存的反应热能，将废气加热到着火温度，进行氧化（燃烧）反应。

采用热力燃烧法（有时候被称为"直接燃烧"）净化有机废气是将废气中的有害组分

经过充分的燃烧，氧化成为 CO_2 和 H_2O。目前的热力燃烧系统通常使用气体或者液体燃料进行辅助燃烧加热，在蓄热燃烧系统则使用合适的蓄热材料和工艺，以便系统达到处理废气所必需的反应温度、停留时间、湍流混合度三个条件。该技术的特点是系统运行能够满足多种难处理的有机废气的净化处理要求，工艺技术可靠，处理效率高，没有二次污染，管理方便。

热力燃烧工艺适用于处理连续、稳定生产工艺产生的有机废气。

进入燃烧室的废气应进行预处理，去除废气中的颗粒物（包括漆雾）。颗粒物去除宜采用过滤及喷淋等方法，进入热力燃烧工艺中的颗粒物质量浓度应低于 50 mg/m³。当有机废气中含有低分子树脂、有机颗粒物、高沸点芳烃和溶剂油等，容易在管道输送过程中形成颗粒物时，应按物质的性质选择合适的喷淋吸收、吸附、静电和过滤等预处理措施。

6.1.2　主要气态污染物的治理工艺及选用原则

1. 二氧化硫治理工艺及选用原则

大气污染物中，二氧化硫的量比较大，是酸雨形成的主要成分，对土壤、河流、森林、建筑、农作物等危害较大。二氧化硫治理工艺划分为湿法、干法和半干法，常用工艺包括石灰石/石灰-石膏湿法、烟气循环流化床法、氨法、镁法、海水法、吸附法、炉内喷钙法、旋转喷雾法、有机胺法、氧化锌法和亚硫酸钠法等。其中石灰石/石灰-石膏法、海水法、烟气循环流化床法、回流式循环流化床法比较成熟，占有脱硫市场的 95% 以上，是常用的主流技术。

二氧化硫治理应执行国家或地方相关的技术政策和排放标准，满足总量控制的要求。

（1）石灰石/石灰-石膏湿法

采用石灰石、生石灰或消石灰 $[Ca(OH)_2]$ 的乳浊液为吸收剂吸收烟气中的 SO_2，吸收生成的 $CaSO_3$ 经空气氧化后可得到石膏。脱硫效率达到 80% 以上，因石灰石来源广、价格低，是应用最为广泛的脱硫技术。总化学反应方程式为：

$$SO_2 + CaCO_3 + 2H_2O + \frac{1}{2}O_2 \longrightarrow CaSO_4 \cdot 2H_2O + CO_2$$

$$SO_2 + CaO + 2H_2O + \frac{1}{2}O_2 \longrightarrow CaSO_4 \cdot 2H_2O$$

吸收塔内的主要化学反应为：

SO_2 溶解电离：

$$SO_2 + H_2O \longrightarrow SO_3^{2-} + 2H^+$$

中间产物的反应（石灰石在纯水中溶解量很小）：

$$CaCO_3(s) \longrightarrow Ca^{2+} + CO_3^{2-}$$

碳酸根与水合氢离子（H_3O^+）反应：

$$H_3O^+ + CO_3^{2-} \longrightarrow HCO_3^- + H_2O$$

CO_3^{2-} 从水中失去，更多的石灰石溶解，最终产物是 CO_2。

$$HCO_3^- + H_3O^+ \rightarrow H_2CO_3 + H_2O \longrightarrow H_2CO_3 + CO_2 \text{（g）} + H_2O$$

$$H_2CO_3 \longrightarrow CO_2 \text{（g）} + H_2O$$

脱硫中和反应：

$$SO_2 + CaCO_3 \text{（s）} \longrightarrow CaSO_3 + CO_2$$

$$CaSO_3 + \frac{1}{2}O_2 \longrightarrow CaSO_4$$

典型石灰石/石灰-石膏湿法脱硫工艺流程见图 6.2。

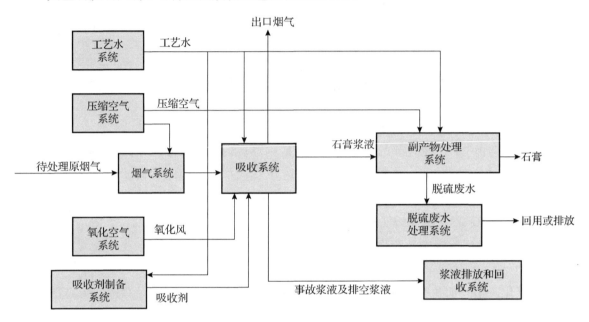

图 6.2 典型石灰石/石灰-石膏湿法脱硫工艺流程（HJ 179—2018）

采用石灰石/石灰-石膏湿法工艺时应符合《石灰石/石灰-石膏湿法烟气脱硫工程通用技术规范》（HJ 179—2018）的规定。

（2）烟气循环流化床工艺

烟气循环流化床与石灰石/石灰-石膏湿法相比，具有脱硫效率更高（99％）、不产生废水、不受烟气负荷限制、一次性投资低等优点。烟气循环流化床脱硫工艺流程如图 6.3 所示。

采用烟气循环流化床工艺时应符合《烟气循环流化床法烟气脱硫工程通用技术规范》（HJ 178—2018）的规定。

（3）氨法工艺

燃用高硫燃料的锅炉，当周围 80 km 内有可靠的氨源时，经过技术经济和安全比较后，宜使用氨法工艺，并对副产物进行深加工利用。

（4）海水法

燃用低硫燃料的海边电厂，经过技术经济比较和海洋环保论证，可使用海水法脱硫或以海水为工艺水的钙法脱硫。

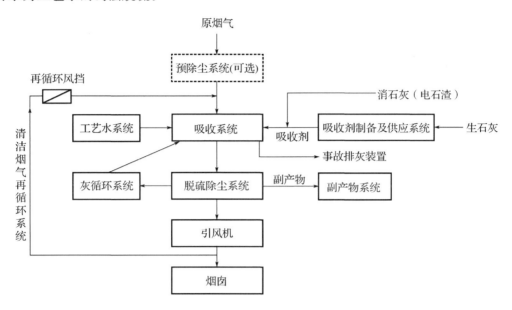

图 6.3　烟气循环流化床脱硫工艺流程示意图（HJ 178—2018）

（5）工艺选用原则

工业锅炉/炉窑应因地制宜、因物制宜、因炉制宜选择适宜的脱硫工艺，采用湿法脱硫工艺应符合相关环境保护产品技术要求的规定。

钢铁行业根据烟气流量和二氧化硫体积分数，结合吸收剂的供应情况，应选用半干法、氨法、石灰石/石灰-石膏法脱硫工艺。

有色冶金工业中硫化矿冶炼烟气中二氧化硫体积分数大于 3.5% 时，应以生产硫酸为主。烟气制造硫酸后，其尾气二氧化硫体积分数仍不能达标时，应经脱硫或其他方法处理达标后排放。

2. 氮氧化物控制措施及选用原则

大气污染物中，氮氧化物的量比较大，次于二氧化硫，能促进酸雨的形成，对动物的呼吸系统危害较大。煤的燃烧是主要的工业生产中氮氧化物形成源。煤燃烧过程中，主要通过低氮燃烧技术从根本上减少氮氧化物的排放，在采用低氮燃烧器后氮氧化物的排放仍不达标的情况下，燃煤烟气还须采用非选择性催化还原技术（SNCR）和选择性催化还原技术（SCR）脱硝装置来控制氮氧化物的排放。SNCR 和 SCR 技术主要是在有或没有催化剂时，将氮氧化物选择性地还原为水和氮气，前者的效率较低，一般在 40% 以下，后者可以达到 90% 以上的效率。燃煤电厂燃用烟煤、褐煤时，宜采用低氮燃烧技术；燃用贫煤、无烟煤以及环境敏感地区不能达到环保要求时，应增设烟气脱硝系统。

（1）低氮燃烧技术

低氮燃烧技术一直是应用最广泛、经济实用的措施。它通过改变燃烧设备的燃烧条件来降低 NO_x 的形成，即通过调节燃烧温度、烟气中的氧的浓度、烟气在高温区的停留时间等方法来抑制 NO_x 的生成或破坏已生成的 NO_x。低氮燃烧技术的方法很多，这里介绍两种常用的方法。

一是排烟再循环法，即利用一部分温度较低的烟气返回燃烧区，含氧量较低，从而降低燃烧区的温度和氧浓度，抑制氮氧化物的生成，此法对温度型 NO_x 比较有效，对燃烧型 NO_x 基本上没有效果。

二是二段燃烧法，该法是目前应用最广泛的分段燃烧技术，将燃料的燃烧过程分阶段来完成。在第一阶段燃烧中，只将总燃烧空气量的 $70\% \sim 75\%$（理论空气量的 80%）供入炉膛，使燃料在缺氧的富燃料条件下燃烧，能抑制 NO_x 的生成；第二阶段通过足量的空气，使剩余燃料燃尽，此段中氧气过量，但温度低，生成的 NO_x 也较少。这种方法可使烟气中的 NO_x 减少 $25\% \sim 50\%$。

（2）选择性催化还原技术（SCR）

SCR 过程是以氨为还原剂，在催化剂的作用下将 NO_x 还原为 N_2 和水。催化剂的活性材料通常由贵金属、碱性金属氧化物、沸石等组成。NO_x 按以下过程被选择性地还原为 N_2 和水：

$$4NH_3 + 4NO + O_2 \longrightarrow 4N_2 + 6H_2O$$

$$8NH_3 + 6NO_2 \longrightarrow 7N_2 + 12H_2O$$

在脱硝反应过程中，温度对其效率有显著的影响。铂、钯等贵金属催化剂的最佳反应温度为 $175 \sim 290 \ ℃$；金属氧化物如以二氧化钛为载体的五氧化二钒催化剂，在温度为 $260 \sim 450 \ ℃$ 时效果更好。工业实践表明，SCR 系统对 NO_x 的转化率为 $60\% \sim 90\%$。

催化剂失活和烟气中残留的氨是与 SCR 工艺操作相关的两个关键因素。长期操作过程中，催化剂中毒是主要失活因素，减低烟气的含尘量可有效延长催化剂寿命。由于三氧化硫的存在，所有未反应的 NH_3 都将转化为硫酸盐。

$$2NH_3（g）+ SO_3（g）+ H_2O（g） \longrightarrow （NH_4）_2SO_4（s）$$

生成的硫酸铵为亚微米级的微粒，多附着在催化转化器内或者下游的空气预热器以及引风机中。随着 SCR 系统运行时间的增加，催化剂活性逐渐丧失，烟气中残留的氨也将随之增加。

3. 挥发性有机化合物（VOCs）治理工艺及选用原则

挥发性有机化合物废气主要包括低沸点的烃类、卤代烃类、醇类、酮类、醛类、醚类、酸类和胺类等。应当重点控制在石油化工、制药、印刷、造纸、涂料装饰、表面防腐、交通运输、金属电镀和纺织等行业排放废气中的挥发性有机化合物。

目前，国内外挥发性有机化合物的基本处理技术主要有两类：一是回收类方法，主要有吸附法、吸收法、冷凝法和膜分离法等；二是消除类方法，主要有燃烧法、生物法、低温等离子体法和催化氧化法等。应依据达标排放要求，选择单一方法或联合方法处理挥发性有机化合物废气。

①吸附法：适用于低浓度挥发性有机化合物废气的有效分离与去除，是目前使用最为广泛的 VOC_s 回收法，该法已经在制鞋、喷漆、印刷、电子行业得到广泛应用。颗粒活性炭和活性炭纤维在工业上应用最广泛。但由于每单元吸附容量有限，吸附法宜与其他方法联合使用。

②吸收法：适用于废气流量较大、浓度较高、温度较低和压力较高的挥发性有机化合物废气的处理。工艺流程简单，可用于喷漆、绝缘材料、黏接、金属清洗和化工等行业应用。但对于大多有机废气，其水溶性不太好，应用不太普遍。目前吸收法主要用来处理苯类有机废气。

③冷凝法：适用于高浓度的挥发性有机化合物废气回收和处理，属于高效处理工艺，可作为降低废气有机负荷的前处理方法，与吸附法、燃烧法等其他方法联合使用，回收有价值的产品。挥发性有机化合物废气体积分数在 0.5% 以上时优先采用冷凝法处理。

④膜分离法：适用于较高浓度挥发性有机化合物废气的分离与回收，属于高效处理工艺。挥发性有机化合物废气体积分数在 0.1% 以上时优先采用膜分离法处理，应采取防止膜堵塞的措施。

⑤燃烧法：适用于处理可燃、在高温下可分解和在目前技术条件下还不能回收的挥发性有机化合物废气，燃烧法应回收燃烧反应热量，提高经济效益。采用燃烧法处理挥发性有机化合物废气时应重点避免二次污染。如废气中含有硫、氮和卤素等成分时，燃烧产物应按照相关标准处理处置，如采用催化燃烧后的催化剂。

⑥生物法：适用于常温、处理低浓度、生物降解性好的各类挥发性有机化合物废气，对其他方法难处理的含硫、氮、苯酚和氰等的废气，可采用特定微生物氧化分解的生物法。挥发性有机化合物废气体积分数在 0.1% 以下时优先采用生物法处理，但含氯较多的挥发性有机化合物废气不应采用生物降解法处理。采用生物法处理时，对于难氧化的恶臭物质，应后续采取其他工艺去除，避免二次污染。

a. 生物过滤法：适用于处理气量大、浓度低和浓度波动较大的挥发性有机化合物废气，可实现对各类挥发性有机化合物的同步去除，工业应用较为广泛。

b. 生物洗涤法：适用于处理气量小、浓度高、水溶性较好和生物代谢速率较低的挥发性有机化合物废气。

c. 生物滴滤法：适用于处理气量大、浓度低、降解过程中产酸的挥发性有机化合物废气，不宜处理入口浓度高和气量波动大的废气。

⑦低温等离子体法、催化氧化法和变压吸附法等工艺，适用于气体流量大、浓度低的各类挥发性有机化合物废气的处理。

4. 恶臭治理工艺及选用原则

恶臭气体的种类主要有五类：含硫的化合物，如硫化氢、二氧化硫、硫醇、硫醚类等；含氮的化合物，如胺、氨、酸胺、吲哚类等；卤素及衍生物，如卤代烃等；氧的有机物，如醇、酚、醛、酮、酸、酯等；烃类，如烷、烯、炔烃以及芳香烃等。

我国在《恶臭污染物排放标准》（GB 14554—1993）中规定了 8 种恶臭污染物的一次最大排放限值，复合恶臭物质的臭气浓度限值及无组织排放源（指没有排气筒或排气筒高度低于 15 m 的排放源）的厂界浓度限值。

恶臭气体的基础及处理技术主要有三类：一是物理类方法，主要有水洗法、物理吸附法、稀释法和掩蔽法；二是化学方法，主要有药液吸收（氧化吸收、酸碱液吸收）法、化学吸附（离子交换树脂、碱性气体吸附剂和酸性气体吸附剂）法和燃烧（直接燃烧和催化氧化燃烧）法；三是生物类方法，主要有生物过滤法、生物吸收法和生物滴滤法。

①物理类方法：物理类的处理方法作为化学或生物处理的预处理，在达到排放标准要求的前提下也可作为唯一的处理工艺。

②化学吸收：此类处理方法用于处理大气量、高中浓度的恶臭气体。在处理大气量气体方面工艺成熟，净化效率相对不高，处理成本相对较低。采用化学吸收类处理方法时应重点控制二次污染，依据不同的恶臭气体组分选择合适的吸收剂。

③化学吸附：此类处理方法用于处理低浓度、多组分的恶臭气体，属于常用的脱臭方法之一，净化效果好，但吸附剂的再生较困难，处理成本相对较高。采用化学吸附类的处理方法应选择与恶臭气体组分相匹配的吸附剂。

④化学燃烧：此类处理方法用于处理连续排气、高浓度的可燃性恶臭气体，净化效率高，处理费用高。采用化学燃烧类的处理方法时应注意控制末端形成的二次污染。

⑤化学氧化：此类处理方法用于处理高中浓度的恶臭气体，净化效率高，处理费用高。采用化学氧化类的处理方法，应依据不同的恶臭气体组分选择合适的氧化媒介及工艺条件。

⑥生物类方法：此类方法用于气体浓度波动不大，浓度较低或复杂组分的恶臭气体处理，净化效率较高。采用生物类处理方法时应依据实际恶臭气体性质筛选，驯化微生物，实时监测微生物代谢活动的各种信息。

当难以用单一方法处理以达到恶臭气体排放标准时，应采用联合脱臭法。

5. 卤化物气体治理工艺及选用原则

在大气污染治理方面，卤化物主要包括无机卤化物气体和有机卤化物气体。有机卤化物（卤代烃类）气体属于挥发性有机化合物，为重点关注的气态污染物质。有机卤化物气体治理技术参照挥发性有机化合物（VOCs）和恶臭气体的要求。重点控制的无机卤化物废气包括氟化氢、四氟化硅、氯气、溴气、溴化氢和氯化氢（盐酸酸雾）等。应重点控制在化工、橡胶、制药、水泥、化肥、印刷、造纸、玻璃和纺织等行业排放废气中的无机卤化物。

卤化物气体的基本处理技术主要有物理化学类方法和生物学方法两类。物理化学类方法有固相（干法）吸附法、液相（湿法）吸收法和化学氧化脱卤法。生物学方法有生物过滤法、生物吸收法和生物滴滤法。

在对无机卤化物废气处理时，应首先考虑其回收利用价值。如氯化氢气体可回收制盐酸，含氟废气能生产无机氟化物和白炭黑等。吸收和吸附等物理化学类方法在资源回收利用和卤化物深度处理上工艺技术相对成熟，优先使用物理化学类方法处理卤化物气体。吸收法治理含氯或氯化氢（盐酸酸雾）废气时，适合采用碱液吸收法。垃圾焚烧尾气中的含氯废气适合采用碱液或碳酸钠溶液吸收处理。吸收法治理含氟废气，吸收剂应采用水、碱液或硅酸钠。对于低浓度氟化氢废气，适合采用石灰水洗涤。

6. 重金属治理工艺及选用原则

大气中应重点控制的重金属污染物有：汞、铅、砷、镉、铬及其化合物。我国最早在《重有色金属工业污染物排放标准》（GB 4913—1985）（现已废止）中对部分重金属排放限值做了明确规定，后又在《大气污染物综合排放标准》（GB 16297—1996）中对铅、汞、镉、镍、锡及其化合物的排放限值作出了明确规定。

重金属废气的基本处理方法包括过滤法、吸收法、吸附法、冷凝法和燃烧法。

考虑重金属不能被降解的特性，大气污染物中重金属的治理应重点关注以下方面。

①物理形态：应从气态转化为液态或固态，达到重金属污染物从气相中脱离的目的。

②化学形态：应控制重金属元素价态朝利于稳定化、固定化和降低生物毒性的方向进行，如在富含氯离子和氢离子的废气中，Cd（镉元素）易生成挥发性更强的 $CdCl$，不利于将废气中的镉去除，应控制反应体系中氯离子和氢离子的浓度。

③二次污染：应按照相关标准要求处理重金属废气治理中使用过的洗脱剂、吸附剂和吸收液，避免二次污染。

石油化工、金属冶炼、垃圾焚烧、电镀电解、电池、钢铁、涂料、表面防腐、机械制造和交通运输等行业排放废气中的重金属污染物是控制重点。

（1）汞及其化合物废气处理

汞及其化合物废气一般处理方法是吸收法、吸附法、冷凝法和燃烧法。

吸收法针对不同的工业生产工艺，较为成熟的吸收法处理工艺如下。

①高锰酸钾溶液吸收法：适用于处理仪表电器厂的含汞蒸气，循环吸收液宜为 0.3%～0.6%的 $KMnO_4$ 溶液，$KMnO_4$ 利用率较低，应考虑吸收液的及时补充。

②次氯酸钠溶液吸收法：适用于处理水银法氯碱厂含汞氢气，吸收液宜为 $NaCl$ 与 $NaClO$ 的混合水溶液，此吸收液来源广，但此工艺流程复杂，操作条件不易控制。

③硫酸-软锰矿吸收法：适用于处理炼汞尾气以及含汞蒸气，吸收液为硫酸-软锰矿的悬浊液。

④氯化法处理汞蒸气：烟气进入脱汞塔，在塔内与喷淋的 $HgCl_2$ 溶液逆流洗涤，烟气中的汞蒸气被 $HgCl_2$ 溶液氧化生成 Hg_2Cl_2 沉淀，从而将汞去除。Hg_2Cl_2 沉淀有剧毒，生产过程中需加强管理和操作。

⑤氨液吸收法：适用于氯化汞生产废气的净化。

充氯活性炭吸附法适用于含汞废气处理。活性炭层需预先充氯，含汞蒸气需预除尘，汞与活性炭表面的 Cl_2 反应生成 $HgCl_2$，达到除汞的目的。活性炭吸附法适用于氯乙烯合成气中氯化汞的净化。消化吸附法适用于雷汞的处理。

冷凝法适用于净化回收高浓度的汞蒸气，可采取常压和加压两种方式，常作为吸收法和吸附法净化汞蒸气的前处理。

燃烧法适用于燃煤电厂含汞烟气的处理。采用循环流化床燃煤锅炉，燃烧过程中投加石灰石，烟气采用电除尘器或袋除尘器净化。

（2）铅及其化合物废气处理

铅及其化合物废气适合用吸收法处理。

酸液吸收法适用于净化氧化铅和蓄电池生产中产生的含铅烟气，也可用于净化熔化铅时所产生的含铅烟气。宜采用二级净化工艺：第一级用袋滤器除去较大颗粒；第二级用化学吸收。吸收剂（醋酸）的腐蚀性强，应选用防腐蚀性能高的设备。

碱液吸收法适用于净化化铅锅、冶炼炉产生的含铅烟气。含铅烟气进入冲击式净化器进行除尘及吸收。吸收剂 NaOH 溶液腐蚀性强，应选用防腐蚀性能高的设备。

（3）砷、镉、铬及其化合物废气处理

砷、镉、铬及其化合物废气通常采用吸收法和过滤法处理。

含砷烟气应采用冷凝-除尘-石灰乳吸收法处理工艺。含砷烟气经冷却至 200℃ 以下，蒸汽状态的氧化砷迅速冷凝为微粒，经袋除尘器净化后，尾气进入喷雾塔，用石灰乳洗涤，净化后，尾气除雾，经引风机排空。含砷烟气亦可在塑料板（或管）制成的吸收器内装入强酸性饱和高锰酸钾溶液，进行多级串联鼓泡吸收。

镉、铬及其化合物废气宜采用袋式除尘器在风速小于 1 m/min 时过滤处理。烟气温度较高需要采取保温措施。

6.2 工 业 废 水 处 理

6.2.1 废水处理系统

按处理程度，废水处理技术可分为一级、二级和三级处理。一般进行某种程度处理的废水均需进行前面的处理步骤。例如，一级处理包括预处理过程，如经过格栅、沉砂池和调节池。同样，二级处理也包括一级处理过程，如经过格栅、沉砂池、调节池及初沉池。

预处理的目的是保护废水处理厂的后续处理设备。

一级处理通常被认为是一个沉淀过程，主要是通过物理处理法中的各种处理单元如沉降或气浮来去除废水中悬浮状态的固体、呈分层或乳化状态的油类污染物。出水进入二级处理单元进一步处理或排放。在某些情况下还加入化学剂以加快沉降。一级沉淀池通常可去除 90%～95% 的可沉降颗粒物、50%～60% 的总悬浮固形物以及 25%～35% 的 BOD_5，但无法去除溶解性污染物。

二级处理的主要目的是去除一级处理出水中的溶解性 BOD_5，并进一步去除悬浮固体物质。在某些情况下，二级处理还可以去除一定量的营养物，如氮、磷等。二级处理主要为生物过程，可在相当短的时间内分解有机污染物。二级处理过程可以去除大于 85% 的 BOD_5 及悬浮固体物质，但无法显著地去除氮、磷或重金属，也难以完全去除病原菌和病毒。一般工业废水经二级处理后，已能达到排放标准。

当二级处理无法满足出水水质要求时，需要进行废水三级处理。污水三级处理是污水经二级处理后，进一步去除污水中的其他污染成分（如氮、磷、微细悬浮物、微量有机物和无机盐等）的工艺处理过程。主要方法有生物脱氮法、化学沉淀法、过滤法、反渗透法、离子交换法和电渗析法等。一般三级处理能够去除 99% 的 BOD_5、磷、悬浮固体、细菌，以及 95% 的含氮物质。三级处理过程除常用于进一步处理二级处理出水外，还可用于替代传统的二级处理过程。

6.2.2　废水的物理、化学及物化处理

物理法是利用物理作用来分离废水中的悬浮物或乳浊物。常见的有格栅、筛滤、离心、澄清、过滤、隔油等方法。

化学法是利用化学反应的作用来去除废水中的溶解物质或胶体物质。常见的有中和、沉淀、氧化还原、催化氧化、光催化氧化、微电解、电解絮凝、焚烧等方法。

物理化学法是利用物理化学作用来去除废水中溶解物质或胶体物质。常见的有混凝、气浮、吸附、离子交换、膜分离、萃取、气提、吹脱、蒸发、结晶、焚烧等方法。

1. 格栅

格栅的主要作用是去除会阻塞或卡住泵、阀及其机械设备的大颗粒物等。格栅的种类有粗格栅、细格栅。粗格栅的间隙为 40~150 mm，细格栅的间隙范围为 5~40 mm。

2. 调节池

为尽可能减小或控制废水水量的波动，在废水处理系统之前，设调节池。根据调节池的功能，调节池分为均量池、均质池、均化池和事故池。

均量池的主要作用是均化水量，常用的均量池有线内调节式、线外调节式。

均质池又称水质调节池。均质池的作用是使不同时间或不同来源的废水进行混合，使出流水质比较均匀。常用的均质池形式有泵回流式、机械搅拌式、空气搅拌、水力混合式。前三种形式利用外加的动力，其设备较简单、效果较好，但运行费用高；水力混合式不需要搅拌设备，但结构较复杂，容易造成沉淀堵塞等问题。

均化池兼有均量池和均质池的功能，既能对废水水量进行调节，又能对废水水质进行调节。如采用表面曝气或鼓风曝气，除能避免悬浮物沉淀和出现厌氧情况外，还可以有预曝气的作用。

事故池的主要作用就是容纳生产事故废水或可能严重影响污水处理厂运行的事故废水。

3. 沉砂池

沉砂池一般设置在泵站和沉淀池之前，用以分离废水中密度较大的砂粒、灰渣等无机固体颗粒。

平流沉砂池是最常用的一种形式，它的截留效果好、工作稳定、构造较简单。

曝气沉砂池集曝气和除砂为一体，可使沉砂中的有机物含量降低至 5% 以下，由于池中设有曝气设备，具有预曝气、脱臭、防止污水厌氧分解、除油和除泡等功能，为后续的沉淀、曝气及污泥消化池的正常运行以及污泥的脱水提供了有利条件。

4. 沉淀池

在废水一级处理中沉淀是主要的处理工艺，去除悬浮于污水中可沉淀的固体物质。处理效果基本上取决于沉淀池的沉淀效果。根据池内水流方向，沉淀池可分为平流沉淀池、辐流式沉淀池和竖流沉淀池。

平流沉淀池池内水沿池长水平流动，通过沉降区并完成沉降过程。图 6.4 为广泛使用的设有链带式刮泥机的平流沉淀池。

辐流式沉淀池是一种直径较大的圆形池，见图 6.5。

竖流沉淀池的池面多呈圆形或正多边形。图 6.6 为圆形竖流沉淀池示意图。

在二级废水处理系统中，沉淀池有多种功能。在生物处理前设初沉池，可减轻后续处理设施的负荷，保证生物处理设施功能的发挥；在生物处理设备后设二沉池，可分离生物污泥，使处理水澄清。

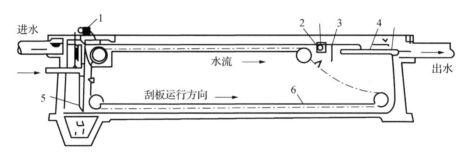

1—集渣器驱动；2—浮渣槽；3—挡板；4—可调节出水堰；5—排泥管；6—刮板

图 6.4 设有链带式刮泥机的平流沉淀池

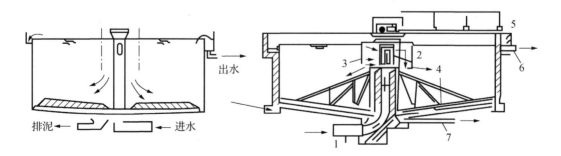

1—进水管；2—中心管；3—穿孔挡板；4—刮泥机；5—出水槽；6—出水管；7—排泥管

图 6.5 中心进入的辐流式沉淀池

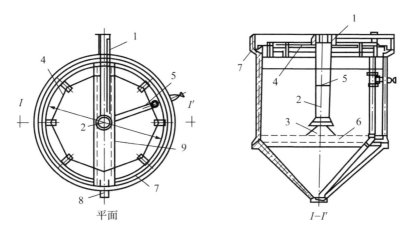

1—进水槽；2—中心管；3—反射板；4—挡板；5—排泥管；

6—缓冲层；7—集水槽；8—出水管；9—桥

图 6.6　圆形竖流沉淀池（重力排泥）

5. 隔油

采用自然上浮法去除可浮油的设施，称为隔油池。常用的隔油池有平流式隔油池和斜板式隔油池两类。平流式隔油池的结构与平流式沉淀池基本相同。

6. 中和处理

中和处理适用于酸性、碱性废水的处理，应遵循以废治废的原则，并考虑资源回收和综合利用。废水中含酸、碱浓度差别很大，一般来说，如果酸、碱浓度在 3% 以上，则应考虑综合回收或利用；酸、碱浓度在 3% 以下时，因回收利用的经济意义不大，才考虑中和处理。在中和后不平衡时，考虑采用药剂中和。

酸碱废水相互中和一般是在混合反应池内进行，池内设有搅拌装置。一般在混合反应池前设均质池，以确保两种废水相互中和时，水量和浓度保持稳定。酸性废水的中和药剂有石灰（CaO）、石灰石（$CaCO_3$）和氢氧化钠（NaOH）等。

酸性废水投药中和处理流程见图 6.7。

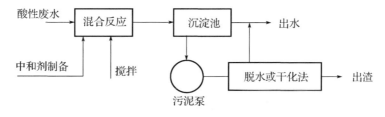

图 6.7　酸性废水投药中和处理流程

碱性废水的投药中和主要是采用工业盐酸，使用盐酸的优点是反应产物的溶解度大，泥渣量小，但出水溶解固体浓度高。中和流程和设备与酸性废水投药中和基本相同。

7. 化学沉淀处理

化学沉淀处理是向废水中投加某些化学药剂（沉淀剂），使其与废水中溶解态的污染物直接发生化学反应，形成难溶的固体生成物，然后进行固废分离，除去水中污染物。

废水中的重金属离子（如汞、镉、铅、锌、镍、铬、铁、铜）、碱土金属（如钙、镁）、某些非重金属（如砷、氟、硫、硼）均可采用化学沉淀处理去除。沉淀剂可选用石灰、硫化物、钡盐、铁屑等。

化学沉淀法除磷通常是加入铝盐或铁盐及石灰。最常用的铝盐是明矾 $[AlK(SO_4)_2 \cdot 12H_2O]$。铝离子能絮凝磷酸根离子，形成磷酸铝沉淀。明矾和氯化铁的加入会降低水质的 pH，而加入石灰会使水的 pH 升高。

化学沉淀处理的工艺过程：首先，投加化学沉淀剂，与水中污染物反应，生成难溶的沉淀物并析出；然后，通过凝聚、沉降、浮上、过滤、离心等方法进行固液分离；最后，处理和回收利用泥渣。

采用化学沉淀法时，应注意避免沉淀污泥产生二次污染。

8. 气浮

气浮适用于去除水中密度小于 1 kg/L 的悬浮物、油类和脂肪，可用于污（废）水处理，也可用于污泥浓缩。通过投加混凝剂或絮凝剂使废水中的悬浮颗粒、乳化油脱稳、絮凝，以微小气泡作载体，黏附水中的悬浮颗粒，随气泡夹带浮升至水面，通过收集泡沫或浮渣分离污染物。

浮选过程包括气泡产生、气泡与颗粒附着以及上浮分离等连续过程。气浮工艺类型包括加压溶气气浮、浅池气浮、电解气浮等。

9. 混凝

混凝法可用于污（废）水的预处理、中间处理或最终处理，可去除废水中胶体及悬浮污染物，适用于废水的破乳、除油和污泥浓缩。

10. 过滤

过滤适用于混凝或生物处理后低浓度悬浮物的去除，多用于废水深度处理，包括中水处理。可采用石英砂、无烟煤和重质矿石等作为滤料。

11. 膜分离

采用膜分离法时，应对废水进行预处理。采用膜分离法时应考虑膜清洗、废液和浓液的处理及回收以及废弃膜组件的出路及二次污染。微滤适用于去除粒径为 $0.1 \sim 10 \ \mu m$ 的悬浮物、颗粒物、纤维和细菌，操作压力为 $0.07 \sim 0.2$ MPa。超滤适用于去除分子量为 $10^3 \sim 10^6$ Da 的胶体和大分子物质，操作压力为 $0.1 \sim 0.6$ MPa，纳滤适用于分离分子量为 $200 \sim 1\,000$ Da，分子尺寸为 $1 \sim 2$ nm 的溶解性物质、二价及高价盐等，操作压力为 $0.5 \sim 2.5$ MPa。反渗透适用于去除水中全部溶质，宜用于脱盐及去除微量残留有机物，操作压力取决于原水含盐量（渗透压）、水温和产水通量，一般为 1～10 MPa。

12. 吸附

废水的吸附处理一般用来去除生化处理和物化处理单元难以去除的微量污染物质，不仅可以除臭、脱色、去除微量的元素及放射性污染物质，而且还能吸附诸多类型的有机物质，如高分子烃类、卤代烃、氯化芳烃、多核芳烃、酚类、苯类，以及杀虫剂、除莠剂等。吸附还可作为离子交换、膜分离等方法的预处理和二级处理后的深度处理，用于脱色、除臭味、去除重金属等。吸附剂可选用活性炭、活化煤、白土、硅藻土、膨润土、蒙脱石黏土、沸石、活性氧化铝、树脂吸附剂、木屑、粉煤灰、腐殖酸等。

13. 化学氧化

化学氧化适用于去除废水中的有机物、无机离子及致病微生物等。通常包括氯氧化、湿式催化氧化、臭氧氧化、空气氧化等。

氯氧化适用于氰化物、硫化物、酚、醇、醛、油类等的去除，氯系氧化剂包括液氯、漂白粉、次氯酸钠等。碱式氯化法主要用于含氰废水处理，调整 pH 后投加液氯或漂白粉，使氰最终氧化成二氧化碳和氮气。湿式催化氧化适用于某些浓度高、毒性大、常规方法难降解的有机废水。臭氧在废水处理中的应用发展很快，近年来，随着一般公共用水污染日益严重，要求进行深度处理，国际上再次出现了以臭氧作为氧化剂的趋势。臭氧氧化法在水处理中主要是使污染物氧化分解，用于降低 BOD、COD，脱色，除臭、除味、杀菌、杀藻，除铁、锰、氰、酚等。空气氧化适用于除铁、除锰及含二价硫废水的处理。

14. 离子交换

离子交换适用于原水脱盐净化，回收工业废水中的有价金属离子、阴离子化工原料等。常用的离子交换剂包括磺化煤和离子交换树脂。去除水中吸附交换能力较强的阳离子可选用弱酸型树脂；去除水中吸附交换能力较弱的阳离子可选用强酸型树脂；进水中有机物含量较多时，应选用抗氧化性好、机械强度较高的大孔型树脂。处理工业废水时，离子交换系统前应设预处理装置。

15. 电渗析

电渗析适用于去除废水中的溶质离子，可用于海水或苦咸水（小于 10 g/L）淡化、自来水脱盐制取初级纯水、与离子交换组合制取高纯水、废液的处理回收等。用于水的初级脱盐，脱盐率为 45%～90%。

16. 电吸附

电吸附技术是一种新型的水处理技术，具有运行能耗低、水利用率高、无二次污染、操作维护方便等特点，适用于废水中微量金属离子、部分有机物及部分无机盐等杂质的去除。

6.2.3　废水的生物处理

生物处理法利用微生物代谢作用，使废水中的有机污染物和无机微生物营养物转化为稳定、无害的物质。常见的有活性污泥法、生物膜法、厌氧生物消化法、稳定塘与湿地处理等。生物处理法也可按是否供氧而分为好氧处理和厌氧处理两类，前者主要有活性污泥法和生物膜法两种，后者包括各种厌氧消化法。

生物处理适用于可以被微生物降解的废水，按微生物的生存环境可分为好氧法和厌氧法。好氧生物处理宜用于进水 $BOD_5/COD \geqslant 0.3$ 的废水。厌氧生物处理宜用于高浓度、难生物降解有机废水和污泥等的处理。

1. 好氧处理

好氧处理包括传统活性污泥、氧化沟、序批式活性污泥法（SBR）、生物接触氧化、生物滤池、曝气生物滤池等，其中前三种方式属于活性污泥法好氧处理，后三种属于生物膜法好氧处理。

（1）传统活性污泥法

适用于以去除污水中碳源有机物为主要目标，无氮、磷去除要求的情况。自从 1914 年活性污泥法被发明以来，已经出现了许多不同类型的活性污泥处理工艺。按反应器类型划分，有推流式活性污泥法、阶段曝气法、完全混合法、吸附再生法，以及带有微生物选择池的活性污泥法。按供氧方式以及氧气在曝气池中分布特点，处理工艺分为传统曝气工艺、渐减曝气工艺和纯氧曝气工艺。按负荷类型分为传统负荷法、改进曝气法、高负荷法、延时曝气法。

传统活性污泥处理法：传统（推流式）活性污泥法的曝气池为长方形，经过初沉的废水与回流污泥从曝气池的前端，并借助空气扩散管或机械搅拌设备进行混合。一般沿池长方向均匀设置曝气装置。在曝气阶段有机物进行吸附、絮凝和氧化。活性污泥在二沉池进行分离。

阶段曝气法：阶段曝气法（又称为阶段进水法）通过阶段分配进水的方式避免曝气池中局部浓度过高的问题。采用阶段曝气后，曝气池沿程污染物浓度分布和溶解氧消耗明显改善。由于废水中常含有抑制微生物产生的物质，以及会出现浓度波动幅度大的现象，因此阶段曝气法得到较广泛的使用。

完全混合法：完全混合法活性污泥处理工艺（又称为带沉淀和回流的完全混合反应器工艺）。在完全混合系统中废水的浓度是一致的，污染物的浓度和氧气需求沿反应器长度没有发生变化。在完全混合法工艺中，只要污染物是可被微生物降解的，反应器内的微生物就不会直接暴露于浓度很高的进水污染物中。因此，该工艺适合于含可生物降解污染物及浓度适中的有毒物质的废水。与运行良好的推流式活性污泥法工艺相比，它的污染物去除率较低。

吸附再生法：吸附再生工艺（又称为接触稳定工艺）由接触池、稳定池和二沉池组成。来自初沉池的废水在接触反应器中与回流污泥进行短暂的接触（一般为 10～60 min），使可生物降解的有机物被氧化或被细胞吸收，颗粒物则被活性污泥絮体吸附，随后混合液流入二沉池进行泥水分离。分离后的废水被排放，沉淀后浓度较高的污泥则进入稳定池继续曝气，进行氧化过程。浓度较高的污泥回流到接触池中继续用于废水处理。吸附再生法适用于运行管理条件较好并无冲击负荷的情况。

带选择池的活性污泥法：该工艺在曝气池前设置一个选择池。回流污泥与污水在选择池中接触 10～30 min，使有机物部分被氧化，改变或调节活性污泥系统的生态环境，从而使微生物具有更好的沉降性能。

传统负荷法经过不断地改进，对于普通城市污水，BOD_5 和悬浮固体（SS）的去除率都能达到 85% 以上。传统负荷类型的经验参数范围：混合液污泥浓度在 1 200～3 000 mg/L，曝气池的水力停留时间为 6 h 左右，BOD_5 负荷约为 0.56 kg/（m^3 · d）。

改进曝气类型适用于不需要实现过高去除率（BOD 去除率＞85%），通过沉淀即可达到去除要求的情况。负荷经验参数范围：混合液污泥浓度 300～600 mg/L，曝气时间为 1.5～2 h，BOD_5 和 SS 的去除率在 65%～75%。

高负荷法是通过维持更高的污泥浓度，在不改变污泥龄的情况下，减小水力停留时间来减少曝气池的体积，同时保持较高的去除率。污泥浓度达到 4 000～10 000 mg/L 时，BOD_5 容积负荷可以达到 1.6～3.2 kg/（m^3 · d）。在氧气供应充足并不存在污泥沉降问题的条件下，高负荷法可以有效地减小曝气池体积并达到 90% 以上的 BOD_5 和 SS 去除率。目前，许多高负荷法使用纯氧曝气来提高传氧速率，以避免曝气池紊动度过大引起污泥絮凝性和沉降性变差。如果不能提供充足的氧气，会引起严重的污泥沉降，尤其是污泥膨胀的问题。

延时曝气工艺采用低负荷的活性污泥法以获取良好稳定的出水水质。延时曝气法中停留时间一般为 24 h，污泥质量浓度一般为 3 000～6 000 mg/L，BOD_5 负荷＜0.24 kg/（m^3 · d）。由于污泥负荷低、停留时间长，污泥处于内源呼吸阶段，剩余污泥量少（甚至不产生剩余污泥），因此污泥的矿化程度高，无异臭、易脱水，实际上是废水和污泥好气消化的综合体。典型的问题是污泥膨胀引起的污泥流失、硝化问题导致 pH 降低以及出水悬浮物增高等。

（2）氧化沟

氧化沟属于延时曝气活性污泥法，氧化沟的池型，既是推流式，又具备完全混合的功能。氧化沟与其他活性污泥法相比，具有占地大、投资高、运行费用也略高的缺点，适用于土地资源较丰富地区；在寒冷地区，低温条件下，反应池表面易结冰，影响表面曝气设备的运行，因此不宜用于寒冷地区。

（3）序批式活性污泥法（SBR）

适用于建设规模为Ⅲ类、Ⅳ类、Ⅴ类的污水处理厂和中小型废水处理站，适合于间歇排放工业废水的处理。SBR 反应池的数量应不少于 2 个。SBR 以脱氮为主要目标时，应选用低污泥负荷、低充水比；以除磷为主要目标时，应选用高污泥负荷、高充水比。

（4）生物接触氧化

适用于低浓度的生活污水和具有可生化性的工业废水处理，生物接触氧化池应根据进水水质和处理程度确定采用一段式或多段式。生物接触氧化池的个数不应少于 2 个。

（5）生物滤池

适用于低浓度的生活污水和具有可生化性的工业废水处理。生物滤池应采用自然通风方式供应空气，应按组修建，每组由 2 座滤池组成，一般为 6～8 组。曝气生物滤池适用于深度处理或生活污水的二级处理。

2. 厌氧处理

废水厌氧生物处理是指在缺氧条件下通过厌氧微生物（包括兼氧微生物）的作用，将废水中的各种复杂有机物分解转化成甲烷和二氧化碳等物质的过程，也称厌氧消化。厌氧处理工艺主要包括升流式厌氧污泥床（UASB）、厌氧滤池（AF）、厌氧流化床（AFB）。厌氧处理产生的气体，应考虑收集、利用和无害化处理。

升流式厌氧污泥床反应器适用于高浓度有机废水，是目前应用广泛的厌氧反应器之一。该反应器运行的重要前提是反应器内能形成沉降性能良好的颗粒污泥或絮状污泥。

如图 6.8 所示，废水自下而上通过 UASB 反应器。在反应器的底部有一高浓度（污泥浓度可达 60～80 g/L）、高活性的污泥层，大部分的有机物在此转化为 CH_4 和 CO_2。

UASB 反应器的上部为澄清池，设有气、液、固三相分离器。被分离的消化气从上部导出，污泥自动落到下部反应区。

在食品工业、化工、造纸工业废水处理中有许多成功的 UASB。典型的设计负荷是 4～15 kg COD/（m^3·d）。

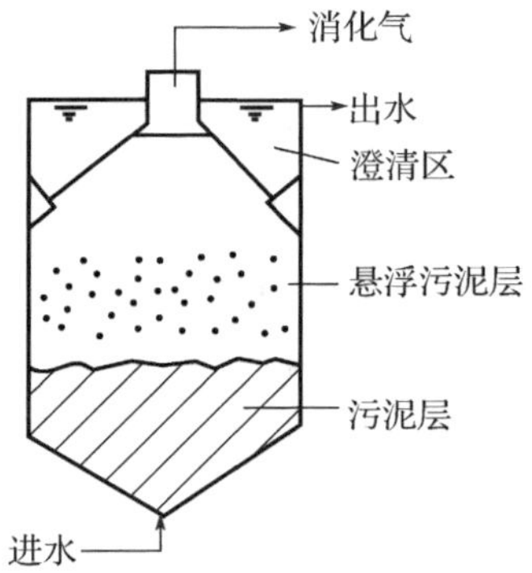

厌氧滤池适用于处理溶解性有机废水。厌氧流化床适用于各种浓度有机废水的处理。

图 6.8　升流式厌氧污泥床反应器

3. 生物脱氮除磷

当采用生物法去除污水中的氮、磷污染物时，原水水质应满足《室外排水设计标准》（GB 50014—2021）的相关规定，即脱氮时，污水中的五日生化需氧量与总凯氏氮之比大于 4；除磷时，污水中的五日生化需氧量与总磷之比大于 17。仅需脱氮时，应采用缺氧/好氧法；仅需除磷时，应采用厌氧/好氧法；当需要同时脱氮除磷时，应采用厌氧/缺氧/好氧法。缺氧/好氧法和厌氧/好氧法工艺单元前不设初沉池时，不应采用曝气沉砂池。厌氧/好氧法的二沉池水力停留时间不宜过长。当出水总磷不能达到排放标准要求时，应采用化学除磷作为辅助手段。

6.2.4　废水的生态处理

当水量较小、污染物浓度低、有可利用土地资源、技术经济合理时，可结合当地的自然地理条件审慎地采用污水生态处理。污水自然处理应考虑对周围环境以及水体的影响，不得降低周围环境的质量，应根据区域地理、地质、气候等特点选择适宜的污水生态处理方式。

用污水土地处理时，应根据土地处理的工艺形式对污水进行预处理。在集中式给水水源卫生防护带，含水层露头地区，裂隙性岩层和熔岩地区，不得使用污水土地处理。地下水埋深小于 1.5 m 的地区不应采用污水土地处理工艺。

人工湿地适用于水源保护、景观用水、河湖水环境综合治理、生活污水处理的后续除磷脱氮、农村生活污水生态处理等。人工湿地可选用表面流湿地、潜流湿地、垂直流湿地及其组合。人工湿地宜由配水系统、集水系统、防渗层、基质层、湿地植物组成。人工湿地应选择净化和耐污能力强、有较强抗逆性、年生长周期长、生长速度快而稳定、易于管理且具有一定综合利用价值的植物，宜优选当地植物。人工湿地基质层（填料）应根据所处理水的水质要求，选择砾石、炉渣、沸石、钢渣、石英砂等。人工湿地防渗层应根据当地情况选用黏土、高分子材料或湿地底部的沉积污泥层。

6.2.5　废水的消毒处理

是否需要消毒以及消毒程度应根据废水性质、排放标准或再生水要求确定。为避免或减少消毒时产生的二次污染物，最好采用紫外线或二氧化氯消毒，也可用液氯消毒。同时应根据水质特点考虑消毒副产物的影响并采取措施消除有害消毒副产物。

臭氧消毒适用于污水的深度处理（如脱色、除臭等）。在臭氧消毒之前，应增设去除水中 SS 和 COD 的预处理设施（如砂滤、膜滤等）。

6.2.6　污泥处理与处置

1. 污泥处理方法

（1）污泥浓缩处理

污泥浓缩应根据污水处理工艺、污泥性质、污泥量和污泥含水率要求进行选择，其目的是减少后续污泥处理单元（泵、消化池、脱水设备）所处理的污泥体积。可采用重力浓缩、气浮浓缩、离心浓缩、带式浓缩机浓缩和转鼓机械浓缩等。当要求浓缩污泥含固率大于 6％时，可适量加入絮凝剂。固态物含量为 3％～8％的污泥经浓缩后体积可减少 50％。

（2）污泥消化处理

污泥可采用厌氧消化或好氧消化工艺处理，污泥消化工艺选择应考虑污泥性质、工程条件、污泥处置方式以及经济适用、管理方便等因素。污泥厌氧消化系统由于投资和运行费用相对较省、工艺条件（污泥温度）稳定、可回收能源（沼气综合利用）、占地较小等原因，采用比较广泛，但工艺过程的危险性较大。污泥好氧消化系统由于投资和运行费用相对较高、占地面积较大、工艺条件（污泥温度）随气温变化波动较大、冬季运行效果较差、能耗高等原因，采用较少。但好氧消化工艺具有有机物去除率较高、处理后污泥品质好、处理场地环境状况较好、工艺过程没有危险性等优点。污泥好氧消化后，氮的去除率可达 60%，磷的去除率可达 90%，上清液回流到污水处理系统后，不会增加污水脱氮除磷的负荷。

（3）污泥脱水处理

污泥脱水的主要目的是减少污泥中的水分。脱水可去除污泥异味，使污泥成为非腐败性物质。污泥产量较大、占地面积有限的污（废）水处理系统应采用污泥机械脱水处理。工业废水处理站的污泥不应采用自然干化脱水方式。污泥脱水设备可采用压滤脱水机和离心脱水机。

（4）污泥好氧发酵处理

日处理能力在 50 000 m³ 以下的污水处理设施产生的污泥，应采用条垛式好氧发酵处理和综合利用；日处理能力在 50 000 m³ 以上的污水处理设施产生的污泥，应采用发酵槽（池）式发酵工艺。污泥好氧发酵产物可用于城市园林绿化、苗圃、林用、土壤修复及改良等。

（5）污泥干燥处理

污泥干燥处理宜采用直接式干燥器，主要有带式干燥器、转筒式干燥器、急骤干燥器和流化床干燥器。污泥干燥的尾气应处理达标后排放。

（6）污泥焚烧处理

污泥焚烧工艺适用于下列情况：污泥不符合卫生要求、有毒物质含量高、不能为农副业利用；污泥自身的燃烧热值高，可以自燃并利用燃烧热量发电；可与城镇垃圾混合焚烧并利用燃烧热量发电。污泥焚烧的烟气应处理达标后排放。污泥焚烧的飞灰应妥善处置，避免二次污染。采用污泥焚烧工艺时，所需的热量依靠污泥自身所含有机物的燃烧热值或辅助燃料，故前处理不必用污泥消化或其他稳定处理，以免由于有机物减少而降低污泥的燃烧热值。

2. 污泥处置与利用

污泥的最终处置应优先考虑资源化利用。在符合相应标准后，污泥可用于改良土地或园林绿化和农田利用。处置后的污泥如用于制造建筑材料，应考虑有毒害物质浸出等安全性问题。污泥卫生填埋时，应严格控制污泥中和土壤中积累的重金属和其他有毒物质的含量，含水率应小于 60%，并采取必要的环境保护措施，防止污染地下水。

6.2.7 恶臭污染治理

除臭的方法较多，必须结合当地的自然环境条件进行多种方案的比较，在技术经济可行，满足环境评价、满足生态环境和社会环境要求的基础上，选择适宜的除臭方法。目前除臭的主要方法有物理法、化学法和生物法三类。常见的物理方法有掩蔽法、稀释法、冷凝法和吸附法等；常见的化学法有燃烧法、氧化法和化学吸收法等。在相当长的时期内，脱臭方法的主流是物理、化学方法，主要有酸碱吸收、化学吸附、催化燃烧三种。这些方法各有优点，但都存在着所使用设备繁多且工艺复杂，二次污染后再生困难和后处理过程复杂、能耗大等问题。因此国外从 20 世纪 50 年代便开始致力于用生物方法来处理恶臭物质。

恶臭污染治理应进行多方案的技术经济比较后确定，应优先考虑生物除臭方法。无须经常人工维护的设施，如沉砂池、初沉池和污泥浓缩池等，应采用固定式的封闭措施控制臭气；需经常维护和保养的设施，如格栅间、泵房的集水井和污水处理厂的污泥脱水机房等，应采用局部活动式或简易式的臭气隔离措施控制臭气。

6.2.8　工艺组合

废水中的污染物质种类很多，不能设想只用一种处理方法就能把所有污染物质去除殆尽，应根据原水水质特性、主要污染物类型及处理出水水质目标，在进行技术经济比较的基础上选择适宜的处理单元或组合工艺。废水处理组合工艺中各处理单元要相互协调，在各处理单元的协同作用下去除废水中的目标污染物质，最终使废水达标排放或回用。

采用厌氧和好氧组合工艺处理废水时，厌氧工艺单元应设置在好氧工艺单元前。当废水中含有生物毒性物质，且废水处理工艺组合中有生物处理单元时，应在废水进入生物处理单元前去除生物毒性物质。在污（废）水达标排放、技术经济合理的前提下应优先选用污泥产量低的处理单元或组合工艺。

城镇污水处理应根据排放和回用要求选用一级处理、二级处理、三级处理、再生处理的工艺组合。一级处理主要去除污水中呈悬浮或漂浮状态的污染物。二级处理主要去除污水中呈胶体和溶解状态的有机污染物及植物性营养盐。三级处理是对经过二级处理后没有得到较好去除的污染物质进行深化处理。当有污水回用需求时，应设置污水再生处理工艺单元。城镇污水脱氮除磷应以生物处理单元为主，生物处理单元不能达到排放标准要求时，应辅以化学处理单元。

工业废水处理系统中应考虑设置事故应急池。工业废水处理站的流程组合与工艺比选应符合《纺织染整工业废水治理工程技术规范》（HJ 471—2020）、《酿造工业废水治理工程技术规范》（HJ 575—2010）、《含油污水处理工程技术规范》（HJ 580—2010）等相应污染源类工程技术规范的规定。

6.3　地下水污染防治

地下水环境保护要坚持"保护优先，预防为主"的原则。要建立健全地下水环境保护的政策法规；建立合理的地下水管理和环境保护监督制度；必须进行必要的监测，一旦发现地下水遭受污染，就应及时采取措施，防微杜渐；尽量减少污染物进入地下含水层的机会和数量，选择具有最优的地质、水文条件的地点排放废物等；采取必要的工程防渗等污染物阻隔手段，防止污染物下渗含水层。

6.3.1　水环境管理措施

1. 完善法律法规

我国的《中华人民共和国环境保护法》《中华人民共和国水法》《中华人民共和国水污染防治法》《饮用水源保护区污染防治管理规定》等有关法律法规明确规定：禁止利用渗井、渗坑、裂隙和溶洞排放、倾倒含有毒污染物的废水、含病原体的污水和其他废弃物。禁止利用无防渗漏措施的沟渠、坑塘等输送或者存贮含有毒污染物的废水、含病原体的污水和其他废弃物。多层地下水含水层水质差异大的，应当分层开采；对已受污染的潜水和承压水，不得混合开采。兴建地下工程设施或者进行地下勘探、采矿等活动，应当采取保护性措施，防止地下水污染。

人工回灌补给地下水，不得恶化地下水水质。

2. 划分饮用水水源保护区

饮用水地下水源保护区是保护地下水不受污染的主要和有效途径之一。保护区的划定应充分考虑社会发展与环境保护的相互关系，在考虑社会环境与自然环境的基础上，通过合理划定水源地保护区，控制保护区内的土地利用方式和限制人类活动，保护水源地不受人为污染，实现城镇用水稳定、安全的供水目标。

水源保护区的划定技术方法见《饮用水水源保护区划分技术规范》（HJ 338—2018）。

6.3.2　地下水污染预防措施

1. 源头控制

主要包括提出各类废物循环利用的具体方案，减少污染物的排放量；提出工艺、管道、设备、污水储存及处理构筑物应采取的污染控制措施，将污染物"跑、冒、滴、漏"降到最低限度。

2. 分区防渗

结合地下水环境影响评价结果，对工程设计或可行性研究报告提出的地下水污染防控方案提出优化调整的建议，给出不同分区的具体防渗技术要求。

一般情况下，应以水平防渗为主，防控措施应满足以下要求：

①已颁布污染控制国家标准或防渗技术规范的行业，水平防渗技术要求按照相应标准或规范执行。

②未颁布相关标准的行业，根据预测结果和场地包气带特征及其防污性能，提出防渗技术要求；或根据建设项目场地天然包气带防污性能、污染控制难易程度和污染物特性，参照表 6.1 提出防渗技术要求。其中污染控制难易程度分级和天然包气带防污性能分级分别参照表 6.2 和表 6.3 进行相关等级的确定。

表 6.1　地下水污染防渗分区参照

防渗分区	天然包气带防污性能	污染控制难易程度	污染物类型	防渗技术要求
重点防渗区	弱	难	重金属、持久性有机物污染物	等效黏土防渗层 $M_b \geqslant 6.0$ m，$K \leqslant 1 \times 10^{-7}$ cm/s；或参照 GB 18598 执行
	中—强	难		
	强	易		
一般防渗区	弱	难	其他类型	等效黏土防渗层 $M_b \geqslant 1.5$ m，$K \leqslant 1 \times 10^{-7}$ cm/s；或参照 GB 16889 执行
	中—强	难		
	中	易	重金属、持久性有机物污染物	
	强	易		
简单防渗区	中—强	易	其他类型	一般地面硬化

表 6.2　污染控制难易程度分级参照

污染控制难易程度	主要特征
难	对地下水环境有污染的物料或污染物泄漏后，不能及时发现和处理
易	对地下水环境有污染的物料或污染物泄漏后，可及时发现和处理

表 6.3　天然包气带防污性能分级参照

分级	包气带岩土的渗透性能
强	岩（土）层单层厚度 $M_b \geqslant 1.0$ m，渗透系数 $K \leqslant 1 \times 10^6$ cm/s，且分布连续、稳定
中	岩（土）层单层厚度 0.5 m$\leqslant M_b < 1.0$ m，渗透系数 $K \leqslant 1 \times 10^{-6}$ cm/s，且分布连续、稳定 岩（土）层单层厚度 $M_b \geqslant 1.0$ m，渗透系数 1×10^{-6} cm/s$< K \leqslant 1 \times 10^{-4}$ cm/s，且分布连续、稳定
弱	岩（土）层不满足上述"强"和"中"条件

　　对难以采取水平防渗的场地，可采用垂向防渗为主、局部水平防渗为辅的防控措施。垂向防渗是利用场区底部的天然相对不透水层作为底部隔水层，在场区四周或地下水下游设置垂向防渗帷幕，垂向防渗帷幕底部深入天然相对不透水层一定深度，阻断场地内填埋污染物与周边土壤和地下水的水力联系，使场区形成一个相对封闭单元。

　　垂向防渗的设计与其施工工艺水平是紧密相关的，应根据工程的水文地质条件、污染物特性、地形及稳定性情况，结合防渗帷幕需要达到的渗透系数、深度和刚度，选择与之相适应的阻控类型。

　　垂向防渗一般根据污染特性、范围、水文地质条件及地形地貌，设置在地下水下游或污染场地周围，阻止污染物向外界迁移。对于已有重点污染源的垂向防渗，主要应用于由于地形条件限制，无法进行地面防渗的场地；由于已有装置的限制而无法开展地面防渗的场地；已有大量固废堆存（贮存/填埋）而无法开展地面防渗的场地；地下水污染范围已超出厂（场）界的，且需切断污染向厂（场）界外传输途径的场地。

3. 优化装置布局

结合国家产业政策，调整工农业产业结构，合理进行产业布局。严格管理能耗大、污染重的企业，按环境容量确定污染物允许排放总量，必须严格控制工业废水和生活污水排放量及排放浓度，在其排入环境之前应进行净化处理。根据水文地质条件，合理确定可能发生污染的建设项目选址及污染物储存或污水排放位置。工业企业应改进生产工艺，加强节水措施，提高污水资源化程度，减少水的消耗量和外排量。

6.3.3 地下水污染（应急）控制措施

1. 污染源控制

在进行污染包气带土层及污染地下水恢复工程之前，必须控制污染源。如果污染源得不到控制，污染物仍源源不断地进入包气带土层及其下的地下水，恢复技术就不可能取得成功。污染源的种类很多，但就其工程性质可分为两大类：不可清除的污染源和可清除的污染源。

不可清除的污染源的控制，像城市垃圾、工业垃圾及放射性废物，它们是人类活动中产生的固体废物。在目前的科学技术水平下，这些废物还不能完全消除。所以，为了使进入包气带和地下水的污染物减少到最低限度，必须采取控制措施。

可清除的污染源的控制，如随便抛撒在地面的废设备，贮存罐、贮存箱、废油筒等，还有污水渗坑、排污渠道，以及现在还在使用的但已发现破损渗漏的设备等都属于可清除的污染源。其控制措施一般是停止使用，或迁移到安全的地点。

2. 地下水污染水力控制

水力控制技术包括抽注地下水、排出地下水、设置低渗透性屏障。这些方法可以单独使用或者联合使用来控制地下水污染蔓延趋势。

（1）抽水（排水）系统

重力排水。即排水沟或者沟渠通常向地下开挖一定深度。二者在一定深度内对于降低地下水位是行之有效的，可以用来将浅层污染区从地下水中隔离出来，但对于较深含水层无能为力。

浅井是一种有效的抽水方式，可以有效地控制污染水流侧向和垂向运动。当收集淋滤液时，浅井可用来降低地表附近的地下水位。同样也可以用来拦截地表附近的污染水流。浅井设置相对经济，而且浅井使用的抽水设备最少。

群井是紧密排列的浅井在空间的简单组合，通常在地表通过真空泵相互连接。

在含水层中污染水流无法使用浅井系统时，才使用深井。

（2）注水系统

一是补给水塘是位于地下水水面或者水面之上的水塘，水可以从补给水塘自然地渗入到含水层中去。使用补给水塘通常局限于潜水含水层。水塘下部的土壤必须有足够的渗透性。

二是注水井。供水管头必须至少放到被注水含水层的地下水面以下。补给水应该是洁净的。它有两个优点：第一，根据临近井的抽水速度，补给速度可以控制。第二，可以针对特定深度、特定含水层（包括承压含水层）进行补给。

（3）水动力屏障系统

①重力排水。重力排水可减少从污染源来的水流。常规重力排水从河流得到补给，同时得到淋滤液的补给，使得收集和处理的水量较大。重力排水可降低地下水位，使之不与污染物羽状流束接触。在地势平坦的地区，可能需要配备水泵的集水坑。在废物处置场下进行重力排水，可控制污染物羽状流束的运动，且从地下收集污染物。黏滞性或反应性的化学物质的存在会堵塞排水沟，如形成铁锰化合物或碳酸钙沉淀。

②抽水井。抽水井的主要作用是降低地下水水位和抽出被污染的水，以达到控制污染物迁移和去除污染的目的。

③地表水体的保护。可以通过改变排泄区的位置或将其移到地表水体以外来防止向地表水体排放污染物。

④避免直接接触。可以通过降低地下水水位并在污染源和饱水带顶端产生一个隔离带来防止污染物和地下水直接接触。

⑤防止含水层污染。可以通过生成一个局部向上的水力梯度，来防止下伏含水层的污染。在污染源周围建造抽水井，可以产生一个局部的向上的水力梯度，来限制污染物的运动。

6.3.4　地下水污染修复措施

1. 污染地下水的抽出-处理技术

抽出-处理系统的基本运转程序是，通过置于污染羽状体下游的抽水井，把已污染的地下水抽出，然后通过地上的处理设施，将溶解于水中的污染物去除，使其达到设计目标。最终，把净化水排入地表水体，回用或回注地下补给地下水。这个系统实际上由两部分组成，一部分是从地下抽出污染的地下水，另一部分是将抽出污染的地下水在地上设施中进行处理。抽出的最终目标是合理地设计抽水井，使已污染的地下水完全抽出来。

该方法基于理论上非常简单的概念：从污染场地抽出被污染的水，并用洁净的水置换之；对抽出的水加以处理，污染物最终可以被去除。

必须把对抽出一处理系统的监测作为修复措施整体必不可少的组成部分。处理方法可根据污染物类型和处理费用来选择，大致可分为三类：一是物理法，包括吸附法、重力分离法、过滤法、膜处理法、吹脱法等；二是化学法，包括混凝沉淀法、氧化还原法、离子交换法以及中和沉淀法等；三是生物法，包括生物接触氧化法、生物滤池法等。

处理后地下水的去向有两个，一是直接使用，另一个则是用于回灌。

2. 就地恢复工程技术

近十几年来，在发达国家，包气带土层及地下污染的就地恢复技术有很大的发展。按科学原理来分，有物理、化学和生物处理技术；按其应用方式（如何应用和在何地应用）则可分为就地控制（containment on site）或就地处理（treatment in/on site）和易地处理（treatment off/ex site）。

表 6.4 列举了八种受轻油污染土壤的处理技术的评价排序。它是从可行性、费用、处理水平、耗时及不良影响等几方面进行评价的。从表中可以看出，生物恢复技术虽然几乎是耗时最长的技术且处理水平也不是很高，但是由于生物降解的最终产物是无毒无害的，因此它的总排序为第一，这种优先选择反映了世界各国的环境排放标准越来越严格。真空抽吸是便宜的，且在一些国家有不少成功的应用实例，但由于污染气体排入大气，可能产生空气污染的危险，所以总排序并不靠前。热分解费用高，且难以保证达到排放标准，所以评价排序靠后。但这种评价可能已经过时了，因为较新的增氧安全燃烧器处理速率增加了一倍，且费用也降低了。

表 6.4 受轻油污染土壤处理技术排序（Mohammed, et al, 1996）

技术	可行性	处理水平	不良影响	费用	处理时间	总排序
生物恢复	3	5	1	4	7	1
土壤洗涤	6	2	4	5	2	2
土壤冲洗	4	4	3	8	4	3
土地耕作	5	3	2	3	5	4
真空抽吸	2	6	5	2	6	5
自然通汽	1	8	6	1	8	6
热分解	7	1	7	7	1	7
稳定技术	8	7	8	6	3	8

注：排序 1 是指最好的，排序 8 是指最差的。

3. 治理包气带土层有机污染的生物通风技术

生物通风技术（bio-venting，BV）是指把空气注入受有机污染的包气带土层，促进有机污染物的挥发及好氧生物降解的技术。

生物通风技术的工艺流程有以下三种。

（1）单注工艺

图 6.9 是这种工艺的结构略图。在这种工艺中，只注入空气，优点是简单省钱，但没

有考虑注入空气的归宿。含有机污染物气体的空气可能进入附近建筑物的地下室,也可能通过包气带进入大气圈,从而使附近空气受污染,因此必须控制这种单注工艺排出气体的去向。美国 Hill 空军基地于 1991 年曾安装了这种工艺(Hinchee,1994)。

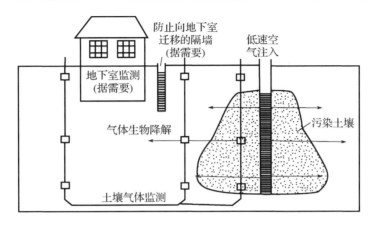

图 6.9 单注空气的生物通风工艺(**Hinchee,1994**)

(2)注-抽工艺

这种工艺是把空气注入地下包气带的污染土壤中,然后在一定距离的非污染带土壤中抽出(图 6.10)。这种工艺的优点是从污染带排出的含有挥发烃气体的空气从注气井再进入抽气井的过程中,产生好氧生物降解,从而避免了污染气体进入大气,因此无须获得土壤空气排放的许可。但关键的问题是注气和抽气井的距离,在此距离内污染的土壤空气是否得到净化,这是必须认真设计的。

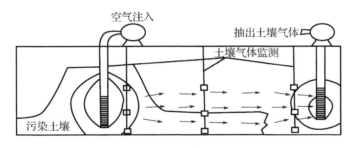

图 6.10 注-抽生物通风工艺(**Hinchee,1994**)

(3)抽-注工艺

当包气带污染土壤带位于建筑物所在位置的地下时,应采用图 6.11 所示的工艺。在此工艺中,先把污染带土层中的污染气体抽出,然后在一定距离的注气井中注入地下。注气井应选择在非污染区。注入前,可将含有营养物的人工空气与污染土壤空气混合,目的是促进气态污染物的生物降解。在含有人工空气的污染气体注入地下运移到抽气井的过程中,这种混合气体中的污染物和包气带土壤中的污染物同时发生降解。美国佛罗里达州的埃格林空军基地曾运用这种技术。

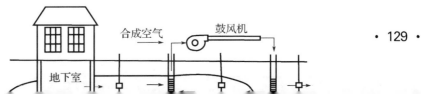

6.4 土壤环境保护

6.4.1 土壤污染防治措施

土壤包含的化学元素的多样性和影响因素的复杂性，决定了土壤一旦被污染就很难治理。因为大量的污染物附着于多种介质上，清除这些污染物是一个十分缓慢的过程，可能要花费数年甚至更长的时间，同时也需付出昂贵的代价。因此，在土壤污染防治问题上，应把预防污染作为基本原则，而把治理只看作不得已而采取的补救办法。

1. 加强土壤资源法制管理

加强土壤资源法制管理。经常性宣传、普及有关土壤保护、防治土壤污染、退化和破坏的有关政策和法规知识，提高全民土壤保护法制管理意识。

严格执行土壤保护的有关法律、法规和条例，避免土壤资源破坏、土壤污染。目前，我国关于土壤保护方面的法规和条例有《中华人民共和国宪法》《中华人民共和国环境保护法》《中华人民共和国土地管理法》《中华人民共和国矿产资源法》《中华人民共和国水土保持法》《土地复垦条例》《中华人民共和国土地管理法实施条例》等。

2. 加强建设项目的环境管理

重视建设项目选址的评价。要选择对土壤环境影响最小、占用农、牧、林业土地资源最少的地区进行项目开发。

加强清洁生产意识。鼓励采用清洁生产工艺，减少污染物的排放和对环境的影响；对建设项目的工艺流程、施工设计、生产经营方式，提出减少土壤污染、退化和破坏的替代方案，减小对土壤环境的影响。

严格执行建设项目的"三同时"管理制度。认真执行建设项目相关的防治土壤污染、退化和破坏的措施，必须与主体工程同时设计、同时施工、同时投产。

3. 加强土壤环境的监测和管理

建设项目开发单位应当设置环境监测机构、配备专职监测人员，保证监测任务和管理的执行。

完善监测制度，定期进行污染源和土壤环境质量的常规监测。

加强事故或者灾害风险的及时监测，制订事故灾害风险发生的应急措施。

开展土壤环境质量变化发展的跟踪监测，进行土壤环境质量的回顾评价或者后评估工作。

4. 对污染的土壤进行修复

土壤污染危害最突出的是重金属污染。当土壤重金属积累到一定程度后，不仅会导致土壤退化，农作物产量和品质下降，而且还会通过径流、淋溶作用污染地表水和地下水，恶化水文环境，并可能直接毒害植物或通过食物链途径危害人体健康。

常用土壤重金属污染修复措施主要有如下几点。

（1）工程措施

主要包括客土、换土和深耕翻土等措施。通过客土、换土和深耕翻土与污土混合，可以降低土壤中重金属的含量，减少重金属对土壤-植物系统产生的毒害，从而使农产品达到食品卫生标准。深耕翻土用于轻度污染的土壤，而客土和换土则是用于重污染区的常见方法，在这方面日本取得了成功的经验。

工程措施是比较经典的土壤重金属污染治理措施，它具有彻底、稳定的优点，但实施工程量大、投资费用高，破坏土体结构，引起土壤肥力下降，并且还要对换出的污土进行堆放或处理。

（2）物理化学修复措施

其一是电动修复。即通过电流的作用，在电场的作用下，土壤中的重金属离子（如 Pb、Cd、Cr、Zn 等）和无机离子以电透渗和电迁移的方式向电极运输，然后进行集中收集处理。研究发现，土壤 pH、缓冲性能、土壤组分及污染金属种类会影响修复的效果。该方法特别适合于低渗透的黏土和淤泥土，可以控制污染物的流动方向。在沙土上的实验结果表明，土壤中 Pb^{2+}、Cr^{3+} 等重金属离子的除去率也可达 90% 以上。电动修复是一种原位修复技术，不搅动土层，并可以缩短修复时间，是一种经济可行的修复技术。

其二是电热修复。即利用高频电压产生电磁波，产生热能，对土壤进行加热，使污染物从土壤颗粒内解吸出来，加快一些易挥发性重金属从土壤中分离，从而达到修复的目的。该技术可以修复被 Hg 和 Se 等重金属污染的土壤。另外，可以把重金属污染区土壤置于高温高压下，形成玻璃态物质，从而达到从根本上消除土壤重金属污染的目的。

其三是土壤淋洗。土壤固持金属的机制可分为两大类：一是以离子态吸附在土壤组分的表面；二是形成金属化合物的沉淀。土壤淋洗是利用淋洗液把土壤固相中的重金属转移到土壤液相中去，再把富含重金属的废水进一步回收处理的土壤修复方法。该方法的技术关键是寻找一种既能提取各种形态的重金属，又不破坏土壤结构的淋洗液。目前，用于淋洗土壤的淋洗液较多，包括有机或无机酸、碱、盐和螯合剂。Blaylock 等检验了柠檬酸、苹果酸、乙酸、EDTA、DTPA 对印度芥菜吸收 Cd 和 Pb 的效应。吴龙华研究发现 EDTA 可明显降低土壤对铜的吸收率，吸收率、解吸率与加入的 EDTA 量的对数呈显著负相关关系。土壤淋洗以柱淋洗和堆积淋洗更为实际和经济，这对该修复技术的商业化具有一定的促进作用。

（3）化学修复

化学修复就是向土壤投入改良剂，通过对重金属的吸附、氧化还原、拮抗或沉淀作用，以降低重金属的生物有效性。该技术的关键在于选择经济有效的改良剂，常用的改良剂有石灰、沸石、碳酸钙、磷酸盐、硅酸盐和促进还原作用的有机物质，不同改良剂对重金属的作用机理不同。

化学修复是在土壤原位上进行的，简单易行。但并不是一种永久的修复措施，因为它只改变了重金属在土壤中存在的形态，重金属元素仍保留在土壤中，容易再度活化危害植物。

（4）生物修复

生物修复是利用生物削减、净化土壤中的重金属或降低重金属毒性。由于该方法效果好，易于操作，日益受到人们的重视，成为污染土壤修复研究的热点。生物修复技术主要有植物修复技术和微生物修复技术两种。

植物修复技术是一种利用自然生长或遗传培育植物修复重金属污染土壤的技术。根据其作用过程和机理，重金属污染土壤的植物修复技术可分为植物提取、植物挥发和植物稳定三种类型。

植物提取是利用重金属超积累植物从土壤中吸取金属污染物，随后收割地上部分并进行集中处理，连续种植该植物，达到降低或去除土壤重金属污染的目的。目前，已发现有700多种超积累重金属植物，积累 Cr、Co、Ni、Cu、Pb 的量一般在 0.1% 以上，Mn、Zn 可达到 1% 以上。例如，遏蓝菜属是一种已被鉴定的 Zn 和 Cd 超积累植物；柳属的某些物种能大量富集 Cd；芥子草等对 Se、Pb、Cr、Cd、Ni、Zn、Cu 具有较强的累积能力；高山萤属类可吸收高浓度的 Cu、Co、Mn、Pb、Se、Cd 和 Zn。

植物挥发是利用植物根系吸收金属，将其转化为气态物质挥发到大气中，以降低土壤污染。目前研究较多的是 Hg 和 Se。湿地上的某些植物可清除土壤中的 Se，其中，单质占 75%，挥发态占 20%～25%。挥发态的 Se 主要是通过植物体内的 ATP 硫化酶的作用，还原为可挥发的 CH_3SeCH_3 和 $CH_3SeSeCH_3$。

植物稳定是利用耐重金属植物或超累积植物降低重金属的活性，从而减少重金属被淋洗到地下水或通过空气扩散进一步污染环境的可能性。其机理是通过金属在根部的积累、沉淀或根表吸收来加强土壤中重金属的固化。如植物根系分泌物能改变土壤根际环境，可使多价态的 Cr、Hg、As 的价态和形态发生改变，影响其毒性效应。植物的根毛可直接从土壤交换吸附重金属增加根表固定。

微生物修复技术的主要作用原理是微生物可以降低土壤中重金属的毒性，还可以吸附积累重金属。此外，微生物可以改变根际微环境，从而提高植物对重金属的吸收、挥发或固定效率。

农业生态修复主要包括两个方面：一是农艺修复措施。包括改变耕作制度，调整作物品种，种植不进入食物链的植物，选择能降低土壤重金属污染的化肥，或增施能够固定重金属的有机肥等措施，来降低土壤重金属污染。二是生态修复。通过调节诸如土壤水分、土壤养分、土壤 pH 和土壤氧化还原状况及气温、湿度等生态因子，实现对污染物所处环境介质的调控。我国在这一方面研究较多，并取得了一定的成效，但利用该技术修复污染土壤周期长，效果不显著。

5. 土壤退化的防治措施

土壤退化是在各种因素、特别是人为因素的影响下所发生的导致土壤农业生产能力或土地利用和环境调控潜力，即土壤质量及其可持续性下降（包括暂时性的和永久性的）甚至完全丧失其物理的、化学的和生物学特征的过程。土壤退化的防治涉及很多领域，不仅涉及土壤学、农学、生态学及环境科学，而且也与社会科学和经济学及相关方针政策密切相关。迄今为止，有关土壤退化防治措施的研究与实践工作大多还处于探索阶段。

6.4.2　土壤环境保护措施

1. 基本要求

①土壤环境保护措施与对策应包括：保护的对象、目标，措施的内容、设施的规模及工艺、实施的部位和时间、实施的保证措施、预期效果的分析等，在此基础上估算（概算）环境保护投资，并编制环境保护措施布置图。

②在建设项目可行性研究提出的影响防控对策基础上，结合建设项目特点、调查评价范围内的土壤环境质量现状，根据环境影响预测与评价结果，提出合理、可行、操作性强的土壤环境影响防控措施。

③改、扩建项目应针对现有工程引起的土壤环境影响问题，提出"以新带老"措施，有效减轻影响程度或控制影响范围，防止土壤环境影响加剧。

④涉及取土的建设项目，所取土壤应满足占地范围对应的土壤环境相关标准要求，并说明其来源；弃土应按照固体废物相关规定进行处理处置，确保不产生二次污染。

2. 建设项目土壤环境保护措施

（1）土壤环境质量现状保障措施

对于建设项目占地范围内的土壤环境质量存在点位超标的，应依据土壤污染防治相关管理办法、规定和标准，采取有关土壤污染防治措施。

（2）源头控制措施

生态影响型建设项目应结合项目的生态影响特征、按照生态系统功能优化的理念、坚持高效适用的原则提出源头防控措施。

污染影响型建设项目应针对关键污染源、污染物的迁移途径提出源头控制措施，并与《环境影响评价技术导则 大气环境》（HJ 2.2—2018）、《环境影响评价技术导则 地表水环境》（HJ 2.3—2018）、《环境影响评价技术导则 生态影响》（HJ 19—2022）、《建设项目环境风险 评价技术导则》（HJ 169—2018）、《环境影响评价技术导则 地下水环境》（HJ

610—2016）等标准要求相协调。

（3）过程防控措施

建设项目根据行业特点与占地范围内的土壤特性，按照相关技术要求采取过程阻断、污染物削减和分区防控措施。

生态影响型建设项目可采取如下措施：涉及酸化、碱化影响的可采取相应措施调节土壤 pH，以减轻土壤酸化、碱化的程度。涉及盐化影响的，可采取排水排盐或降低地下水位等措施，以减轻土壤盐化的程度。

污染影响型建设项目可采取如下措施：涉及大气沉降影响的，占地范围内应采取绿化措施，以种植具有较强吸附能力的植物为主。涉及地面漫流影响的，应根据建设项目所在地的地形特点优化地面布局，必要时设置地面硬化、围堰或围墙，以防止土壤环境污染。涉及入渗途径影响的，应根据相关标准规范要求，对设备设施采取相应的防渗措施，以防止土壤环境污染。

3. 跟踪监测

土壤环境跟踪监测措施包括制订跟踪监测计划、建立跟踪监测制度，以便及时发现问题，采取措施。

土壤环境跟踪监测计划应明确监测点位、监测指标、监测频次以及执行标准等。

①监测点位应布设在重点影响区和土壤环境敏感目标附近。

②监测指标应选择建设项目特征因子。

③评价等级为一级的建设项目一般每 3 年内开展 1 次监测工作，二级的每 5 年内开展 1 次，三级的必要时可开展跟踪监测。

④生态影响型建设项目跟踪监测应尽量在农作物收割后开展。

⑤执行标准同现状评价标准。

监测计划应包括向社会公开的信息内容。

6.5 环境噪声与振动污染防治

6.5.1 典型的环境噪声污染源

典型的环境噪声污染源及其声源特性见表 6.5。

表 6.5 典型的环境噪声污染源

分类	典型声源	声源特性

交通噪声	道路交通噪声	由各类机动车辆噪声、轮胎与路面噪声及空气动力性噪声构成。在交通干线和高速公路等处较为突出	随车流量、车型、荷载、速度等不同而有很大差异，呈中低频突出的宽频特性
	轨道（包括城市轨道和铁路）交通噪声	牵引机车噪声、轮轨噪声、受电弓及车辆空气动力性噪声，以及桥梁和附属结构受震动激励辐射的结构噪声等	呈低频较为突出的连续谱、宽频带和典型的线声源特性
	航空噪声	由各类航空器起飞、降落及巡航所产生的噪声。机场噪声是其中的典型代表	与机型、起降距离密切相关，频谱差异很大
	航运噪声	船舶轮机噪声、汽笛噪声、流体噪声等	轮机噪声高频较突出
工业噪声	空气动力性噪声	各类风机、空压机、喷气发动机产生的噪声，锅炉等压力气体放空噪声，以及燃烧噪声等	声功率高、传播范围远
	机械设备噪声	冶金、纺织、印刷、建材、电力、化工等行业各类生产加工设备、电动机、球磨机、碎石机、冲压机、电锯、水泵、电气动工具等产生的噪声	噪声产生机理各异，频谱、时域特性复杂
	电磁噪声	变电站、换流站、工业生产和日常生活中常见的各类变压器、变频器、逆变器、电抗器、大型电容器、励磁机、镇流器等产生的噪声	工频电磁噪声主频为 100 Hz；直流逆变、换流站等高频成分丰富
	附属设施噪声	给排水、暖通空调、环卫设施等附属设备（如空调机组、冷却塔、风机、水泵、制冷机组、换热站、电梯、燃机、发电机等）产生的噪声	宽频带，某些含有特定频谱或拍频特征，主观烦恼度高

分类		典型声源	声源特性
建筑施工噪声	土方阶段噪声	挖掘机、盾构机、推土机、装载机等施工机具和运输车辆噪声，爆破作业噪声等	声源种类多样（多具有移动属性），作业面大，影响范围广；噪声频谱、时域特性复杂
	基础施工阶段噪声	打桩机、钻孔机、风镐、凿岩机、打夯机、混凝土搅拌机、输送泵、浇筑机械、移动式空压机、发电机等施工机具产生的噪声	
	结构施工阶段噪声	各种运输车辆、施工机具以及各种建筑材料和构件等在运输、切割、安装中产生的噪声	
社会生活噪声	营业性场所噪声	营业性文化娱乐场所和商业经营活动中使用的扩声设备、游乐设施产生的噪声	宽频带
	公共活动场所噪声	广播、音响等噪声	宽频带
	其他常见噪声	装修施工、厨卫设备、生活活动等噪声	宽频带，随机特征

6.5.2 噪声与振动控制方案设计

噪声与振动控制的基本原则是优先源强控制，其次应尽可能靠近污染源采取传输途径的控制技术措施，必要时再考虑敏感点防护措施。

源强控制：应根据各种设备噪声、振动的产生机理，合理采用各种针对性的降噪减振技术，尽可能选用低噪声设备和减振材料，以减少或抑制噪声与振动的产生。

传输途径控制：在声源降噪受到很大局限甚至无法实施的情况下，应在传播途径上采取隔声、吸声、消声、隔振、阻尼处理等有效技术手段及综合治理措施，以抑制噪声与振动的扩散。

敏感点防护：在对噪声源或传播途径均难以采用有效噪声与振动控制措施的情况下，应对敏感点进行防护。

6.5.3 防治环境噪声与振动污染的工程措施

防治环境噪声污染的技术措施是以声学原理和声波传播规律为基础提出的。它自然与噪声产生的机理和传播形式有关。一般来说，噪声防治很少有成套或者说成型的供直接选择的设备或设施。原因是噪声源类型繁多、安装使用形式不同，周边环境状况不一，没有或者很难找到某种标准化设计成型的设备或者设施来适用各种不同的情况。因此，大多数治理噪声的技术措施都需要现场调查并根据实际进行现场设计，即非标化设计。这也是从事该项工作的艰难之处。

当然，也有一些发出噪声的设备配有固定的降噪声设施，如机动车排气管消声器、某种大型设备的隔声罩和一些可以振动发声的设备的减振垫等。这些一般是随设备一起配套安装使用的，属于设备噪声性能的一部分，评价时已经在工程分析的设备噪声源强中给出了。如汽车整车噪声包括发动机噪声、排气噪声和轮胎噪声等，城市轨道交通系统的减振扣件已经对列车运行产生的轮轨噪声源强起到了应有作用。于是在预测评价时，若对超标项采取环境噪声污染防治措施，则只要针对如何降低噪声源强或者在传播途径上如何降低噪声采取适当的对策。这时，除了必要的行政管理手段，还须采取必要的技术措施。

降低噪声的常用工程措施大致包括隔声、吸声、消声、隔振等几种，需要针对不同发声对象综合考虑使用。

1. 隔声

应根据污染源的性质、传播形式及其与环境敏感点的位置关系，采用不同的隔声处理方案。

对固定声源进行隔声处理时，应尽可能靠近噪声源设置隔声设施，如各种设备隔声罩、风机隔声箱以及空压机和柴油发电机的隔声机房等建筑隔声结构。隔声设施应充分密闭，避免缝隙孔洞造成的漏声（特别是低频漏声），其内壁应采用足够量的吸声处理。

对敏感点采取隔声防护措施时，应采用隔声间（室）的结构形式，如隔声值班室、隔声观察窗等；对临街居民建筑可安装隔声窗或通风隔声窗。

对噪声传播途径进行隔声处理时，可采用具有一定高度的隔声墙或隔声屏障（如利用路堑、土堤、房屋建筑等），必要时应同时采用上述几种结构相结合的形式。

2. 吸声

吸声技术主要适用于降低因室内表面反射而产生的混响噪声，其降噪量一般不超过 10 dB；故在声源附近，以降低直达声为主的噪声控制工程不能单纯采用吸声处理的方法。

3. 消声

消声器的设计或选用应满足以下要求：

①应根据噪声源的特点，在所需要消声的频率范围内有足够大的消声量；

②消声器的附加阻力损失必须控制在设备运行的允许范围内；

③良好的消声器结构应设计科学、小型高效、造型美观、坚固耐用、维护方便、使用寿命长；

④对于降噪要求较高的管道系统，应通过合理控制管道和消声器截面尺寸及介质流速，使流体再生噪声得到合理控制。

4. 隔振

隔振设计既适用于防护机器设备振动或冲击对操作者、其他设备或周围环境的有害影响，也适用于防止外界振动对敏感目标的干扰。当机器设备产生的振动可以引起固体声传导并引发结构噪声时，也应进行隔振降噪处理。

若布局条件允许时，应使对隔振要求较高的敏感点或精密设备尽可能远离振动较强的机器设备或其他振动源（如铁路、公路干线）。

隔振装置及支承结构形式，应根据机器设备的类型、振动强弱、扰动频率、安装和检修形式等特点，以及建筑、环境和操作者对噪声与振动的要求等因素统筹确定。

5. 工程措施的选用

①对振动、摩擦、撞击等引发的机械噪声，一般采取隔振、隔声措施。如对设备加装减振垫、隔声罩等。有条件进行设备改造或工艺设计时，可以采用先进工艺技术，如将某些设备传动的硬连接改为软连接等，使高噪声设备改变为低噪声设备，将高噪声的工艺改进为低噪声的工艺等。

对于大型工业高噪声生产车间以及高噪声动力站房，如空压机房、风机房、冷冻机房、水泵房、锅炉房、真空泵房等，一般采用吸声、消声措施。一方面，在其内部墙面、地面以及顶棚采取涂布吸声涂料，吊装吸声板等消声措施；另一方面，通过在围护结构如墙体、门窗设计上使用隔声效果好的建筑材料，或是减少门窗面积以减低透声量，来降低车间厂房内的噪声对外部的影响。对于各类机器设备的隔声罩、隔声室、集控室、值班室、隔声屏障等，可在内壁安装吸声材料提高其降噪效果。

一般材料隔声效果可以达到 15～40 dB，可以根据不同材料的隔声性能选用。

②对由空气柱振动引发的空气动力性噪声的治理，一般采用安装消声器的措施。该措施的效果是增加阻尼，改变声波振动幅度、振动频率，当声波通过消声器后减弱能量，达到降低噪声的目的。一般工程需要针对空气动力性噪声的强度、频率，直接排放还是经过一定长度、直径的通风管道，以及排放出口影响的方位进行消声器设计。这种设计应当既不使正常排气能力受到影响，又能使排气口产生的噪声级满足环境要求。

一般消声器可以实现 10～25 dB 的降噪量，若减少通风量还可能提高设计的消声效果。

③对某些用电设备产生的电磁噪声，一般是尽量使设备安装远离人群，一是保障电磁安全，二是利用距离衰减降低噪声。当距离受到限制，则应考虑对设备采取隔声措施，或对设备本身，或对设备安装的房间，做隔声设计，以符合环境要求。

④针对环境保护目标采取的环境噪声污染防治技术工程措施，主要是以隔声、吸声为主的屏蔽性措施，以使保护目标免受噪声影响。如对临街居民建筑可安装隔声窗或通风隔声窗，常用隔声窗的隔声能力一般在 25～40 dB。同时，可采用具有一定高度的隔声墙或隔声屏障对噪声传播途径进行隔声处理。如可利用天然地形、地物作为噪声源和保护对象之间的屏障，或是依靠已有的建筑物或构筑物（应是非噪声敏感的）做隔离屏蔽，或是根据噪声对保护目标影响的程度设计声屏障等。这些措施对声波产生了阻隔、屏蔽效应，使声波经过后声级明显降低，敏感目标处的声环境需求得到满足。

一般人工设计的声屏障可以达到 5～12 dB 的实际降噪效果。这是指在屏障后一定距离内的效果，近距离效果好，远距离效果差，因为声波有绕射作用。

声屏障可以选用的材料有多种，如墙砖、木板、金属板、透明板、水泥混凝土板等是以隔声为主的；微穿孔板、吸声材料（如加气砖、泡沫陶瓷、石棉）以及废旧轮胎等是以消声、吸声为主的；或是隔声、吸声材料结合使用，经过设计都可以达到预期降噪效果。

声屏障外观形式也有多种，它不仅考虑美观实用，更重要的是要保证实际降噪量。如直立型声屏障，可以设计成下半部吸声、上半部隔声，这样可以达到更好的效果。又如直立声屏障顶部改为半折角式，可以提高屏障有效高度，增加声影区的覆盖面积，扩大声屏障保护的距离和范围。在交通噪声超标较多或敏感点为高层建筑等情况下，可采用半封闭或全封闭型声屏障。这一类的声屏障的隔声降噪效果可达到 20～30 dB，但外观应当与周围环境景观协调一致。

6. 降噪水平检测

工程验收前应检测降噪减振设备和元件的降噪技术参数是否达到设计要求。噪声与振动控制工程的性能通常可以采用插入损失、传递损失或声压级降低量来检测。

6.5.4　典型工程噪声的防治对策和措施

1. 工业噪声的防治对策和措施

工业噪声防治以固定的工业设备噪声源为主。对项目整体来说，可以从工程选址、总图布置、设备选型、操作工艺变更等方面考虑尽量减少声源可能对环境产生的影响。对声源已经产生的噪声，则根据主要声源影响情况，在传播途径上分别采用隔声、隔振、消声、吸声以及增加阻尼等措施降低噪声影响，必要时需采用声屏障等工程措施降低和减轻噪声对周围环境和居民的影响。而直接对敏感建筑物采取隔声窗等噪声防护措施，则是最后的选择。

在考虑降噪措施时，首先应该关注工程项目周围居民区等敏感目标分布情况和项目邻近区域的声环境功能需求。若项目噪声影响范围内无人群生活，按照国家现行法规和标准规定，原则上不要求采取噪声防治措施。但若工程项目所处地区的地方政府或地方环境保护主管部门对项目周边有土地使用规划功能要求或环境质量要求的，则应采取必要措施保证达标或者给出相应噪声控制要求，例如噪声控制距离或者规划土地使用功能等要求。

在符合《中华人民共和国城乡规划法》中规定的可对城乡规划进行修改的前提下，提出厂界（或场界、边界）与敏感建筑物之间的规划调整建议。提出噪声监测计划等对策建议。

在此类工程项目报批的环境影响评价文件中，应当将项目选址结果、总图布置、声源降噪措施、需建造的声屏障及必要的敏感点建筑物噪声防治措施等分项给出，并分别说明项目选址的优化方案及其论证原因、总图布置调整的方案情况及其对项目边界和受影响敏感点的降噪效果。分项给出主要声源各部分的降噪措施、效果和投资，声屏障以及敏感建筑物本身防护措施的方案、降噪效果及投资等情况。

2. 公路、城市道路交通噪声的防治对策和措施

公路、城市道路交通噪声影响的主要对象是线路两侧的以人群生活（包括居住、学习

等）为主的环境敏感目标。其防治对策和措施主要有：线路优化比选，进行线路和敏感建筑物之间距离的调整；线路路面结构、路面材料改变；道路和敏感建筑物之间的土地利用规划以及临街建筑物使用功能的变更、声屏障和敏感建筑物本身的防护或拆迁安置等；优化运行方式（包括车辆选型、速度控制、鸣笛控制和运行计划变更等）以降低和减轻公路和城市道路交通产生的噪声对周围环境和居民的影响。

在符合《中华人民共和国城乡规划法》中规定的可对城乡规划进行修改的前提下，提出城镇规划区段线路与敏感建筑物之间的规划调整建议；给出车辆行驶规定及噪声监测计划等对策建议。

3. 铁路、城市轨道交通噪声的防治对策和措施

通过不同选线方案声环境影响预测结果，分析敏感目标受影响的程度，提出优化的选线方案建议；根据工程与环境特征，给出局部线路和站场调整，敏感目标搬迁或功能置换，轨道、列车、路基（桥梁）、道床的优选，列车运行方式、运行速度、鸣笛方式的调整，设置声屏障和对敏感建筑物进行噪声防护，评估降噪效果，并进行经济、技术可行性论证；在符合《中华人民共和国城乡规划法》中明确的可对城乡规划进行修改的前提下，提出城镇规划区段铁路（或城市轨道交通）与敏感建筑物之间的规划调整建议；给出车辆行驶规定及噪声监测计划等对策建议。

4. 机场飞机噪声的防治对策和措施

机场飞机噪声影响与其他类别工程项目噪声影响形式不同，主要是非连续的单个飞行事件的噪声影响，而且使用的评价量和标准也不同。可通过机场位置选择，跑道方位和位置的调整，飞行程序的变更，机型选择，昼间、夜间飞行架次比例的变化，起降程序的优化，敏感建筑物本身的噪声防护或使用功能更改，拆迁，噪声影响范围内土地利用规划或土地使用功能的变更等措施减少和降低飞机噪声对周围环境和居民的影响。在符合《中华人民共和国城乡规划法》中明确的可对城乡规划进行修改的前提下，提出机场噪声影响范围内的规划调整建议；给出飞机噪声监测计划等对策建议。

6.6　生态环境保护

6.6.1　生态影响的防护、恢复与补偿原则

应按照避让、减缓、补偿和重建的次序提出生态影响防护与恢复的措施；所采取措施的效果应有利于修复和增强区域生态功能。

凡涉及不可替代、极具价值、极敏感、被破坏后很难恢复的敏感生态保护目标（如特

殊生态敏感区、珍稀濒危物种）时，必须提出可靠的避让措施或生境替代方案。

涉及采取措施后可恢复或修复的生态目标时，也应尽可能提出避让措施；否则，应制定恢复、修复和补偿措施。各项生态保护措施应按项目实施阶段分别提出，并提出实施时限和估算经费。

6.6.2　减少生态影响的工程措施

应从项目中的选线选址，项目的组成和内容，工艺和生产技术，施工和运营方案、生态保护措施等方面，选取合理的替代方案，来减少生态影响。评价应对替代方案进行生态可行性论证，优先选择生态影响最小的替代方案，最终选定的方案至少应该是生态保护可行的方案。

1. 合理选址选线

从环境保护出发，合理的选址选线主要是指：

选址选线避绕敏感的环境保护目标，不对敏感保护目标造成直接危害。这是"预防为主"的主要措施。

选址选线符合地方环境保护规划和环境功能（含生态功能）区划的要求，或者说能够与规划相协调，即不使规划区的主要功能受到影响。

选址选线地区的环境特征和环境问题清楚，不存在"说不清"的科学问题和环境问题，即选址选线不存在潜在的环境风险。

从区域角度或大空间长时间范围看，建设项目的选址选线不影响区域具有重要科学价值、美学价值、社会文化价值和潜在价值的地区或目标，即保障区域可持续发展的能力不受到损害或威胁。

2. 工程方案分析与优化

从以经济为中心转向"以人为本"，实行可持续发展战略，不仅是经济领域的重大战略转变，也是环境保护战略和环评思想与方法的重大转变。许多工程建设方案是按照经济效益最大化进行设计的，这在以经济为中心的战略下具有一定的合理性（符合总战略方针），但从科学发展观来看，就可能不完全合理，因为可持续发展就是追求经济-社会-环境整体效益的最佳化，或者说发展战略以单一经济目标转向经济-社会-环境综合目标。因此，一切建设项目都须按照新的科学发展观审视其合理性。在环境影响评价中，亦必须进行工程方案环境合理性分析，并在环保措施中提出方案优化建议。从可持续发展出发，工程方案的优化措施主要是：

（1）选择减少资源消耗的方案

最主要的资源是土地资源、水资源。一切工程措施都需首先从减少土地占用尤其是减少永久占地进行分析。例如，公路的高填方段，采用收缩边坡或"以桥代填"的替代方案，须在每个项目环评中逐段分析用地合理性和采用替代方案的可行性。水电水利工程须从不同坝址、不同坝高等方面分析工程方案的占地类型、占地数量及占地造成的社会经济损失，给出土地资源损失最少、社会经济影响最小的替代方案建议。

（2）采用环境友好的方案

"环境友好"是指建设项目设计方案对环境的破坏和影响较少，或者虽有影响也容易恢复，应体现在从选址选线、工艺方案到施工建设方案的各个时期。例如，公路铁路建设以隧道方案代替深挖方案；建设项目施工中利用城市、村镇闲空房屋、场地，不建或少建施工营地，或施工营地优化选址，利用废弃土地，少占或不占耕地、园地等。环评中应对整体建设方案结合具体环境认真调查分析，从环境保护角度提出优化方案建议。

（3）采用循环经济理念，优化建设方案

目前，在建设项目工程方案设计中采用的方法，如公路铁路建设中的移挖作填（用挖方的土石作填方用料），港口建设中的航道开挖做成陆填料，水利项目中用洞采废石做混凝土填料，建设项目中弃渣造地复垦等，都是一种简单的符合循环经济理念的做法。循环经济既包括"3R"（reduce，recycle，reuse）概念，也包括生态工艺概念，还包括节约资源、减少环境影响等多种含义。利用循环经济理念优化建设方案，是环评中需要大力探索的问题，应结合建设项目及其环境特点等具体情况，创造性地发展环保措施。尤其需不断学习和了解新的技术与工艺进步，将其应用于环评实践中，推进建设项目环境保护的进步与深化。

（4）发展环境保护工程设计方案

环境保护的需求使得工程建设方案不仅应考虑满足工程既定功能和经济目标的要求，而且应满足环境保护需求。这方面的技术发展十分薄弱，需要在建设项目环评和环保管理中逐步推进。例如，高速公路和铁路建设会对野生生物造成阻隔，有必要设计专门的生物通道；水坝阻隔了鱼类的洄游，需要设计专门的过鱼通道；古树名木受到建设项目选址选线的影响，不得不进行整体移植；文物的搬迁和易地重植、水生生物繁殖和放流等，都是新的问题，都需要发展专门的设计方案，而且都需要在实践中检验其是否真有效果。因此，建设项目环评中不仅应提出专门的环境保护工程设计的要求，而且往往需要提出设计方案建议或指导性意见和一些保障性措施，才可能使这些措施真正落实。

3. 施工方案分析与合理化建议

施工建设期是许多建设项目对生态发生实质性影响的时期，因而施工方案、施工方式、施工期环境保护管理都是非常重要的。

施工期的生态影响因建设项目性质不同和项目所处环境特点的不同会有很大的差别。在建设项目环境影响评价时需要根据具体情况做具体分析，提出有针对性的施工期环境保护工作建议。一般而言，下述方面都是重要的：

（1）建立规范化操作程序和制度

以一定程序和制度的方式规范建设期的行为，是减少生态影响的重要措施。例如，公路、铁路、管线施工中控制作业带宽度，可大大减少对周围地带的破坏和干扰，尤其在草原地带，控制机动车行道范围，防止机动车在草原上任意选路行驶，是减少对草原影响的根本性措施。

（2）合理安排施工次序、季节、时间

合理安排施工次序，不仅是环境保护的需要，也是工程施工方案优化的重要内容。程序合理可以省工省时，保证质量。合理安排施工季节，对野生生物保护具有特殊意义，尤其在生物产卵、孵化、育幼阶段，减少对其干扰，可达到有效保护的目的。合理安排时间，也是一样，例如学生上课、居民夜眠时，都需要安静，不在这一时段安排高噪声设备的施工，就可大大减少影响。

（3）改变落后的施工组织方式，采用科学的施工组织方法

建设项目的目标是明确的，并且一定可以实现的，需要讲究的是项目实施过程的科学化、合理化，以收到省力省钱、高质高效的效果。要做到科学化、合理化，就必须精心研究、精心设计、精心施工，把功夫下在前期准备上。与此相反的做法就是"三边"工程，即"边勘探、边设计、边施工"，这种"目标不明干劲大，心中无数点子多"的做法，曾一度盛行，至今仍不时可见。更有甚者至今仍有"会战"式的施工方式，拿打仗的做法来搞建设，混淆了两类不同事物的性质，没有不失败的。因此，从环境保护的角度出发，了解施工组织的科学性、合理性，提出合理化建议，是十分必要的。

4. 加强工程的环境保护管理

加强工程的环境保护管理，包括认真做好选址选线论证，做好环境影响评价工作，做好建设项目竣工环境保护验收工作，做好"三同时"管理工作等。根据建设项目生态影响和生态保护的"过程性"特点，以及建设项目生态影响的渐进性、累积性、复杂性、综合性特点，有两项管理工作特别重要，分别是施工期环境工程监理与施工队伍管理，营运期生态监测与动态管理。

6.6.3 生态监理

明确施工期和运营期管理原则与技术要求。可提出环境保护工程分标与招投标原则，施工期工程环境监理，环境保护阶段验收和总体验收、环境影响后评价等环保管理技术方案。

许多建设项目在施工建设期会发生实质性的生态影响，如公路铁路建设、水利水电工程等，因而进行施工期环境保护监理就成为这类项目环境管理的重要环节，环境影响评价中也因此必须编制施工监理方案。

生态监理应是整个工程监理的一部分，是对以工程质量为主监理的补充。监理由第三方承担，受业主委托，依据合同和有关法律法规（包括批准的环境影响报告书），对工程建设承包方的环保工作进行监督、管理、监察。

生态监理目前尚无明确的法律规定，主要依据环境影响报告书执行，对报告书批准的要求进行监理的项目实施监理。施工期环境保护监理范围应包括工程施工区和施工影响区。监理工作方式包括对常驻工地实行即时监管，亦有定期巡视辅以仪器监控。不管采取什么方式，都须建立严格的工作制度，包括记录制度、报告制度、例会制度等，要对每日

发生的问题和处理结果记录在案，并应将有关情况通报承包商和业主。

生态监理是环境监理中的重点，不同的建设项目确定不同的重点监理内容和重点监理区域。这主要由环境影响报告书规定。一般而言，水源和河流保护、土壤保护、植被保护、野生生物保护、景观保护都是必然要纳入监理的。遇有生态敏感保护目标时，往往需编制更具针对性的监理工作方案。

负责监理工作的总监的权力和环保意识、生态意识对监理工作的成效有很大作用。监理人员的环保培训也是必不可少的。

6.6.4 生态监测

生态的复杂性、生态影响的长期性和由量变到质变的特点，决定了生态监测在生态管理中具有特殊而重要的意义，也是重要的生态保护措施。对可能具有重大、敏感生态影响的建设项目，区域、流域开发项目，应提出长期的生态监测计划、科技支撑方案，明确监测因子、方法、频次等。

1. 生态监测目的

①了解背景：即继续对生态的观察和研究，认识其特点和规律。例如，对某些作为保护目标的野生生物及其栖息地的观察和研究，没有长期的过程是不可能完全把握的。

②验证假说：即验证环境影响评价中所做出的推论、结论是否正确，是否符合实际。这种验证不仅对评价的项目有益，而且对进行类比分析、推进生态环评工作是非常有意义的。

③跟踪动态：即跟踪监测实际发生的影响，发现评价中未曾预料到的重要问题，并据此采取相应的补救措施。

2. 生态监测方案

长期的生态监测方案，应具备如下主要内容：

①明确监测目的或确定要认识或解决的主要问题。一般列入监测的问题都是敏感的、重要的，而又是一时不能完全了解或把握的问题。监测只针对环境影响报告书中确定的问题，而不是做全面的生态监测。

②确定监测项目或监测对象。针对想要认识或解决的问题，选取最具代表性的或最能反映环境状况变化的生态系统或生态因子作为监测对象。例如，以法定保护的生物、珍稀濒危生物或地区特有生物为监测对象，可直接了解保护目标的动态；以对环境变化敏感的生物为监测对象，可判断环境的真实影响与变化程度；以土地利用或植被为监测对象，可了解区域城市化动态或土地利用强度，也可了解植被恢复措施的有效性等。合理选择监测对象是十分重要的。

③确定监测点位、频次或时间等，明确方案的具体内容。

④规定监测方法和数据统计规范，使监测的数据可进行积累与比较。生态监测方法的

规范化是一项严肃、科学、细致的工作，在没有规范化的方法之前，一般可采用资源管理部门通用方法、生态学常规方法以及科研中的常用方法，但一经规定，就要一直沿用下去。

⑤确立保障措施。由于生态监测可能持续几年，有时可能伴随建设项目的始终，因而制定明确而详尽的实施保障措施是十分必要的。这包括：投资估算，如起始费用、维护费用、年度费用等；确定实施单位，如自建、委托；技术装备、人员组成；监督检查机制、保障措施以及特殊情况出现时的应对措施等。

6.6.5 绿化方案

建设项目的绿化具有两层含义：一是补偿建设项目造成的植被破坏，即重建植被工程，为项目建设者应当承担的环境责任，其补偿量一般不应少于其破坏量；二是建设项目为自身形象建设或根据所在地区环境保护要求进行的生态建设工程，其建设方案应满足水土保持、美化与城市绿化的要求。

1. 绿化方案一般原则

在绿化方案编制中，一般应遵循如下基本原则：

（1）采用乡土物种

无论是种树还是植草，都最好采用乡土物种。采用乡土物种具有以下优点：一是容易成活，即植被重建容易成功；二是容易形成特色，因为是本土物种，具有本地特色，而有特色就是美的；三是可防止外来物种入侵，减少生态风险。

（2）生态绿化

生态绿化是讲求生态系统综合环境功能的绿化。换句话说，重建的植被不仅是为了点缀、美化，还是为了提升其实际的环境功能，综合发挥涵养水源、保持土壤、防风固沙、调节气候、制造氧气、净化水汽废物、提供野生生物生境等功能。生物量大小可作为这些综合功能的表征，因而单位面积绿地上的生物量要尽可能大，一般可按照乔灌草立体结构设计，以保证其最充分地利用太阳能，生产最多的生物质。

（3）因土种植

土壤是植被重建的地质基础。一般而言，土壤肥沃、土层较厚的立地可（应）种植乔木；土壤贫瘠、土层甚薄的地方，则只能（应）种草本植物或灌木。由此可见，土壤条件的准备是绿化成功与否的关键，尤其像西南地区、喀斯特地貌区、水土流失严重的石山区，土层薄、土壤缺乏，成为这些地区植被重建、生态改善的制约因素。因此，在建设项目环保措施中，保存表层土壤是大多数建设项目都应采取的重要措施。

（4）因地制宜

因地制宜的含义有三：一是按照局部地区的生态条件（如降雨量、土壤、热量等）设计绿化方案，使得绿化方案与当地生态条件相吻合；二是从环境功能保护和工程自身安全等需求出发进行绿化方案设计，如为稳定陡坡或为防止沙漠前移而增加局部地区绿化面积，而不是四面八方平均用力；三是根据土地利用现状和社会经济条件限制设计绿化方案，如不在基本农田或耕地、园地里搞"一刀切"式的"绿色通道"建设，而是在荒地、废弃地加大绿化力度、增加绿地面积，从而科学合理地实现绿化的根本目的。

2. 绿化方案目标

建设项目绿化方案目标主要包括绿化面积指标和绿化覆盖率。

绿化面积指标的规定取决于建设项目破坏的植被量和相应补偿的植被面积；建设项目自身绿化美化需求和城市规划应达到的绿化指标；建设项目影响敏感保护目标（如水源林等）应进行的局部地区特殊补偿或植被重建等；水土保持需求的绿化量；立地条件所容许的最大绿化量，例如长江三角洲稻田水网区绿地量不足的限制。

根据绿化覆盖率和绿化面积指标，必要时提出单位面积生物量指标，亦可作为一种质量指标。

3. 绿化方案实施

绿化实施方法包括立地条件分析、植物类型推荐、绿化结构建议以及实施时间要求等。

①立地条件分析、植物类型推荐都遵循上述原则，根据具体情况确定。由于生态问题有着强烈的地域性特点，一般应在征求各地方生物学与生态学专家意见的基础上慎重地做出分析与推荐。

②绿化结构。一般应向自然学习，即按照当地自然生态系统的理想结构进行模仿与重建。换句话说，应当建立与当地自然地理区相似的植被结构。

③实施时间。应按照边施工建设边恢复植被的原则进行，并考虑工程竣工环境保护验收的要求，抓紧进行。对于减缓生态影响，缩短土地裸露时间也是十分有必要的。

4. 绿化方案实施的保障措施

成功的植被重建和绿化需要如下保障：

①投资保障。环评应概算投资额度，明确投资责任人。

②技术培训。根据绿化实施方式与技术要求，进行人员培训。环评应提出培训建议。

5. 绿化管理

绿化管理由建设单位实施、环保管理部门监督。绿化管理措施包括绿化质量控制的检查，建设单位应检查委托绿化的执行情况；建立绿化管理制度；建立绿化管理机构或确定专门责任人。

上述绿化管理措施是否落实，由建设项目竣工环境保护验收调查和当地环保部门检查监督。

6.6.6　生态影响的补偿与建设

补偿是一种重建生态系统以补偿因开发建设活动而损失的环境功能的措施。补偿有就地补偿和异地补偿两种形式。就地补偿类似于恢复，但建立的新生态系统与原生态系统没有一致性；异地补偿则是在开发建设项目发生地无法补偿损失的生态功能时，在项目发生地以外实施补偿措施，如在区域内或流域内的适宜地点或其他规划的生态建设工程中补偿，最常见的补偿是耕地和植被的补偿。植被补偿按生物物质生产等当量的原理确定具体的补偿量。补偿措施的确定应考虑流域或区域生态功能保护的要求和优先次序，考虑建设项目对区域生态功能的最大依赖和需求。补偿措施体现社会群体等使用和保护环境的权利，也体现生态保护的特殊性要求。

在生态已经相当恶劣的地区，为保证建设项目的可持续运营和促进区域的可持续发展，开发建设项目不仅应该保护、恢复、补偿直接受影响的生态系统及其环境功能，而且需要采取改善区域生态、建设具有更高环境功能的生态系统的措施。例如沙漠和绿洲边缘的开发建设项目、水土流失严重或地质灾害严重的山区、受台风影响严重的滨海地带及其他生态脆弱地带实施的开发建设项目，都需要为解决当地最大的生态问题进行有关的生态建设。

6.7　固体废物污染控制

固体废物的成分、性质和危险性存在着较大的差异，因此必须针对不同的固体废物制定不同的污染防治措施。《中华人民共和国固体废物污染防治法》把固体废物分为工业固体废物、生活垃圾和危险固体废物三类，下面以上述分类方法分别介绍三类固体废物的污染防治措施。

6.7.1　工业固体废物污染防治措施

工业固体废物的特点是种类多、排放量大、分布广、常年排放，但是大部分工业固体废物具有回收利用的价值，因此工业固体废物的资源化问题显得很重要。目前综合利用是实现工业固体废物资源化和减量化、解决环境污染、减轻环境负担和危害的重要途径，对环境保护和工业生产都有着重大的意义。

根据上述固体废物处理的基本原则，对于工业固体废物，常用的处理方法有固化处理、焚烧和热解、生物处理。

1. 固化处理

固化处理是通过向废弃物中添加固化基材，使有害固体废物固定或包容在惰性固化基材中的一种无害化处理方法。经过处理的固化产物应具有良好的抗渗透性，良好的机械特性，以及抗浸出性、抗干湿、抗冻融特性。这样的固化产物可直接在安全土地填埋场处置，也可用做建筑的基础材料或道路的路基材料。固化处理根据固化基材的不同可以分为水泥固化、沥青固化、玻璃固化、自胶质固化等。

2. 焚烧和热解

焚烧是固体废物高温分解和深度氧化的综合处理过程。好处是把大量有害的废料分解而变成无害的物质。由于固体废物中可燃物的比例逐渐增加，采用焚烧方法处理固体废物，利用其热能已成为必然的发展趋势。以此种方法处理固体废物，占地少，处理量大，在保护环境、提供能源等方面可取得良好的效果。焚烧过程获得的热能可以用于发电。利用焚烧炉产生的热量，可以供居民取暖，用于维持温室室温等。目前日本及瑞士每年把超过65％的都市废料进行焚烧而使能源再生。但是焚烧法也有缺点，如投资较大、焚烧过程排烟造成二次污染、设备锈蚀现象严重等。

热解是将有机物在无氧或缺氧条件下高温（500～1 000 ℃）加热，使之分解为气、液、固三类产物。与焚烧法相比，热解法则是更有前途的处理方法，其最显著优点是基建投资少。

3. 生物处理

生物处理是利用微生物对有机固体废物的分解作用使其无害化，可以使有机固体废物转化为能源、食品、饲料和肥料，还可以用来从废品和废渣中提取金属，是固体废物资源化的有效的技术方法。目前应用比较广泛的有堆肥化、沼气化、废纤维素糖化、废纤维饲料化、生物浸出等。

高温堆肥是垃圾经微生物发酵作用温度升高，将其病原菌杀死，垃圾可分解成为优质肥料，如畜禽养殖业、畜牧业、农产品加工、食品加工、种植业、餐饮业产生的固体废物都可以采取该方式处置固体废物，堆肥产品可以直接回用于农业生产。

综合利用是根据工业固废的主要成分和特性，考虑经过回收和简单的加工，作为其他行业的原材料，实现二次利用。

目前我国主要的工业固体废物有煤矸石、锅炉渣、粉煤灰、高炉渣、钢渣、尘泥等，多以 SiO_2、Al_2O_3、CaO、MgO、Fe_2O_3 为主要成分。这些废弃物只要进行适当的调制、加工，即可制成不同标号的水泥和其他建筑材料。表 6.6 列出了可作建筑材料的若干种工业废渣。

表 6.6　可作建筑材料的若干种工业废渣

工业废渣	用途
高炉渣、粉煤灰、煤渣、煤矸石、电石渣、尾矿粉、赤泥、钢渣、镍渣、铅渣、硫铁矿渣、铬渣、废石膏、水泥、窑灰等	①制造水泥原料或混凝土材料 ②制造墙体材料 ③制造道路材料、地基垫层填料
高炉渣、气冷渣、粒化渣、膨胀矿渣、膨珠、粉煤灰（陶料）、煤矸石（膨胀煤矸石）、煤渣、赤泥、陶粒、钢渣和镍渣（烧胀钢渣和镍渣等）	④作为混凝土骨料和轻质骨料
高炉渣、钢渣、镍渣、铬渣、粉煤灰、煤矸石等	⑤制造热铸制品
高炉渣（渣棉、水渣）、粉煤灰、煤渣等	⑥制造保温材料

6.7.2 生活垃圾污染防治措施

《生活垃圾处理技术指南》要求因地制宜地选择先进适用、符合节约集约用地要求的无害化生活垃圾处理技术。

土地资源紧缺、人口密度高、生活垃圾热值满足要求的城市要优先采用焚烧处理技术。生活垃圾管理水平较高、分类回收可降解有机垃圾的城市可采用生物处理技术。土地资源和污染控制条件较好的城市可采用卫生填埋处理技术。

6.7.3 危险固体废物污染防治措施

1. 基本原则

对于有毒有害固体废物应尽量通过焚烧或化学处理方法转化为无害后再处置。

对于无法无害化的有毒有害固体废物必须放在具有长期稳定性的容器和设施内，处置系统应能防止雨水淋溶和地下水浸泡，在任何时候有害有毒固体废物的迁移不能污染水体水质。

对于具有放射性的固体废物，必须事先进行固定、包装，并放置在具有一定工程屏障的设施中，处置系统能防止雨水淋溶和地下水浸泡，并在放射性水平衰变到接近环境本底以前能阻滞放射性核素的迁移，使释入环境的放射性核素量达到人类可以接受的水平。

2. 危险固体废物的处置方法

危险固体废物的处置方法主要有焚烧法、热解法、安全填埋法。

（1）焚烧法

焚烧包括富氧焚烧和催化焚烧，利用高温使危险固体废物中可燃成分分解氧化，产生最终产物 CO_2 和 H_2O。危险固体废物的有害成分在高温下被氧化、热解，以达到解毒除害的目的，重金属成分被浓缩并转移到稳定的灰渣和飞灰中。同时焚烧产生的热量在余热锅炉中被回收利用，用来发电或供热。因此焚烧法是一种可以同时实现危险固体废物处理减量化、无害化和资源化的技术。经过焚烧，固体废物的体积可减少80%～90%，新型的焚烧装置可使焚烧后的废物体积只有原来体积的5%甚至更少。

（2）热解法

热解基本方法是在炉内无氧的条件下，加热危险固体废物，并控制温度在 $100～600\ ℃$。危险固体废物中的有机物质和挥发物被热解，产生可燃气体排出热解炉。热解/气化技术相比于焚烧技术的优点是更有利于能源的高效再利用，对环境更加友好。

（3）安全填埋法

危险固体废物安全填埋是一种把危险固体废物放置或贮存在环境中，使其与环境隔绝的处置方法。为此，原国家环保总局制定了《危险废物安全填埋处置工程建设技术要求》（环发〔2004〕75 号），规范了危险固体废物安全填埋处置工程建设要求。

危险固体废物安全填埋场的建设规模应根据填埋场服务范围内的危险固体废物种类、

可填埋量、分布情况、发展规划以及变化趋势等因素综合考虑确定。填埋场根据场地特征可分为平地型填埋场和山谷型填埋场，根据填埋坑基底标高又可分为地上填埋场和凹坑填埋场。填埋场类型的选择应根据当地特点，优先选择渗滤液可以根据天然坡度排出、填埋量足够大的填埋场类型。

危险固体废物安全填埋场应主要以省为服务区域，根据当地危险固体废物填埋量的情况，采取一步到位或分期建设的方式集中建设。

危险固体废物安全填埋场应包括接收与贮存系统、分析与鉴别系统、预处理系统、防渗系统、渗滤液控制系统、填埋气体控制系统、监测系统、应急系统及其他公用工程等。

禁止填埋的危险固体废物有医疗废物、与衬层不相容的废物。

3. 医疗废物焚烧处理法

在当今国际上应用的诸多医疗废物处理法中，只有高温焚烧处理法具备对医疗废物适应范围广，处理后的医疗废物难以辨认，消毒杀菌彻底，使废物中的有机物转化成无机物，减容减量效果显著，有关的标准规范齐全，技术成熟等多方面优点。

焚烧所产生的污染物经过先进的去除污染设备，可以控制在国家的标准范围内。焚烧后的飞灰必须按照危险废物进行安全填埋，因此焚烧法是首推的医疗废物处理方法。

6.7.4 固体废物处置、焚烧或填埋的选址要求

（1）有害有毒和放射性废物的处置场场址要求

场址地质稳定，场址必须避开断层、褶皱、地震或火山活动等地质作用对废物处置有显著影响的区域；必须避开崩塌、冲蚀、滑坡等地表作用的区域；场址岩性能有效地阻滞有毒有害物质和放射性核素的迁移；场址应避开地下水可能侵入的地区及可能受洪水危害或局部大雨造成水灾的地区；场址应避开高压缩性淤泥软土地层。

（2）生活垃圾填埋场选址要求

生活垃圾填埋场选址应符合当地城乡建设总体规划要求，应与当地大气污染防治、水资源保护、自然保护相一致；生活垃圾填埋场应设在当地夏季主导风向的下风向；在人畜居栖点 500 m 以外，不得在自然保护区、风景名胜区、生活饮用水源地等处设置。

（3）危险废物焚烧厂选址要求

各类焚烧厂不允许建设在地表水环境质量Ⅰ类、Ⅱ类功能区和环境空气质量一类功能区；集中式危险废物焚烧厂不允许建设在人口密集的居住区、商业区和文化区；各类焚烧厂不允许建设在居民区主导风向的上风向地区；厂址选择还需要考虑经济技术条件。

（4）危险废物安全填埋场场址要求

①应符合总体规划要求，场址应处于一个相对稳定的区域。

②应进行环境影响评价，并经环境保护行政主管部门批准。

③不应选在城市工农业发展规划区、农业保护区、自然保护区、风景名胜区等和其他需要特别保护的区域内。

④填埋场距飞机场、军事基地的距离应在 3 000 m 以上。

⑤填埋场场界应位于居民区 800 m 以外，并保证当地气象条件下对附近居民区大气环境不产生影响。

⑥填埋场场址必须位于百年一遇的洪水标高线以上，并在长远规划中的水库等人工蓄水淹没区和保护区之外。

⑦填埋场场址距地表水域的距离不应小于 150 m。

⑧填埋场场址的地质条件应符合以下要求：充分满足填埋场基础层的要求；现场或附近有充足的黏土资源以满足构筑防渗层的需要；位于地下水饮用水水源地主要补给区范围之外，且下游无集中供水井；地下水位应在不透水层 3 m 以下，否则必须提高防渗设计标准并进行环境影响评价，并取得主管部门同意；天然地层岩性相对均匀、渗透率低；地质构造结构相对简单、稳定，没有断层。

⑨填埋场场址选择应避开下列区域：破坏性地震及活动构造区；海啸及涌浪影响区；湿地和低洼汇水处；地应力高度集中，地面抬升或沉降速率快的地区；石灰岩溶洞发育带；废弃矿区或塌陷区；崩塌、岩堆、滑坡区；山洪、泥石流地区；活动沙丘区；尚未稳定的冲积扇及冲沟地区；高压缩性淤泥、泥炭及软土区以及其他可能危及填埋场安全的区域。

⑩填埋场场址必须有足够大的可使用面积以保证填埋场建成后具有 10 年或更长的使用期，在使用期内能充分接纳所产生的危险废物。

⑪填埋场场址应选在交通方便、运输距离较短，建造和运行费用低，能保证填埋场正常运行的地区。

（5）医疗废物集中焚烧厂厂址选择要求

①符合《全国危险废物和医疗废物处置设施建设规划》及当地城乡总体发展规划，符合当地大气污染防治、水资源保护和自然生态保护的要求。

②满足工程地质条件和水文地质条件，考虑交通、运输距离、土地利用现状及基础设施状况等。

第7章 建设项目环境风险评价

7.1 环境风险评价概述

7.1.1 环境风险

环境风险是指由自然原因或人类活动引起，通过自然环境传递，以自然灾害或人为事故表现出来，能对人类社会及自然环境产生破坏、损害甚至毁灭性作用等不期望事件发生的概率及后果。

环境风险具有不确定性和危害性。不确定性是指人们对事件发生的时间、地点、强度等难以准确预料；危害性是针对时间的后果而言的，具有风险的事件对其承受者造成威胁，并且一旦事件发生，就会对其承受者造成损失或危害。

根据产生原因的差异，环境风险可分为化学风险、物理风险及自然灾害风险。化学风险是指对人类、动物、植物能发生毒害或其他不利影响的化学物品的排放、泄漏，或是有毒、易燃、易爆材料的泄漏而引起的风险；物理风险是指机械设备或机械、建筑结构的故障所引发的风险；自然灾害风险是指地震、台风、龙卷风、洪水等自然灾害引发的物理和化学风险。

7.1.2 环境风险评价

环境风险评价（environment risk assessment，ERA）是评估事件的发生概率及在不同概率下事件后果的严重性，并决定采取适宜的对策，主要是关心与项目联系在一起的突发性灾难事故（主要包括易燃易爆物质、有毒有害物质、放射性物质失控状态下的泄漏，以及大型技术系统如桥梁、水坝等的故障）造成的环境危害。这类风险评价常被称为事故风险评价。环境风险评价主要关心的是事件发生的可能性及其发生后的影响。

环境风险评价被认为是环境影响评价的一个分支，是环境影响评价和工程（项目）风险安全评价的交叉学，在条件允许的情况下，可利用安全评价数据开展环境风险评价。环境风险评价与环境影响评价的区别见表7.1。

表 7.1　环境风险评价与环境影响评价的主要不同点

序号	项目	环境风险评价	环境影响评价
1	分析重点	突发事故	正常运行工况
2	持续时间	很短	很长
3	应计算的物理效应	火灾、爆炸，向空气和地表水释放污染物	向空气、地表水、地下水释放污染物、噪声、热污染等
4	释放类型	瞬时或短时间连续释放	长时间连续释放
5	应考虑的影响类型	突发性的激烈的效应及事故后期的长远效应	连续的、累积的效应
6	主要危害受体	人和建筑、生态	人和生态
7	危害性质	急性受毒；灾难性的	慢性受毒
8	照射时间	很短	很长
9	源项确定	较大的不确定性	不确定性很小
10	评价方法	概率方法	确定论方法
11	防范措施与应急计划	需要	不需要

7.1.3　建设项目环境风险评价

建设项目环境风险评价是指对新建、改建、扩建和技术改造项目（不包括核建设项目）在生产、使用、储存有毒有害、易燃易爆等物质时发生的可预测突发性事件或事故（一般不包括人为破坏及自然灾害）引起有毒有害、易燃易爆等物质泄漏所造成的对人身安全与环境的影响和损害进行评估，提出防范、应急与减缓措施，以使建设项目对周围环境的事故影响达到可接受水平。建设项目环境风险评价已经成为建设项目环境影响评价的重要组成部分之一，在建设项目环境影响报告书中为独立章节。

建设项目环境风险评价的关注点是事故对厂（场）界外环境的影响。

7.2　环境风险评价的一般要求

7.2.1　一般性原则和评价工作程序

环境风险评价应以突发性事故导致的危险物质环境急性损害防控为目标，对建设项目的环境风险进行分析、预测和评估，提出环境风险预防、控制、减缓措施，明确环境风险监控及应急建议要求，为建设项目环境风险防控提供科学依据。

《建设项目环境风险评价技术导则》（HJ 169—2018）制定了评价工作程序（见图7.1）。

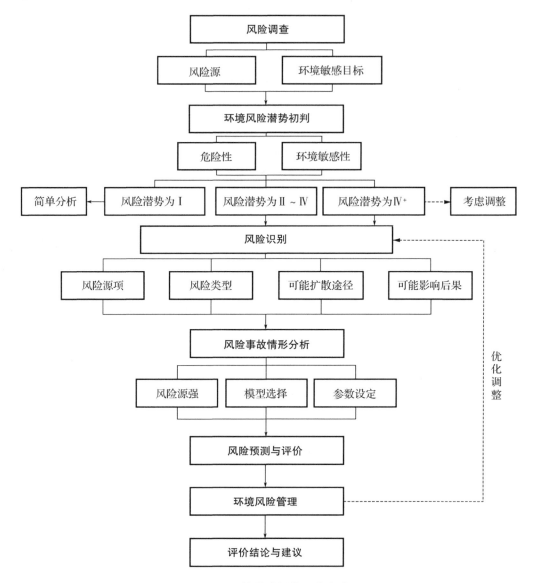

图 7.1　环境风险评价工作程序

7.2.2　评价工作等级划分

环境风险评价工作等级划分为一级、二级、三级。根据建设项目涉及的物质及工艺系统危险性和所在地的环境敏感性确定环境风险潜势，按照表7.2确定评价工作等级。风险潜势为Ⅳ及以上，进行一级评价；风险潜势为Ⅲ，进行二级评价；风险潜势为Ⅱ，进行三级评价；风险潜势为Ⅰ，可开展简单分析。

表 7.2 评价工作等级划分

环境风险潜势	Ⅳ、Ⅳ⁺	Ⅲ	Ⅱ	Ⅰ
评价工作等级	一	二	三	简单分析[a]

注：[a] 是相对于详细评价工作内容而言，在描述危险物质、环境影响途径、环境危害后果、风险防范措施等方面给出定性的说明。

表 7.2 中，简单分析的基本内容包括：

①评价依据：风险调查、风险潜势初判、评价等级。

②环境敏感目标概况：建设项目周围主要环境敏感目标分布情况。

③环境风险识别：主要危险物质及分布情况，可能影响环境的途径。

④环境风险分析：按环境要素分别说明危害后果。

⑤环境风险防范措施及应急要求：从风险源、环境影响途径、环境敏感目标等方面分析应采取的风险防范措施和应急措施。

⑥分析结论：说明建设项目环境风险防范措施的有效性。

7.2.3 评价工作内容及范围

1. 评价工作内容

①环境风险评价基本内容包括风险调查、环境风险潜势初判、风险识别、风险事故情形分析、风险预测与评价、环境风险管理等。

②基于风险调查，分析建设项目物质及工艺系统危险性和环境敏感性，进行风险潜势的判断，确定风险评价等级。

③风险识别及风险事故情形分析应明确危险物质在生产系统中的主要分布，筛选具有代表性的风险事故情形，合理设定事故源项。

④各环境要素按确定的评价工作等级分别开展预测评价，分析说明环境风险危害范围与程度，提出环境风险防范的基本要求。

大气环境风险预测。一级评价需选取最不利气象条件和事故发生地的最常见气象条件，选择适用的数值方法进行分析预测，给出风险事故情形下危险物质释放可能造成的大气环境影响范围与程度。对于存在极高大气环境风险的项目，应进一步开展关心点概率分析。二级评价需选取最不利气象条件，选择适用的数值方法进行分析预测，给出风险事故情形下危险物质释放可能造成的大气环境影响范围与程度。三级评价应定性分析说明大气环境影响后果。

地表水环境风险预测。一级、二级评价应选择适用的数值方法预测地表水环境风险，给出风险事故情形下可能造成的影响范围与程度；三级评价应定性分析说明地表水环境影响后果。

地下水环境风险预测。一级评价应优先选择适用的数值方法预测地下水环境风险，给出风险事故情形下可能造成的影响范围与程度；低于一级评价的，风险预测分析与评价要求参照《环境影响评价技术导则 地下水环境》（HJ 610—2016）执行。

⑤提出环境风险管理对策，明确环境风险防范措施及突发环境事件应急预案编制要求。

⑥综合环境风险评价过程，给出评价结论与建议。

2. 评价范围

大气环境风险评价范围：一级、二级评价距建设项目边界一般不低于 5 km；三级评价距建设项目边界一般不低于 3 km。油气、化学品输送管线项目一级、二级评价距管道中心线两侧一般均不低于 200 m；三级评价距管道中心线两侧一般均不低于 100 m。当大气毒性终点浓度预测到达距离超出评价范围时，应根据预测到达距离进一步调整评价范围。

地表水环境风险评价范围参照《环境影响评价技术导则 地表水环境》（HJ 2.3—2018）确定。

地下水环境风险评价范围参照《环境影响评价技术导则 地下水环境》（HJ 610—2016）确定。

环境风险评价范围应根据环境敏感目标分布情况、事故后果预测可能对环境产生危害的范围等综合确定。项目周边所在区域，评价范围外存在需要特别关注的环境敏感目标，评价范围需延伸至所关心的目标。

7.3 环境风险评价工作程序

7.3.1 风险调查

建设项目风险源调查。调查建设项目危险物质数量和分布情况、生产工艺特点，收集化学品安全技术说明书（material safety data sheet，MSDS）等基础资料。

环境敏感目标调查。根据危险物质可能的影响途径，明确环境敏感目标，给出环境敏感目标区位分布图，列表明确调查对象、属性、相对方位及距离等信息。

7.3.2 环境风险潜势初判

（1）环境风险潜势划分

建设项目环境风险潜势划分为Ⅰ、Ⅱ、Ⅲ、Ⅳ/Ⅳ⁺级。

根据建设项目涉及的物质和工艺系统的危险性及其所在地的环境敏感程度，结合事故情形下的环境影响途径，对建设项目潜在环境危害程度进行概化分析，按照表 7.3 确定环境风险潜势。

表 7.3　建设项目环境风险潜势划分

环境敏感程度（E）	危险物质及工艺系统危险性（P）			
	极高危害（P1）	高度危害（P2）	中度危害（P3）	轻度危害（P4）
环境高度敏感区（E1）	IV+	IV	Ⅲ	Ⅲ
环境中度敏感区（E2）	IV	Ⅲ	Ⅲ	Ⅱ
环境低度敏感区（E3）	Ⅲ	Ⅲ	Ⅱ	I

注：IV+ 为极高环境风险。

（2）P 的分级确定

分析建设项目生产、使用、储存过程中涉及的有毒有害、易燃易爆物质，参见《建设项目环境风险评价技术导则》（HJ 169—2018）附录 B 确定危险物质的临界量。定量分析危险物质数量与临界量的比值（Q）和所属行业及生产工艺特点（M），按附录 C 对危险物质及工艺系统危险性（P）等级进行判断。

（3）E 的分级确定

分析危险物质在事故情形下的环境影响途径，如大气、地表水、地下水等，按照《建设项目环境风险评价技术导则》（HJ 169—2018）附录 D 对建设项目各要素环境敏感程度（E）等级进行判断。

（4）建设项目环境风险潜势判断

建设项目环境风险潜势综合等级取各要素等级的相对高值。

7.3.3　风险识别

1. 风险识别内容

物质危险性识别，包括主要原辅材料、燃料、中间产品、副产品、最终产品、污染物、火灾和爆炸伴生/次生物等。生产系统危险性识别，包括主要生产装置、储运设施、公用工程和辅助生产设施，以及环境保护设施等。危险物质向环境转移的途径识别，包括分析危险物质特性及可能的环境风险类型，识别危险物质影响环境的途径，分析可能影响的环境敏感目标。

2. 风险识别方法

（1）资料收集和准备

根据危险物质泄漏、火灾、爆炸等突发性事故可能造成的环境风险类型，收集和准备建设项目工程资料，周边环境资料，国内外同行业、同类型事故统计分析及典型事故案例资料。对已建工程应收集环境管理制度，操作和维护手册，突发环境事件应急预案，应急培训、演练记录，历史突发环境事件及生产安全事故调查资料，设备失效统计数据等。

（2）物质危险性识别

按《建设项目环境风险评价技术导则》（HJ 169—2018）附录 B 识别出的危险物质，以图表的方式给出其易燃易爆、有毒有害危险特性，明确危险物质的分布。

（3）生产系统危险性识别

按工艺流程和平面布置功能区划，结合物质危险性识别，以图表的方式给出危险单元划分结果及单元内危险物质的最大存在量。按生产工艺流程分析危险单元内潜在的风险源。

按危险单元分析风险源的危险性、存在条件和转化为事故的触发因素。

采用定性或定量分析方法筛选确定重点风险源。

（4）环境风险类型及危害分析

环境风险类型包括危险物质泄漏，以及火灾、爆炸等引发的伴生/次生污染物排放。

根据物质及生产系统危险性识别结果，分析环境风险类型、危险物质向环境转移的可能途径和影响方式。

3. 风险识别结果

在风险识别的基础上，图示危险单元分布。给出建设项目环境风险识别汇总，包括危险单元、风险源、主要危险物质、环境风险类型、环境影响途径、可能受影响的环境敏感目标等，说明风险源的主要参数。

7.3.4 风险事故情形分析

1. 风险事故情形设定

（1）风险事故情形设定内容

在风险识别的基础上，选择对环境影响较大并具有代表性的事故类型，设定风险事故情形。风险事故情形设定内容应包括环境风险类型、风险源、危险单元、危险物质和影响途径等。

（2）风险事故情形设定原则

同一种危险物质可能有多种环境风险类型。风险事故情形应包括危险物质泄漏，以及火灾、爆炸等引发的伴生/次生污染物排放情形。对不同环境要素产生影响的风险事故情形，应分别进行设定。

对于火灾、爆炸事故，需将事故中未完全燃烧的危险物质在高温下迅速挥发释放至大气，以及燃烧过程中产生的伴生/次生污染物对环境的影响作为风险事故情形设定的内容。

设定的风险事故情形发生可能性应处于合理的区间，并与经济技术发展水平相适应。一般而言，发生频率小于 $10^{-6}/a$ 的事件是极小概率事件，可作为代表性事故情形中最大可信事故设定的参考。

风险事故情形设定的不确定性与筛选。由于事故触发因素具有不确定性，事故情形的设定并不能包含全部可能的环境风险，但通过具有代表性的事故情形分析可为风险管理提供科学依据。事故情形的设定应在环境风险识别的基础上筛选，设定的事故情形应具有危险物质、环境危害、影响途径等方面的代表性。

2. 源项分析

（1）源项分析方法

源项分析应基于风险事故情形的设定，合理估算源强。泄漏频率可参考《建设项目环境风险评价技术导则》（HJ 169—2018）附录 E 的推荐方法确定，也可采用事故树、事件树分析法或类比法等确定。

（2）事故源强的确定

事故源强是为事故后果预测提供分析模拟情形。事故源强设定可采用计算法和经验估算法。计算法适用于以腐蚀或应力作用等引起的泄漏型为主的事故；经验估算法适用于以火灾、爆炸等突发性事故伴生/次生的污染物释放。

①物质泄漏量的计算。

液体、气体和两相流泄漏速率的计算参见《建设项目环境风险评价技术导则》（HJ 169—2018）附录 F 推荐的方法。

泄漏时间应结合建设项目探测和隔离系统的设计原则确定。一般情况下，设置紧急隔离系统的单元，泄漏时间可设定为 10 min；未设置紧急隔离系统的单元，泄漏时间可设定为 30 min。

泄漏液体的蒸发速率计算可采用附录 F 推荐的方法。蒸发时间应结合物质特性、气象条件、工况等综合考虑，一般情况下，可按 15～30 min 计；泄漏物质形成的液池面积以不超过泄漏单元的围堰（或堤）内面积计。

②经验法估算物质释放量。

火灾、爆炸事故在高温下迅速挥发释放至大气的未完全燃烧危险物质，以及在燃烧过程中产生的伴生/次生污染物，可参照《建设项目环境风险评价技术导则》（HJ 169—2018）附录 F 采用经验法估算释放量。

③其他估算方法。

装卸事故，泄漏量按装卸物质流速和管径及失控时间计算，失控时间一般可按 5～30 min 计。

油气长输管线泄漏事故，按管道截面 100% 断裂估算泄漏量，应考虑截断阀启动前、后的泄漏量。截断阀启动前，泄漏量按实际工况确定；截断阀启动后，泄漏量以管道泄压至与环境压力平衡所需要时间计。

水体污染事故源强应结合污染物释放量、消防用水量及雨水量等因素综合确定。

④源强参数确定。

根据风险事故情形确定事故源参数（如泄漏点高度、温度、压力、泄漏液体蒸发面积等)、释放/泄漏速率、释放/泄漏时间、释放/泄漏量、泄漏液体蒸发量等,给出源强汇总。

7.3.5 风险预测与评价

1. 风险预测

(1) 有毒有害物质在大气中的扩散

①预测模型筛选。

预测计算时,应区分重质气体与轻质气体排放选择合适的大气风险预测模型。其中重质气体和轻质气体的判断依据可采用《建设项目环境风险评价技术导则》(HJ 169—2018)附录 G 中 G2 推荐的理查德森数进行判定。

采用《建设项目环境风险评价技术导则》(HJ 169—2018)附录 G 中的推荐模型进行气体扩散后果预测,模型选择应结合模型的适用范围、参数要求等说明模型选择的依据。

选用推荐模型以外的其他技术成熟的大气风险预测模型时,需说明模型选择理由及适用性。

②预测范围与计算点。

预测范围即预测物质浓度达到评价标准时的最大影响范围,通常由预测模型计算获取。预测范围一般不超过 10 km。

计算点分特殊计算点和一般计算点。特殊计算点指大气环境敏感目标等关心点,一般计算点指下风向不同距离点。一般计算点的设置应具有一定分辨率,距离风险源 500 m 范围内可设置 10~50 m 间距,大于 500 m 范围内可设置 50~100 m 间距。

③事故源参数。

根据大气风险预测模型的需要,调查泄漏设备类型、尺寸、操作参数(压力、温度等),泄漏物质理化特性(摩尔质量、沸点、临界温度、临界压力、比热容比、气体定压比热容、液体定压比热容、液体密度、汽化热等)。

④气象参数。

一级评价,需选取最不利气象条件及事故发生地的最常见气象条件分别进行后果预测。其中最不利气象条件取 F 类稳定度,1.5 m/s 风速,温度 25 ℃,相对湿度 50%;最常见气象条件由当地近 3 年内的至少连续 1 年气象观测资料统计分析得出,包括出现频率最高的稳定度、该稳定度下的平均风速(非静风)、日最高平均气温、年平均湿度。

二级评价,需选取最不利气象条件进行后果预测。最不利气象条件取 F 类稳定度,1.5 m/s 风速,温度 25 ℃,相对湿度 50%。

⑤大气毒性终点浓度值选取。

大气毒性终点浓度即预测评价标准。大气毒性终点浓度值选取参见《建设项目环境风险评价技术导则》(HJ 169—2018)附录 H,分为 1、2 级。其中 1 级为当大气中危险物质浓度低于该限值时,绝大多数人员暴露 1 h 不会对生命造成威胁,当超过该限值时,有可能对人群造成生命威胁；2 级为当大气中危险物质浓度低于该限值时，暴露 1 h 一般不会对人体造成不可逆的伤害，或出现的症状一般不会损伤该个体采取有效防护措施的能力。

⑥预测结果表述。

给出下风向不同距离处有毒有害物质的最大浓度，以及预测浓度达到不同毒性终点浓度的最大影响范围。

给出各关心点的有毒有害物质浓度随时间变化情况，以及关心点的预测浓度超过评价标准时对应的时刻和持续时间。

对于存在极高大气环境风险的建设项目，应开展关心点概率分析，即有毒有害气体（物质）剂量负荷对个体的大气伤害概率、关心点处气象条件的频率、事故发生概率的乘积，以反映关心点处人员在无防护措施条件下受到伤害的可能性。有毒有害气体大气伤害概率估算参见《建设项目环境风险评价技术导则》（HJ 169—2018）附录 I。

（2）有毒有害物质在地表水、地下水环境中的运移扩散

①有毒有害物质进入水环境的方式。

有毒有害物质进入水环境的方式包括事故直接导致和事故处理处置过程间接导致两种，污染源一般为瞬时排放源和有限时段内排放源。

②预测模型。

a. 地表水。

根据风险识别结果，有毒有害物质进入水体的方式、水体类别及特征，以及有毒有害物质的溶解性，选择适用的预测模型。

对于油品类泄漏事故，流场计算按《环境影响评价技术导则 地表水环境》（HJ 2.3—2018）中的相关要求，选取适用的预测模型，溢油漂移扩散过程按《海洋工程环境影响评价技术导则》（GB/T 19485—2014）中的溢油粒子模型进行溢油轨迹预测。

其他事故，地表水风险预测模型及参数参照《环境影响评价技术导则 地表水环境》（HJ 2.3—2018）。

b. 地下水。

地下水风险预测模型及参数参照《环境影响评价技术导则 地下水环境》（HJ 610—2016）。

③终点浓度值选取。

终点浓度即预测评价标准。终点浓度值根据水体分类及预测点水体功能要求，按照《地表水环境质量标准》（GB 3838—2002）、《生活饮用水卫生标准》（GB 5749—2022）、《海水水质标准》（GB 3097—1997）或《地下水质量标准》（GB/T 14848—2017）选取。对于未列入上述标准，但确需进行分析预测的物质，其终点浓度值选取可参照《环境影响评价技术导则 地表水环境》（HJ 2.3—2018）、《环境影响评价技术导则 地下水环境》（HJ 610—2016）。

对于难以获取终点浓度值的物质，可按质点运移到达判定。

④预测结果表述。

a. 地表水。

根据风险事故情形对水环境的影响特点，预测结果可采用以下表述方式：第一种是给出有毒有害物质进入地表水体最远超标距离及时间，第二种是给出有毒有害物质经排放通道到达下游（按水流方向）环境敏感目标处的到达时间、超标时间、超标持续时间及最大浓度，对于在水体中的漂移类物质，应给出漂移轨迹。

b. 地下水。

给出有毒有害物质进入地下水体到达下游厂区边界和环境敏感目标处的到达时间、超标时间、超标持续时间及最大浓度。

2. 环境风险评价

结合各要素风险预测，分析说明建设项目环境风险的危害范围与程度。大气环境风险的影响范围和程度由大气毒性终点浓度确定，明确影响范围内的人口分布情况；地表水、地下水对照功能区质量标准浓度（或参考浓度）进行分析，明确对下游环境敏感目标的影响情况。环境风险可采用后果分析、概率分析等方法开展定性或定量评价，以避免急性损害为重点，确定环境风险防范的基本要求。

7.3.6 环境风险管理

1. 环境风险管理目标

环境风险管理目标是采用最低合理可行原则（as low as reasonable practicable，ALARP）管控环境风险。采取的环境风险防范措施应与社会经济技术发展水平相适应，运用科学的技术手段和管理方法，对环境风险进行有效的预防、监控、响应。

2. 环境风险防范措施

①大气环境风险防范应结合风险源状况明确环境风险的防范、减缓措施，提出环境风险监控要求，并结合环境风险预测分析结果、区域交通道路和安置场所位置等，提出事故状态下人员的疏散通道及安置等应急建议。

②事故废水环境风险防范应明确"单元-厂区-园区/区域"的环境风险防控体系要求，设置事故废水收集（尽可能以非动力自流方式）和应急储存设施，以满足事故状态下收集泄漏物料、污染消防水和污染雨水的需要，明确并图示防止事故废水进入外环境的控制、封堵系统。应急储存设施应根据发生事故的设备容量、事故时消防用水量及可能进入应急储存设施的雨水量等因素综合确定。应急储存设施内的事故废水，应及时进行有效处置，做到回用或达标排放。结合环境风险预测分析结果，提出实施监控和启动相应的园区/区域突发环境事件应急预案的建议要求。

③地下水环境风险防范应重点采取源头控制和分区防渗措施，加强地下水环境的监控、预警，提出事故应急减缓措施。

④针对主要风险源，提出设立风险监控及应急监测系统，实现事故预警和快速应急监测、跟踪，提出应急物资、人员等的管理要求。

⑤对于改建、扩建和技术改造项目，应分析依托企业现有环境风险防范措施的有效性，提出完善意见和建议。

⑥环境风险防范措施应纳入环保投资和建设项目竣工环境保护验收内容。

⑦考虑事故触发具有不确定性，厂内环境风险防控系统应纳入园区/区域环境风险防控体系，明确风险防控设施、管理的衔接要求。极端事故风险防控及应急处置应结合所在园区/区域环境风险防控体系统筹考虑，按分级响应要求及时启动园区/区域环境风险防范措施，实现厂内与园区/区域环境风险防控设施及管理有效联动，有效防控环境风险。

3. 突发环境事件应急预案编制要求

按照国家、地方和相关部门要求，提出企业突发环境事件应急预案编制或完善的原则要求，包括预案适用范围、环境事件分类与分级、组织机构与职责、监控和预警、应急响应、应急保障、善后处置、预案管理与演练等内容。

明确企业、园区/区域、地方政府环境风险应急体系。企业突发环境事件应急预案应体现分级响应、区域联动的原则，与地方政府突发环境事件应急预案相衔接，明确分级响应程序。

应急预案的内容及要求见表7.4。

表7.4　应急预案内容

序号	项目	内容及要求
1	应急计划区	危险目标：装置区、储罐区、环境保护目标
2	应急组织机构、人员	工厂、地区应急组织机构、人员
3	预案分级响应条件	规定预案的级别及分级响应程序
4	应急救援保障	应急设施、设备与器材等
5	报警、通信联络方式	规定应急状态下的报警通信方式、通知方式和交通保障、管制
6	应急环境监测、抢险、救援及控制措施	由专业队伍负责对事故现场进行侦察监测，对事故性质、参数与后果进行评估，为指挥部门提供决策依据
7	应急检测、防护措施、清除泄漏措施和器材	事故现场、邻近区域、控制防火区域，控制和清除污染措施及相应设备
8	人员紧急撤离、疏散，应急剂量控制、撤离组织计划	事故现场、工厂邻近区、受事故影响的区域人员及公众对毒物应急剂量控制规定，撤离组织计划及救护，医疗救护与公众健康

序号	项目	内容及要求
9	事故应急救援关闭程序与恢复措施	规定应急状态终止程序；事故现场善后处理，恢复措施；邻近区域解除事故警戒及善后恢复措施
10	应急培训计划	应急计划制订后，平时安排人员培训与演练
11	公众教育和信息	对工厂邻近地区开展公众教育、培训和发布有关信息

7.3.7 评价结论与建议

（1）项目危险因素

简要说明主要危险物质、危险单元及其分布，明确项目危险因素，提出优化平面布局、调整危险物质存在量及危险性控制的建议。

（2）环境敏感性及事故环境影响

简要说明项目所在区域环境敏感目标及其特点，根据预测分析结果，明确突发性事故可能造成环境影响的区域和涉及的环境敏感目标，提出保护措施及要求。

（3）环境风险防范措施和应急预案

结合区域环境条件和园区/区域环境风险防控要求，明确建设项目环境风险防控体系，重点说明防止危险物质进入环境及进入环境后的控制、消减、监测等措施，提出优化调整风险防范措施建议及突发环境事件应急预案原则要求。

（4）环境风险评价结论与建议

综合环境风险评价专题的工作过程，明确给出建设项目环境风险是否可防控的结论。根据建设项目环境风险可能影响的范围与程度，提出缓解环境风险的建议措施。对存在较大环境风险的建设项目，须提出环境影响后评价的要求。

第8章 环境影响的经济损益分析与评价

8.1 环境影响经济评价概述

8.1.1 环境影响经济评价的概念与意义

1. 环境影响经济评价的概念

关于环境影响经济评价的概念有多种说法：环境影响经济评价是对环境影响进行经济分析；环境影响经济评价是对环境影响的经济价值进行评价；环境影响经济评价是对环境影响进行价值计量；环境影响经济评价是经济分析在环境影响评价中的应用。这些说法在一定程度上都解释了环境影响的经济评价。

本书中，环境影响经济评价是指我国环境影响评价制度中所规定的环境影响的经济损益分析，即估算某一项目、规划或政策所引起的环境影响的经济价值，并将环境影响的价值纳入项目、规划或政策的经济分析（即费用效益分析）中去，以判断这些环境影响对该项目、规划或政策的可行性会产生多大的影响。

2. 环境影响经济评价的意义

对环境影响进行经济评价具有重要的意义，主要体现在以下方面。

（1）有利于可持续发展战略的实施

我国于20世纪90年代制定了明确的可持续发展战略，但是，要使可持续发展战略付诸实践，还必须使其具体化，并将其纳入各种开发活动的管理体系中考虑。具体而言，就是在项目投资、区域开发或政策制定中对其所造成的环境影响进行经济评价，以此进行综合的评估和判断，从而确定能否达到可持续发展的要求。

（2）为环境资源的科学管理提供依据

如果环境资源管理的目标是追求与使用环境和自然资源相联系的净经济效益的最大化，那么费用-效益分析就成为一种最佳的管理规则。在这种情况下，有关环境管理的科学决策，也就变成了一个估算边际效益曲线和边际费用曲线并寻找两曲线交点的过程，而这也就提出了相应的信息需求-货币化的环境效益和环境费用。在对环境系统提供的服务进行货币化估价时，有些是非常困难的，例如生物多样性损失、舒适性的改善和视觉享受等，这些曾经没有被认识到或者被认为与经济分析无关的事物，现在已经被认为是非常重要的价值资源，它们往往成为环境管理过程中政策分析的核心问题。

（3）提高环境影响评价的有效性

目前，我国建设项目或区域开发，一般是企业或开发者从自身的角度先进行财务分析和国民经济评价，然后由环境影响评价单位进行环境影响评价。这种以经济效益为主要目标，没有具体考虑环境影响所产生的费用和效益的评价模式，不可避免地存在弊端，如未对环境价值进行系统分析，过分集中于建设项目而忽视了环境外部不经济性，等等。为了进一步提高目前环境影响评价的有效性，就必须将有关的经济学理论融入传统的环境影响评价之中，使环境影响评价和国民经济评价有机结合起来，其结合点就是环境影响经济评价。

（4）为生态补偿提供明确的依据

环境保护需要补偿机制，需要以补偿为纽带，以利益为中心，建立利益驱动机制、激励机制和协调机制。生态补偿制度的建立和完善，已成为重大的现实课题。实行生态补偿首先面临的一个难题就是如何确定生态补偿的数额。生态补偿金的最终确定必须要有明确的科学依据，其基础就是对环境影响进行经济评价，从而确定生态环境影响的货币化价值。

（5）有利于环境保护的公众参与

公众参与是环境影响评价的一项重要制度。环境影响评价单位在实际工作中也开展了这方面的工作。但大多局限于到建设项目所在地访问或召开座谈会或问卷听取和征求所在地单位或个人的意见，将其作为公众参与环境影响评价的内容。这种调查形式简单，且项目情况介绍不详，不能进行定量分析，公众难以真正了解拟建项目对环境影响的范围、程度、危害及对经济社会的影响，因此公众参与意见的结果难以作为决策的依据。如果能够对环境影响进行经济评价，将环境影响的具体物理量转化为价值量，在市场经济体制下，这些货币化的指标必然更能引起人们的重视。因此，为真正赋予公众参与环境与发展战略实施过程的监督管理权力，逐步建立起公众参与社会经济发展决策的机制，就必须加强环境影响经济评价工作，使公众能够真正了解环境影响的经济损益。

8.1.2 环境影响的经济损益和经济分析

1. 环境影响的经济损益

我国的环境影响评价制度规定，必须对环境影响进行经济损益分析，即对环境影响进行经济评价。任何一个建设项目所产生的社会经济环境影响，其表现形式都是多种多样的。项目所产生的各类影响的程度与后果都可以通过社会经济效果来进行评价和度量。根据产生的社会经济影响的性质，可分为正效果（效益）和负效果（损失），项目投资人期待的是好的社会经济效果，不期望产生负的不利的效果；根据产生影响的方式，可分为内部效果和外部效果，项目的收益、获利属于内部效果，是建设者提出可行性研究的本意；而项目的外部效果并非项目建设者的目的，且往往不能在项目的收益或支出中直接反映出来，例如项目实施后对周边环境的破坏，导致居民的患病率升高而产生的损失。这些都属于环境影响的经济损益范畴。

2. 环境影响的经济分析

社会经济效果有时可以用货币加以衡量，但很多时候又难以用货币衡量。例如，由开发建设项目生产的产品带来的收益、项目排放污染物带来的直接经济损失都能够通过货币来计量效益的增加或减少，是有形效果；但空气污染带来的经济损失和绿化带来的益处则没有直接的市场价格，被称为无形效果。又如，一个项目所引起的居民迁移不仅会对移民带来直接的、现实的、不利的和短期的影响，也会给移民安置区带来潜在的、有利的和长期的社会经济影响，由此产生了一些社会经济问题，包括：对该区域现有资源和基础设施的压力问题；对土地和其他资源使用的争执问题；引起交通拥挤、入学困难、医疗设施紧张的问题；可能会破坏当地的传统习俗，引发多种社会矛盾的问题；等等。

如上所述，环境资源的生产性和消费性都与人们的经济活动有着密切的关系。因此即使有无形效果的情况，通过适当的方法对其转化，仍然可以进行货币化的计量。根据考虑问题的不同，衡量环境质量价值可以从效益与费用两个方面来进行评价：一是从环境质量的效用，即从其满足人类需要的能力，以及人类从中得到的益处的角度进行评价；二是从环境质量遭到污染，为此进行治理所需要花费的费用来进行评价。

8.1.3 环境影响经济评价的具体程序

环境影响经济评价的具体程序包括确定和筛选影响，并对影响进行量化，然后对影响货币化，估算因素分析，最后把评价结果纳入项目经济分析。

（1）确定和筛选影响

确定和筛选影响是指在确定环境影响时，首先通过把握一个项目所有实际和潜在的环境后果，然后根据环境与评估以及专家等意见进行集中，筛选出最重要的影响，并将该项目的重要影响货币化。

（2）环境影响的量化

环境影响的量化就是以数字的形式表述环境影响的程度，如用水或空气中污染物的含量、因污染造成农产品减少的数量等指标表示环境影响的程度。

在量化过程中，一般首先要统一环境影响因子的量纲和数量，从影响因子的数量、地理范围、时间、人口密度等方面综合判断环境影响的大小，对物理影响进行量化。在不能对某些影响进行量化时，结合定性结果进行分析。

在环境影响经济损益分析和评价中应执行统一的标准，即剂量-反应关系标准、价格标准和时间标准。剂量-反应关系标准要求所有的环境影响必须按照一定的标准进行量化；价格标准要求评价自始至终采用统一时点的市场价格；时间标准要求评价应该以特定的时点为标准，只对特定时点的环境状况和损益进行评估。

（3）影响的货币化

影响的货币化是指通过各种环境影响经济评价方法来对其进行估算。由于很多模型尚不成熟，在实际应用中，往往采用经验参照或者快速分析方法，尽管这些方法也有一定的局限性。下面会详细介绍环境影响经济评价方法。

（4）估算因素分析

估算因素分析是指对环境影响货币价值的估算过程中可能出现的省略、偏差、不确定性等带来的问题进行阐述，特别是当它们可能影响评价结论时，应详加论述，避免不合适的假定导致错误的结论。

（5）环境影响经济评价

环境影响经济评价是指将环境经济影响评价的结果纳入项目经济分析中，即指将货币化的环境影响的成本和效益纳入项目的成本和效益中进行费用效益分析，从而为项目的最终经济决策服务。

8.2 环境影响经济评价方法

8.2.1 环境价值

人类的经济活动，都表现为物质运动形式和价值运动形式两个方面。经济活动对环境的影响也相应地表现为两个方面：物质资料市场和消费活动引起的环境资源的物质流动，即环境的物流；由经济运行中货币运动引起或影响的环境资源的价值流动，即环境的价值流。环境物流产生的实物性影响即通常所说的环境质量。例如，经济活动排放了多少二氧化硫，由于河道污染导致水产品减产多少，等等。货币运动影响的环境价值流，可定义为环境价值。例如，上述物流损失需要用价值或货币形式反映出来，二氧化硫的排放使居民健康受到损害，发病率上升造成多少人民币的损失，水产品的产量较少造成的价值量损失又有多少人民币，等等。因此，环境价值就是货币化了的环境质量。

环境价值的构成见表8.1。

表8.1 环境价值的构成

		直接使用价值	可直接消耗的量	食物、生物量、娱乐、健康
环境总价值	使用价值	间接使用价值	功能效益	生态功能、生物控制、风暴防护
		选择价值	将来的直接或间接使用价值	生物多样性、保护生存栖息地
	非使用价值	遗赠价值	为后代遗留下来的使用价值和非使用价值	生存栖息地、不可逆改变
		存在价值	继续存在的知识价值	生存栖息地、濒危物种

环境的使用价值是指环境被生产者或消费者使用时所表现出的价值。如水资源的引用和灌溉等用途是水资源的直接使用价值，水资源的旅游价值则是它的间接使用价值。

对于某一环境资源，现在不使用，但希望保留它，以便将来有可能使用它，也就是说保留了人们选择使用它的机会，环境所具有的这种价值就是环境的选择价值。

环境的非使用价值是指人们虽然不使用某一环境物品，但该环境物品仍具有的价值。如濒危物种的存在，其本身就是有价值的，这种价值与人们是否利用该物种谋取经济利益无关。

无论是使用价值还是非使用价值，价值的恰当度量都是人们的最大支付意愿，即一个人为获得某件物品（服务）而愿意付出的最大货币量。影响支付意愿的因素有收入、替代品价格、年龄、教育、个人独特偏好及对该物品的了解程度等。

8.2.2 环境价值评估方法

环境影响损益分析和经济评价中，可以根据环境商品的消费效用原理来确定环境价值。在具体评价工作中，环境效益（或费用）也有不同的表现形式，有些直接具有市场价值，有些需要利用替代物品来间接表示，同时市场价值也包含环境污染对人体健康进而对人力工资和社会成本影响的因素。据此，环境影响评价中采用的具体方法如下。一类称为直接法，对于直接具有市场价格的环境资产，在环境影响经济评价中可以采用其市场价格直接评估其价值。直接法又分为市场价值法和人力价值法。另一类又称为应用替代物的方法，这是由环境资产本身的特性决定的。当同时存在几种效用相同的环境资产时，最低价格的环境资产需求最大；在市场充分竞争的条件下，具有相同服务功能的物品，能够互相替代，必然会形成相同的价格。在环境影响经济评价中对某项环境服务功能进行评估时，应提出多种评估方案，进行对比分析，选择其中最有利的方案，以使其评估结果更接近实际。应用替代物的方法也分两类，包括资产价值法和工资差额法。

环境影响的费用和效益评价方法，还可以根据补偿环境恶化的费用来确定环境价值，即补偿费用法。补偿费用法也分两类：一类称为防护费用法；另一类称为恢复费用法。以上各种估算和评价方法的关系见表 8.2。

表 8.2　环境价值的估算和评价方法

分类依据		评价方法
根据环境商品具有消费效用的原理	根据市场价值或劳动生产率	市场价值法
		人力资本法
	应用替代物或者相应货物的市场价值	资产价值法
		工资差额法
根据补偿环境恶化的费用的原理		防护费用法
		恢复费用法

1. 直接法

市场价值法和人力资本法是直接费用-效益分析法，重点描述污染物对自然系统或对人工系统影响的效益与费用。

（1）市场价值法

市场价值法将环境质量看成一个生产要素，环境质量的变化导致生产率和生产成本的变化，从而影响生产或服务的利润和产出水平，而服务或产品的价值、利润是可以利用市场价格来计量的。市场价值法就是利用环境质量变化而引起的产品或服务产量及利润的变化来评价环境质量变化的经济效果的。用公式表示为式（8.1）。

$$S = V \sum_{i=1}^{n} \Delta R_i \tag{8.1}$$

式中：S 为环境污染或生态破坏的价值损失；V 为受污染或破坏物种的市场价格；ΔR_i 为某产品或服务受 i 类污染或破坏程度时损失的产量；i 为环境污染或破坏的程度，一般分为三类（即 $n=3$）；$i=1$，$i=2$，$i=3$ 分别表示轻度污染、严重污染、遭到破坏。

其中，ΔR_i 的计算方法与环境要素的污染或损失过程有关。如计算农田受污染损失时，可按式（8.2）计算：

$$\Delta R_i = M_i (R_0 - R_i) \tag{8.2}$$

式中：M_i 为受某污染程度污染的面积；R_0 为未受污染或类比区的单产；R_i 为受某污染程度污染的单产。

例如，某企业废气和其他废物的排放，使其他企业受害，就可以用受损害减少的产量乘以产品价格来估算其环境价值。

（2）人力资本法

环境作为人类社会发展的最重要资源之一，其质量变化对人类健康有很大影响，如果人类生存环境受到污染或破坏，使原来的环境功能下降，就会给人类的生活质量及健康带来损失，这不仅会使人们的劳动能力水平下降，还会给社会带来负担。对人类健康方面所造成的损失主要包括：过早死亡、疾病、病休等所造成的收入损失；医疗费用的增加；精神或心理上的代价；等等。人力资本法就是对这些损失的一种估算方法，具体地说，是估算环境变化造成的健康损失成本。人体早得病或死亡的社会效益损失是由个人对社会劳动的部分或全部损失带来的，等于一个人丧失工作时间内的劳动价值或预期收入，可按式（8.3）表达：

$$L = \sum_{i=T}^{\infty} y_t P_T^t (1-r)^{-(t-T)} \tag{8.3}$$

式中：L 为个人的预期收入限值或效益损失限值；y_t 为预期个人在第 t 年所得的收入（扣除非人力资本收入）；P_T^t 为个人从第 T 年活到第 t 年的概率；r 为贴现率。

如果也按影响的形式分类，环境污染引起的经济损失也分为直接经济损失和间接经济损失两类。其中，直接经济损失包括预防和医疗费用、死亡丧葬费；间接经济损失包括病人耽误工作造成的经济损失，非医护人员护理、陪住影响工作造成的经济损失，等等。

2. 替代市场法

对于所考虑和评价物品或劳务不能用市场价格表示时，可以用替代市场法来进行分析和评述。即用替代的物品和劳务或劳务的市场价格来作为该物品和劳务及服务价值的依据。替代市场法是间接运用市场价格评估环境价值的方法。

（1）资产价值法

资产价值法是间接运用市场价格评估环境价值的方法。与市场价值法的区别在于，它不是利用受环境质量变化所影响的商品或劳务及劳务的直接市场价格来估计环境效益，而是利用替代的相应物品的价格来估计无价格的环境商品或劳务。例如环境舒适程度、空气的清洁、建筑和景观的协调等因素，都会影响商品销售（资产）或者所提供的劳务价格。以房屋为例，其价格既反映了住房本身的特性，如面积、房间数量、朝向、建筑结构、附属设施、楼层等，又反映了住房所在地区的生活条件，如交通、商业网点、当地学校质量、犯罪率高低等，还反映了住房周围的环境质量，如空气质量、噪声高低、绿化条件以及窗外的景观等。在其他条件一致的前提下，环境质量的差异将影响到消费者的支付意愿，进而影响到这些固定资产的价格。所以在其他条件相同时，可以用因周围环境质量的不同而导致的同类固定资产的价格差异来衡量环境质量变动的货币价值。

（2）工资差额法

工资差额法是利用不同的环境质量条件下工人工资的差异来估计环境质量变化造成的经济损失或带来的经济效益的方法。工人的工资受很多因素的影响，例如工作性质、技术程度、工作周围环境质量、工作年限等。

在一些情况下，用高工资、低工时、休假等方式吸引人们到污染地区工作是一些可能有环境风险单位的实际做法。如果工人可以自由调换工作，那同类工作中不同地区的工资差异，部分反映了工作地点的环境质量。在这种情况下，工资差异的水平可以用来估计环境质量变化带来的经济损失或经济效益，也就是说，类似工作的工资的差额是与工作地点的工作条件、生产条件相关的职业属性的函数，工资水平与上述职业属性之间的关系就是环境质量的隐价值/价格。如果隐价值/价格是常数，它反映的就是具有职业属性的特征工作环境，是企业对该工作职业属性水平和效益的认知：从事较低水平特征属性的职业（即工作环境风险较大），对工资的边际支付意愿具有较高水平；反之，从事较高水平特征属性的职业（即工作环境风险较小），对工资的边际支付意愿水平较低。

3. 环境补偿法

以上介绍的是依赖于支付意愿的环境质量效益评价方法，但在很多情况下，要全面估计保护和改善环境质量的经济效益并不容易。首先，受研究水平和技术条件的限制，很多相关资料是缺乏的；其次，支付意愿理论本身还很不完善、不系统，在实际环境影响评价过程中，存在多种多样的建设项目，这种方法的应用就很有限。实际上，许多有关环境质量的评价是在没有对效益进行货币估算的情况下做出的，这就需要利用其他方法，如环境补偿法。环境补偿法是用特定目标，特别是某些具体的数量指标来代替货币效益的。这是根据计算出的替代被破坏的环境所需要的费用来评价环境质量的方法。

（1）防护费用法

生产者和消费者愿意承担防护费用时，所显示的环境质量效益即该环境质量的隐含价值。根据所包含的费用，按照所使用的那些资源的经济价值，就可以估计产生的最低效益。该方法已经广泛使用在环境影响评价中。

（2）恢复费用法

在资源的开发利用中，会导致资源破坏和环境的恶化，采取一定方式恢复受到损害的环境，使其保持原有的环境质量和功能需要投入一定量的人力和物力。恢复费用法是通过估算环境被破坏后将其恢复原状所需支付的费用来评估环境影响价值的一种方法。这种费用类似于企业固定资产的更新，所以又称为重置成本法。

这种方法的应用条件包括：被评估的环境资产在评估前后不改变其用途，被评估的环境资产必须具有再生性或可恢复性；被评估的环境资产在特征、结构及功能等方面必须与假设重置的全新环境资产具有相同性和可比性；必须具备有关重置环境资产的历史资料。例如，计划在一耕地较少且又肥沃的地方建一座砖厂，但制砖用土会严重破坏土地资源。经过估算，原有土地的恢复费用既大大高于一定时期制砖带来的经济收入，又会破坏当地环境，因此建砖厂是不可取的。

8.3 费用-效益分析与财务分析

费用-效益分析，又称国民经济分析、国民经济评价，是环境影响经济评价中使用的一个重要的经济评价方法。它是按照资源合理配置的原则，从国家整体角度考察项目的效益和费用，用货物影子价格、影子汇率、影子工资和社会折现率等经济参数分析计算项目对国民经济的净贡献，评价项目的经济合理性。

如何在现有的经济条件下，以最少的费用求得最大的经济和环境效益，是环境经济研究中费用-效益分析的目的。

8.3.1 费用-效益分析与财务分析的区别

财务分析，又称为财务评价，是根据国家现行财税制度和现行价格，分析项目的效益和费用，考察项目的获利能力、清偿能力及外汇效益等财务状况，以判别项目财务上的可行性的经济评价方法。

费用-效益分析和财务分析的主要区别如下。

（1）分析的角度不同

财务分析是从项目或企业的角度出发，分析某一项目的盈利能力。费用-效益分析则是从全社会的角度出发，分析某一项目对整个国民经济净贡献的大小，考察项目的经济合理性。

（2）使用的价格不同

财务分析中所使用的价格是实际的产品价格（或市场预测价格）；而费用-效益分析中所使用的价格则是反映整个社会资源供给与需求状况的均衡价格，即使用的是较能反映投入物和产出物真实价值的影子价格。

（3）费用和效益的含义和划分范围不同

财务分析只根据项目直接发生的财务开支，计算项目的费用和效益。费用-效益分析则从全社会的角度考察项目的费用和效益，这时项目的有些收入和支出，从全社会的角度考虑，不能作为社会费用或收益，如税金和补贴、银行贷款利息。

（4）所采用的资金换算率不同

财务分析采用行业基准收益率，费用-效益分析采用社会折现率。财务基准收益率依据分析问题角度的不同而不同，而对于社会折现率，全国各行业各地区则是一致的。

（5）对项目的外部影响的处理不同

财务分析只考虑某一项目自身的直接支出和收入，而费用-效益分析除了考虑这些直接收支外，还要考虑该项目引起的间接的、未发生实际支付的效益和费用，如环境成本和环境效益。

（6）分析的目的不同

财务分析的目的是判断项目本身在财务上是否可行，项目本身是否能够盈利最大化，而费用-效益分析的目的是判断项目是否对整个国民经济具有贡献。

（7）在项目决策中所起的作用不同

对于财务分析可行的项目，而费用-效益分析不可行，综合考虑社会评价结果为不可行，则认为该项目是不可行的；对于财务分析不可行的项目，但费用-效益分析是可行的，综合考虑社会评价也是可行的，则应该予以推荐实施，如公益性项目、环境保护和改善项目等。

8.3.2　费用-效益分析的步骤

费用-效益分析按以下步骤进行。

第一步，基于财务分析中的财务现金流量表，编制用于费用-效益分析的经济现金流量表。实际上是按照费用-效益分析和财务分析的差别，来调整财务现金流量表，使之成为经济现金流量表。要把估算出的环境成本（环境损害、外部费用）计入现金流出项，把估算出的环境效益计入现金流入项。表 8.3 是经济现金流量表一般结构。

表 8.3　经济现金流量表一般结构　　　　　　　　　　　　　　　单位：万元

名称		建设期			投产期		生产期						合计
		1	2	3	4	5	6	7	8	9…23	24	25	
现金流入	1. 销售收入				50	60	80	…		80…	80	80	
	2. 回收固定资产残值											20	
	3. 回收流动资金											20	
	4. 项目外部效益				8	8	8	…		8…		8	
	合计				58	68	88	…		88…		128	
现金流出	1. 固定资产投资	7	20	5									
	2. 流动资金				10	10							
	3. 经营成本				20	20	20			20…	20	20	
	4. 土地费用	1	1	1	1	1	1	…		1…	1	1	
	5. 项目外部费用	10	10	10	10	10	10	…		10…	10	10	
	合计	18	31	16	41	41	31			31…	31	31	
净现金流量		−18	−31	−16	17	27	57	…		57…	97	97	

第二步，计算项目可行性指标。

在费用-效益分析中，判断项目的可行性，有两个最重要的判定指标：经济净现值、经济内部收益率。

（1）经济净现值（ENPV）

计算公式见式（8.4）。

$$ENPV = \sum_{i=1}^{n} (CI - CO)_t (1+r)^{-t} \tag{8.4}$$

式中：n 为项目计算期（经济分析期）；CI 为现金流入量（cash inflow）；CO 为现金流出量（cash outflow）；$(CI-CO)_t$ 为第 t 年的净现金流量；r 为贴现率（discount rate）。

经济净现值是反映项目对国民经济所作贡献的绝对量指标，是用贴现率将项目计算期内各年的净效益折算到建设起点的现值之和。当经济净现值大于零时，表示该项目的建设能为国民经济做出净贡献，即项目是可行的。

（2）经济内部收益率（EIRR）

计算公式见式（8.5）。

$$\sum_{t=i}^{n} (CI - CO)_t (1+EIRR)^{-t} = 0 \tag{8.5}$$

经济内部收益率是反映项目对国民经济贡献的相对量指标，是使项目计算期内的经济净现值等于零时的贴现率。国家公布有各行业的基准内部收益率。当项目的经济内部收益率大于行业基准内部收益率时，表明该项目是可行的。

　　贴现率是将发生于不同时间的费用或效益折算成同一时点上（现在）可以比较的费用或效益的折算比率，又称折现率。之所以要计算贴现率，是因为现在的资金比一年以后等量的资金更有价值。项目的费用发生在近期，效益发生在若干年后的将来，为使费用与效益能够比较，必须把费用和效益贴现到基准年。

　　公式见式（8.6）。

$$PV = FV/(1+r)^t \tag{8.6}$$

　　式中：PV 为现值（present value）；FV 为未来值（future value）；r 为贴现率；t 为项目期第 t 年。

　　若取贴现率 $r=10\%$，则 10 年后的 100 元钱，只相当于现在的 38.5 元；60 年后的 100 元钱，只相当于现在的 0.33 元。

　　选择一个高的贴现率时，由上式可见，未来的环境效益对现在来说就变小了，同样，未来的环境成本的重要性也下降了。这样，一个对未来环境造成长期破坏的项目就容易通过可行性分析，一个对未来环境起到长期保护作用的项目就不容易通过可行性分析，高贴现率不利于环境保护。

　　但是，一个高的贴现率对环境保护的作用是两面的，因为高贴现率的另一个影响是限制了投资总量。任何投资项目都要消耗资源，在一定程度上破坏环境。低投资总量会在这一方面有利于资源环境的保护。从这方面来看，恰当的贴现率并非越小越好。理论上，合理的贴现率取决于人们的时间偏好率和资本的机会收益率。

　　进行项目费用-效益分析时，只能使用一个贴现率。为考察环境影响对贴现率的敏感性，可在敏感性分析中选取不同的贴现率加以分析。

　　第三步，给出费用-效益分析的结果。

8.3.3　敏感性分析

　　敏感性分析，是通过分析和预测一个或多个不确定性因素的变化所导致的项目经济效果的变化幅度，判断该因素变化对预期经济效果的影响程度，从而判断项目对外部条件变化的承受能力和风险性的一种分析方法。在项目评价中改变某一指标或参数的大小，分析这一改变对项目可行性（ENPV，EIRR）的影响。

　　财务分析中进行敏感性分析的指标或参数有：生产成本、产品价格、税费豁免、投资额等。

　　在费用-效益分析中，考察项目对环境影响的敏感性时，可以考虑分析如下指标或参数：贴现率（10%，8%，5%）；环境影响的价值（上限、下限）；市场边界（受影响人群的规模大小）；环境影响持续的时间（超出项目计算期时）；环境计划执行情况（好、坏）。

　　例如，在进行费用-效益分析时使用 10% 的贴现率，计算出项目的一组可行性指标；再分别使用 8%、5% 的贴现率，重新计算一下项目的可行性指标，看看在使用不同的贴现率时，项目的经济净现值和经济内部收益率是否有很大的变化，也就是判断一下项目的可行性对贴现率的选择是否很敏感。

1. 敏感性分析的一般步骤

①确定分析指标。由于投资效果可用多重指标来表示，在进行敏感性分析时，首先必须确定分析指标。一般来说，经济评价指标体系中的一系列评价指标，都可以成为敏感性分析指标，如费用-效益分析中的经济净现值、经济内部收益率等。在选择时，应根据经济评价深度和项目的特点来选择一种或两种评价指标进行分析。

②选定不确定因素，并设定它们的变化范围。影响技术项目方案经济效果的因素众多，不可能也没有必要对全部不确定因素逐个进行分析。在选定需要分析的不确定因素时，可以从两个方面考虑：第一，这些因素在可能的变化范围内，对投资效果影响较大；第二，这些因素发生变化的可能性较大。例如，设定贴现率变化范围为10％、8％、5％。

③计算因素变动对分析指标的影响。首先，确定其他设定的不确定因素不变，变动一个或多个不确定性因素，重复计算各种可能的不确定因素的变化对分析指标影响的具体数值。然后采用敏感性分析计算表或分析图的形式，把不确定因素的变动与分析指标的对应数量关系反映出来，以便于测定敏感因素。

④确定敏感因素。敏感因素是指能引起分析指标产生相应较大变化的因素。测定某特定因素敏感与否，采用相对测定法或绝对测定法进行。

2. 敏感性分析的作用

①敏感性因素是项目风险产生的根源，敏感性分析可以帮助项目分析者或管理决策者找出使项目存在较大风险的敏感性因素是什么，使项目分析者和管理决策者全面掌握项目的盈利能力和潜在风险，制定出相应的对策措施。

②通过敏感性分析，找出影响项目经济效益的最主要因素，项目分析人员就可以对这些因素进行更深入的调查研究，尽可能地减少误差，提高项目经济评价结果的可靠程度。

③对于把握不大的预测数据，如未来价格，可以通过敏感性分析确定在多大的变化范围内，价格的变化对项目经济评价结果不至于产生严重影响。

④敏感性分析的结论有助于方案比选，决策者可以根据自己对风险程度的偏好，选择经济回报与所要承担的风险相当的投资方案。

8.3.4 环境影响的费用-效益分析应该注意的问题

①环境影响的量化在环境影响的费用-效益分析前，环境影响的量化是应该在环评的其他阶段（如工程分析、某环境影响因素的单项评价）已经完成的。但是，环境影响的已有量化方式不一定适合于进行下一步的价值评估。如对健康的影响可能被量化为健康风险水平的变化，而不是死亡率、发病率的变化。在许多情况下，前部分环评报告只给出项目排放污染物（SO_2，TSP，COD）的数量或浓度，而不是这些污染物对受体影响的大小。

②环境影响的价值估计对量化的环境影响进行货币化的过程。这是损益分析部分中最

关键的一步，也是环境影响经济评价的核心。具体的环境价值评估方法，见"8.2.2环境价值评估方法"。

③将环境影响货币化价值纳入项目经济分析。环境影响经济评价的最后一步，是要将环境影响的货币化价值纳入项目的整体经济分析（费用-效益分析）当中去，以判断项目的这些环境影响将在多大程度上影响项目、规划或政策的可行性。

在这里，需要对项目进行费用-效益分析（经济分析），其中的关键是将估算出的环境影响价值（环境成本或环境效益）纳入经济现金流量表。

计算出项目的经济净现值和经济内部收益率后，可以做出判断。评估将环境影响的价值纳入项目经济分析后计算出的净现值和内部收益率，是否显著改变了项目可行性报告中财务分析得出的项目评价指标，在多大程度上改变了原有的可行性评价指标。此外，还须评估将环境成本纳入项目的经济分析后对项目可行性的影响。根据以上评估结果判断项目的环境影响在多大程度上影响了项目的可行性。

在费用-效益分析之后，通常需要做一个敏感性分析，分析项目的可行性对项目环境计划执行情况的敏感性、对环境成本变动幅度的敏感性、对贴现率选择的敏感性等。

第9章 环境影响评价公众参与

9.1 环境影响评价公众参与概述

9.1.1 概念界定

1. 公众参与

公众参与从广义上讲是在公共管理、公共事务中让公民参与进来，并推动决策形成的过程。这一参与范围很广泛，涵盖社会管理的各个方面。20 世纪末，国内学者对公众参与引入开展了研究。俞可平教授对此的认定比较宽泛，他认为公众参与就是让公众参与到一切公共事务中来。贾西津教授认为公众参与是以代议制民主为主，是公民以投票表决的方式参与到政府决策中的参政活动。本书采用王锡锋教授的观点。他认为公众参与是在政府决策过程中，允许公众表达个人意愿、诉求，使政府决策更加合理、公正，是传统民主方式的补充。

蔡定剑教授认为，中国化的公众参与，离开了代议制民主的土壤，其也能生根发芽。我国经济社会发展瞬息万变，传统的管理模式渐渐遇到壁垒，吸收更广大民众的意见，有利于政府工作的开展。把公众参与作为一项制度写入法律，能促使政府更加注重民意，有效避免暴力执法、暴力拆迁事件的发生。

而公众参与中的"公众"，一般指关注共同问题、有相同利益的社会群体大众，与公民略有不同。所以，公众是视情况不同而范围不同的一群人。

2. 环境影响评价公众参与

就在环境影响评价中引入公众参与的目的而言，一是可以在决策中体现民意，二是可以起到监督作用。教授叶俊荣指出，环境影响评价需要一定程度上的公众意见来增强最终决策的合法性。而居住在建设项目周边的居民对周围情况最为熟悉，也是发生污染事件时最直接的目标受害人，完全有权力对项目实施提出意见，进行监督。

而在环境影响评价中加入公众参与的意义，是要确保一般公众的意见得到重视，而不是仅仅流于决策者层面或媒体层面。教授汪劲对环评公众参与的范围界定比较宽泛，他认为公众参与对象除建设单位外的政府机关、人民团体专家学者及周围居民，依照法定程序参与到环境影响评价报告的编制、审查与公示等环节中。但政府机关、人民团体在社会中的话语权本就远高于一般民众，应该将话语权更多的交给建设项目周围的普通民众，这样，在我国公众参与制度本就不成熟的情况下，可以更多地体现普通人的声音，让决策的制定更加妥当，排除外部干扰。

结合以上内容，环境影响评价公众参与是在环境影响评价报告的编制、审查与公示等环节中，征求除建设单位等利益相关群体之外的其他涉及利益关系的组织和个人的意见，并将对策最终在报告中体现，避免损害项目周围的生存环境，保证社会经济的良性发展。

9.1.2　环境影响评价中公众参与的必要性

在环评工作中引入公众参与的机制，可以在一定程度上起到辅助作用，使决策更加合理、民主，社会公众充分发挥群体的广泛性属性，可以加强对企业、环评机构以及政府的监督力度，减少企业相关寻租活动的发生，遏制环评机构不作为的乱象，强化政府在相关环境治理政策的执行效果，提高公众参与的积极性，推动环评工作的顺利实施，使其成为"行走中的制度"。

美国是第一个将环境影响评价这一环节通过相关法律具体细化并实际应用到环保实践工作中的国家，随后日本、澳大利亚、俄罗斯等多个国家也相继将这一制度引入其本土的法律体系中，这说明环保公众参与的相关制度已被各个国家所接受和采纳，在很多国际条约中也不断强调公众参与的重要意义，公众参与环境保护的相关制度受到了前所未有的重视，其理论和内涵也被不断丰富。

在我国环境保护的相关法律规定中，不断对公众参与的程序和内容进行细化规定，公众参与环评的法律体系不断完善，整个发展过程是由浅入深的。早期，仅在那些高耗能、高排放、高污染的相关大型建设项目中涉及公众参与，且参与程度并不高。但是由于我国的环境污染问题日益突出，政府及公民的环保意识不断增强，公众参与的范围也不断扩大。目前，环保部门在相关文件中作出规定，公众参与环评工作的依据不是建设项目的大小和水平，而是根据项目所在地和相关行业的敏感度。这使得公众可以通过法律和制度的规定来维护自身的权益。至此，公众参与被广大群众所普遍了解和接受。

9.1.3　国内外研究现状

1. 国内研究现状

我国在环境影响评价中引入公众参与的时间比较晚，至今不过十几年的时间，相关法律法规还不完善，应用上还有不成熟的地方，但是由于社会主义民主制度的优越性，我国在公众参与整体应用上发展迅速。近十年来，项目推荐会、案件听证会、政府决策研讨会和公益诉讼等多种公众参与环境保护工作的方式在我国应用越来越广，体现出公众参与成为社会治理过程中不可或缺的一部分。我国生态破坏、环境污染状况越来越严重，公众参与到环境决策中的意愿也越来越强烈。在吸收国外此方面研究成果的基础上，结合我国具体国情，国内学者对公众参与环境治理的必要性，从方法层面、实践层面和制度层面做了细致的研究。

一是必要性研究。崔浩通过研究环境治理领域中的公众参与，分析了公众参与概况，阐述了公众参与环境保护的权利构成，认为环境保护中公众参与是必要的。还有学者认为，公众参与到项目环境影响评价中，一方面能够制约项目建设方，防止他们一味地追求经济利益而忽视环境；另一方面，能够促使项目的最终决策结合公众的实际诉求，更加趋于合理化，更符合生态文明建设的要求。

二是方法层面研究。陈卫国学者研究了环境治理中的公众参与方法，比较了不同参与方式的利弊，包括个人参与、组织参与和利益代表参与。他认为，个人参与虽能体现较高的公众诉求，但是由于参与对象分散，成本相对也比较高；组织参与的方式具有对话性和有序性的优势，但是组织参与的第三方独立性不够且无法深入参与；利益代表参与的方式虽具有一定的代表性，但是无法均衡地体现利益的考量，实效性受到一定的限制。除此之外，李文星和郑海明在《论地方治理视野下的政府与公众互动式沟通机制的构建》一文中提到，转变地方政府的价值系统、促进地方政府管理的重心下移、拓宽并畅通沟通渠道等形式，能够有效地促进政府和公众的互动式沟通。

三是实践层面研究。国内学者研究了国外的先进实践经验，并赴欧洲等地进行实地考察后，得到了一些有益的启示。蔡定剑在《公众参与：欧洲的制度和经验》中通过对比不同国家的实践经验，总结出一些我国可借鉴的公众参与方法、路径。在环境影响评价公众参与途径方面，任丙强教授对西方经验进行了深入的研究，指出西方国家为了让环境保护法律、决策被公众认可，缓和环境效率和相关政策的内在矛盾，让公众参与到环境决策中来，通过公众咨询代表会、公众陪审团、焦点小组会议和共识会议四种方式表达自己的意愿。

四是制度层面研究。李艳芳在《公众参与环境影响评价制度研究》一书中提出了公众参与方面的"四个认可"，即公众参与的环境规划认可、公众参与的建设项目认可、公众参与的政策认可和公众参与的立法认可，并提出按照"四个认可"来完善环境影响评价中公众参与的相关法律规定。通过对政府环境决策中公众参与的分析研究，学者们提出应当扩展公众参与对象的主体，在环境立法、决策和相关公众行为实施过程中都要允许公众参与进来。

综上所述，国内对于公众参与制度的研究，刚开始只是将一些先进的公共参与理念、经验应用到我国的环境立法中。现如今，我国法律体系中，生态环境保护已经占据了一席之地，相关法律条文中都对保护环境做了规定，环境影响评价公众参与制度也在我国初步确立。

但同时，我们应该清醒地认识到，由于我国公众参与环境影响评价起步较晚、参与范围也局限在建设项目、城市规划等方面，参与程度不够深，同国外相关方面比较，还存在一定的差距。随着我国在这方面研究的不断深入，研究方向不应停留在完善环境立法或公众参与环境影响评价技术方面的探讨，而是应当按照公共管理的原理，进行系统的完善，致力于提高我国环境影响评价公众参与的有效性和实践性。因此，环境影响评价公众参与在我国还有待进行更深入的实践研究。

2. 国外研究现状

公众参与到环境影响评价中来，最早出现在老牌发达国家。工业革命中期，欧洲社会已允许公众对建设行为可能造成的环境污染进行评估。经过一个世纪的实践发展，发达国家环保学者们对公众参与环境影响评价的研究已较为成熟，并将其成果与实践不断地融合发展。其研究现状如下。

一是理论层面研究。公众参与阶梯理论由谢里·阿恩斯坦（Sherry Arnstein）在 1969 年首次提出，他把公众参与分为"操纵、训导、告知、咨询、展示、合作、授权、市民控制"八级阶梯，奠定了公众参与具体操作技术的理论基础。在同一时期，民主参与理论在美国被提出，并进一步完善。该理论认为，真正意义上的民主应该是所有公众直接参与公共决策，通过公民对决策的充分讨论，来协商决定大众共有的问题，所有的社会政策都要建立在公众意见的基础上。在此研究成果基础上，美国学者约瑟夫·毕塞特（Joseph M. Bessette）在 1980 年提出了协商民主理论，该理论指出，政府的行政、决策行为应该是自下而上的，通过全民参与的协商民主来议定，而不是政府独断或代议制民主。

二是实践层面研究。在理论研究的基础上，西方学者结合公众参与实际运用过程中的经验，探索了公众参与运用到环境影响评价中的可操作性方式，并对不同情况下分类采用不同的公众参与形式、深度标准进行了界定。约翰·克莱顿·托马斯认为，公众参与是否有效主要由最终决策的质量和其被公众的接受度两个因素决定。他还明确了相关参与主体的范围，并构建了公众参与有效决策模型。保罗·黑格（Paul Haigh）等人在《关闭核电站环境影响评价公众参与案例分析》中，以核电站关闭及拆除过程中的公众参与为例，对其中影响公众参与最终质量的重要因素进行了探讨，分析出项目决策过程的公开化程度、公众参与在项目中的受重视程度以及公众对项目信息的获得程度。

三是方法层面研究。在这一层面上，国外学者对公众参与的主体、途径等进行了研究。关于非政府组织（non-governmental organization，NGO）在环保事业中的作用，Jacqueline Peel 认为非政府组织应参与到行政决策过程中，为公众发声，并将公众的意愿融入最后的决策中。John W. Delicath 等通过研究政府环境影响决策者以及公众与决策者在环境问题上的交流方式方法，并结合环境影响评价公众参与具体案例，分析了公众个人和非政府组织在决策过程中的参与行为，以及不同案例公众参与环境影响评价的途径、方法。

四是制度层面研究。在西方国家中，最早在环境相关法律中规定公众参与制度的国家是美国。20 世纪 50 年代，美国为了缓和公众与政府决策者在城市规划和建设上的矛盾，维护社会稳定，在法律中增加了公众参与环境保护的条款。这一措施不仅缓解了公众对政府决策的不满，更使项目的建设更优化，社会效益更高。到了 20 世纪 60 年代，联邦政府规定在公众项目专项资金的审批过程中，必须让公众参与进来，并获得公众同意。除此之外，美国的法律还规定，公民拥有享受宜居环境的权利，同时肩负保护和改善生态环境的义务。不久，其他西方国家在学习了美国的公众参与环境保护相关制度之后，纷纷将公众参与环境保护的工作方法应用于本国的制度中。经过几十年的发展变化，西方国家公众参与的相关政策法规已相对完善。

综上所述，最初，国外学者对公众参与的研究只是停留在理论层面。随后，他们结合具体的实例，并参考不同国家的实践经验，对公众参与环境保护的现状、意义和影响因素进行了研究，最终探讨出公众参与环境保护的更有效形式，既拓宽了公众参与环境保护的广度，又加大了公众参与环境保护的力度。自 20 世纪 60 年代到如今，发达国家对于公众参与环境保护的研究基本达到成熟的阶段，并将公众参与环境影响评价作为一项重要的制度写入法律中。

9.2　环境影响评价公众参与的办法

自《环境影响评价公众参与暂行办法》实施 12 年以来，在实践中暴露出越来越多的问题。2018 年 4 月 16 日，生态环境部审议通过《环境影响评价公众参与办法》（以下简称《参与办法》），自 2019 年 1 月 1 日起施行。该办法解决了实践过程中责任主体不清，参与环保意识薄弱，公众参与流于形式、弄虚作假等方面的问题。

《参与办法》实施要点如下。

①国家鼓励公众参与环境影响评价。环境影响评价公众参与遵循依法、有序、公开、便利的原则。

②专项规划编制机关应当在规划草案报送审批前，举行论证会、听证会，或者采取其他形式，征求有关单位、专家和公众对环境影响报告书草案的意见。

③建设单位应当依法听取环境影响评价范围内的公民、法人和其他组织的意见，鼓励建设单位听取环境影响评价范围之外的公民、法人和其他组织的意见。

④专项规划编制机关和建设单位负责组织环境影响报告书编制过程的公众参与，对公众参与的真实性和结果负责。

专项规划编制机关和建设单位可以委托环境影响报告书编制单位或者其他单位承担环境影响评价公众参与的具体工作。

⑤对于专项规划环境影响评价的公众参与，《参与办法》中未做规定的，依照《中华

人民共和国环境影响评价法》《规划环境影响评价条例》的相关规定执行。

⑥建设项目环境影响评价公众参与的相关信息应当依法公开，涉及国家秘密、商业秘密、个人隐私的，依法不得公开。法律法规另有规定的，从其规定。

生态环境主管部门公开建设项目环境影响评价公众参与的相关信息，不得危及国家安全、公共安全、经济安全和社会稳定。

⑦建设单位应当在确定环境影响报告书编制单位后 7 个工作日内，通过其网站、建设项目所在地公共媒体网站或者建设项目所在地相关政府网站（以下统称网络平台），公开下列信息：建设项目名称、选址选线、建设内容等基本情况，改建、扩建、迁建项目应当说明现有工程及其环境保护情况；建设单位名称和联系方式；环境影响报告书编制单位的名称；公众意见表的网络链接；提交公众意见表的方式和途径。

在环境影响报告书征求意见稿编制的过程中，公众均可向建设单位提出与环境影响评价相关的意见。公众意见表的内容和格式由生态环境部制定。

⑧建设项目环境影响报告书征求意见稿形成后，建设单位应当公开下列信息：环境影响报告书征求意见稿全文的网络链接及查阅纸质报告书的方式和途径；征求意见的公众范围；公众意见表的网络链接；公众提出意见的方式和途径；公众提出意见的起止时间；征求与该建设项目环境影响有关的意见。建设单位征求公众意见的期限不得少于 10 个工作日。

⑨依照《参与办法》规定应当公开的信息，建设单位应当通过下列三种方式同步公开：通过网络平台公开，且持续公开期限不得少于 10 个工作日；通过建设项目所在地公众易于接触的报纸公开，且在征求意见的 10 个工作日内公开信息不得少于 2 次；通过在建设项目所在地公众易于知悉的场所张贴公告的方式公开，且持续公开期限不得少于 10 个工作日。

鼓励建设单位通过广播、电视、微信、微博及其他新媒体等多种形式发布本办法第十条规定的信息。

⑩建设单位可以通过发放科普资料、张贴科普海报、举办科普讲座或者通过学校、社区、大众传播媒介等途径，向公众宣传与建设项目环境影响有关的科学知识，加强与公众互动。

⑪公众可以通过信函、传真、电子邮件或者建设单位提供的其他方式，在规定时间内将填写的公众意见表等提交建设单位，反映与建设项目环境影响有关的意见和建议。

公众提交意见时，应当提供有效的联系方式。鼓励公众采用实名方式提交意见并提供常住地址。

对公众提交的相关个人信息，建设单位不得用于环境影响评价公众参与之外的用途，未经个人信息相关权利人允许不得公开。法律法规另有规定的除外。

⑫对环境影响方面公众质疑性意见多的建设项目，建设单位应当按照下列方式组织开展深度公众参与：公众质疑性意见主要集中在环境影响预测结论、环境保护措施或者环境

风险防范措施等方面的，建设单位应当组织召开公众座谈会或者听证会。座谈会或者听证会应当邀请在环境方面可能受建设项目影响的公众代表参加。公众质疑性意见主要集中在环境影响评价相关专业技术方法、导则、理论等方面的，建设单位应当组织召开专家论证会。专家论证会应当邀请相关领域专家参加，并邀请在环境方面可能受建设项目影响的公众代表列席。

建设单位可以根据实际需要，向建设项目所在地县级以上地方人民政府报告，并请求县级以上地方人民政府加强对公众参与的协调指导。县级以上生态环境主管部门应当在同级人民政府的指导下配合做好相关工作。

⑬建设单位决定组织召开公众座谈会、专家论证会的，应当在会议召开的 10 个工作日前，将会议的时间、地点、主题和可以报名的公众范围、报名办法，通过网络平台发布和在建设项目所在地公众易于知悉的场所张贴公告等方式向社会公告。

建设单位应当综合考虑地域、职业、受教育水平、受建设项目环境影响程度等因素，从报名的公众中选择参加会议或者列席会议的公众代表，并在会议召开的 5 个工作日前通知拟邀请的相关专家，并书面通知被选定的代表。

⑭建设单位应当在公众座谈会、专家论证会结束后 5 个工作日内，根据现场记录，整理座谈会纪要或者专家论证结论，并通过网络平台向社会公开座谈会纪要或者专家论证结论。座谈会纪要和专家论证结论应当如实记载各种意见。

⑮建设单位组织召开听证会的，可以参考环境保护行政许可听证的有关规定执行。

⑯建设单位应当对收到的公众意见进行整理，组织环境影响报告书编制单位或者其他有能力的单位进行专业分析后提出采纳或者不采纳的建议。

建设单位应当综合考虑建设项目情况、环境影响报告书编制单位或者其他有能力的单位的建议、技术经济可行性等因素，采纳与建设项目环境影响有关的合理意见，并组织环境影响报告书编制单位根据采纳的意见修改完善环境影响报告书。

对未采纳的意见，建设单位应当说明理由。未采纳的意见由提供有效联系方式的公众提出的，建设单位应当通过该联系方式，向其说明未采纳的理由。

⑰建设单位向生态环境主管部门报批环境影响报告书前，应当组织编写建设项目环境影响评价公众参与说明。公众参与说明应当包括下列主要内容：公众参与的过程、范围和内容；公众意见收集整理和归纳分析情况；公众意见采纳情况，或者未采纳情况、理由及向公众反馈的情况等。公众参与说明的内容和格式由生态环境部制定。

⑱建设单位向生态环境主管部门报批环境影响报告书前，应当通过网络平台，公开拟报批的环境影响报告书全文和公众参与说明。

⑲建设单位向生态环境主管部门报批环境影响报告书时，应当附具公众参与说明。

⑳生态环境主管部门受理建设项目环境影响报告书后，应当通过其网站或者其他方式向社会公开下列信息：环境影响报告书全文，公众参与说明，公众提出意见的方式和途径。公开期限不得少于 10 个工作日。

㉑生态环境主管部门对环境影响报告书作出审批决定前，应当通过其网站或者其他方式向社会公开下列信息：建设项目名称、建设地点，建设单位名称，环境影响报告书编制单位名称，建设项目概况、主要环境影响和环境保护对策与措施，建设单位开展的公众参与情况，公众提出意见的方式和途径。公开期限不得少于 5 个工作日。

生态环境主管部门依照第一款规定公开信息时，应当通过其网站或者其他方式同步告知建设单位和利害关系人享有要求听证的权利。

生态环境主管部门召开听证会的，依照环境保护行政许可听证的有关规定执行。

㉒在生态环境主管部门受理环境影响报告书后和作出审批决定前的信息公开期间，公民、法人和其他组织可以依照规定的方式、途径和期限，提出对建设项目环境影响报告书审批的意见和建议，举报相关违法行为。

生态环境主管部门对收到的举报，应当依照国家有关规定处理。必要时，生态环境主管部门可以通过适当方式向公众反馈意见采纳情况。

㉓生态环境主管部门应当对公众参与说明内容和格式是否符合要求、公众参与程序是否符合本办法的规定进行审查。

经综合考虑收到的公众意见、相关举报及处理情况、公众参与审查结论等，生态环境主管部门发现建设项目未充分征求公众意见的，应当责成建设单位重新征求公众意见，退回环境影响报告书。

㉔生态环境主管部门参考收到的公众意见，依照相关法律法规、标准和技术规范等审批建设项目环境影响报告书。

㉕生态环境主管部门应当自作出建设项目环境影响报告书审批决定之日起 7 个工作日内，通过其网站或者其他方式向社会公告审批决定全文，并依法告知提起行政复议和行政诉讼的权利及期限。

㉖建设单位应当将环境影响报告书编制过程中公众参与的相关原始资料，存档备查。

㉗建设单位违反《参与办法》规定，在组织环境影响报告书编制过程的公众参与时弄虚作假，致使公众参与说明内容严重失实的，由负责审批环境影响报告书的生态环境主管部门将该建设单位及其法定代表人或主要负责人失信信息记入环境信用记录，向社会公开。

㉘公众提出的涉及征地拆迁、财产、就业等与建设项目环境影响评价无关的意见或者诉求，不属于建设项目环境影响评价公众参与的内容。公众可以依法另行向其他有关主管部门反映。

㉙对依法批准设立的产业园区内的建设项目，若该产业园区已依法开展了规划环境影响评价公众参与且该建设项目性质、规模等符合经生态环境主管部门组织审查通过的规划环境影响报告书和审查意见，建设单位开展建设项目环境影响评价公众参与时，可以按照以下方式予以简化：免予开展本办法第九条规定的公开程序，相关应当公开的内容纳入本办法第十条规定的公开内容一并公开；《参与办法》第十条第二款和第十一条第一款规定

的 10 个工作日的期限减为 5 个工作日；免予采用《参与办法》第十一条第一款第三项规定的张贴公告的方式。

㉚核设施建设项目建造前的环境影响评价公众参与依照《参与办法》有关规定执行。

堆芯热功率 300 MW 以上的反应堆设施和商用乏燃料后处理厂的建设单位应当听取该设施或者后处理厂半径 15 km 范围内公民、法人和其他组织的意见；其他核设施和铀矿冶设施的建设单位应当根据环境影响评价的具体情况，在一定范围内听取公民、法人和其他组织的意见。

大型核动力厂建设项目的建设单位应当协调相关省级人民政府制定项目建设公众沟通方案，以指导与公众的沟通工作。

㉛土地利用的有关规划和区域、流域、海域的建设、开发利用规划的编制机关，在组织进行规划环境影响评价的过程中，可以参照《参与办法》的有关规定征求公众意见。

第10章　案例分析

10.1　工程建设背景

　　A 工程是以农业灌溉为主，兼顾发电、防洪、城乡工业生活供水、环境保护、旅游等综合利用功能的大型骨干水利工程，被国家和四川省列为重点建设项目。工程包括水源工程 S 水库和灌区工程两部分。

　　A 工程分两期进行建设。第一期工程主要包括涪江拦河闸取水枢纽、总干渠、涪江和梓潼江之间的涪梓灌区渠系及沉抗囤蓄水库等，工程于 1988 年复工建设、2000 年基本完建、2002 年通过国家验收。第二期工程包括 S 水库和二期灌区工程两部分，其中 S 水库工程于 2004 年开工建设，2011 年基本完建，目前正在准备国家验收；二期灌区工程项目主要包括西梓干渠、金峰囤蓄水库、中小型骨干渠系（一条分干渠、两条支渠、十四条分支渠）及田间工程。A2 工程为第二期灌区工程的发展灌区，工程包括西梓干渠延长段、白鹤林囤蓄水库工程、蓬船干渠、中小型骨干渠系（两条分干渠、三条支渠、四条分支渠）及田间工程。

　　本项目环境影响评价工作针对 A2 工程进行。A 工程是一个大型的系统工程，各项目之间联系紧密，为说明整个工程的情况，以下对工程相关规划、已建第一期工程及 S 水库工程、在建第二期工程作简要介绍。

10.1.1　已建第一期工程

　　根据分期实施计划，第一期工程由拦河闸取水枢纽、总干渠、涪梓干渠以及灌区内相应配套的囤蓄工程和各级渠道所组成，控制灌溉面积 84 653.33 hm²。拦河闸位于江油市，闸址以上流域面积 5 814 km²，占涪江全流域面积的 16%。拦河闸由 5 孔泄洪闸和 2 孔冲沙闸组成，闸孔宽 10 m，进水闸设在左岸，设计引用流量 110 m³/s，右岸为白鱼垴进水闸，设计引用流量 5 m³/s。总干渠全长 37.349 km，计有隧洞 15 座（长 8.21 km）、渡槽 9 座（长 1.805 km）、石龙嘴水电站（装机容量 2×8.8 MW）。

本着"分段实施、逐段受益"的原则，将总干渠划分为三段：枢纽至观音岩隧洞进口为第一段，长 8.725 km；观音岩隧洞进口至犁儿园渡槽出口为第二段，长 20.973 km；犁儿园渡槽出口至玉皇观节制闸止为第三段，长 7.651 km。涪梓干渠全长 67.865 km，其中：涪梓上段长 30.316 km，计有隧洞 13 座（长 4.842 km），倒虹管 1 座（长 0.062 km）；涪梓下段长 37.549 km，计有隧洞 19 座（长 8.341 km），渡槽 4 座（长 2.494 km）；灌溉面积在 666.66 hm² 以上的分干渠 2 条（长 113.96 km），支渠 3 条（长 60.39 km），分支渠 8 条（长 205.624 km），斗渠 52 条（长 639.262 km），共 65 条渠道，总长 1 018.169 km。囤蓄水库沉抗水库位于涪梓干渠上下段之间，水库总库容 0.98 亿 m³，有效库容 0.72 亿 m³，灌溉面积 32 873.33 hm²。水库大坝为风化料心墙硬质砂岩石渣坝，最大坝高 56.3 m，水库正常蓄水位 528 m。

一期工程最早于 1958 年开工建设，其间由于多方面的原因两次缓建，1988 年 9 月工程复工，于 2000 年底前第一期工程相继建成引水枢纽工程、总干渠、涪梓干渠、灌区囤蓄水库（沉抗水库）和灌溉渠道，2002 年通过国家验收，实现灌溉面积 84 653.33 km²。

10.1.2 在建灌区水源工程 S 水库

A 工程的水源工程 S 水库是涪江上游最后一级水库，同时也是涪江流域规划中最大的骨干龙头水库。坝址位于江油市涪江干流摸银洞河段，距下游一个已建成的拦河闸 1.0 km。工程开发任务以防洪、灌溉为主，结合发电，兼有供水等综合利用要求。水库正常蓄水位 658 m，相应库容 5.72 亿 m³，正常蓄水位时水库面积 13.75 km²，回水长度 37.3 km，具有不完全年调节性能。主体工程由大坝、泄水系统、引水系统及电站厂房等几大部分组成。大坝为碾压混凝土重力坝，坝顶高程 661.14 m，最大坝高 119.14 m，坝顶宽 10 m、长 727 m；泄水系统由坝身深孔和表孔组成，共同完成水库泄洪排沙任务；引水系统由进水口、压力钢管等组成；坝后式电站厂房由主厂房、副厂房、升压开关站、办公区组成，总装机容量 150 MW。工程总投资 19.78 亿元，于 2004 年开工建设，目前主体工程已完成，正在准备竣工验收。

S 水库工程从 19 世纪 50 年代开始就进行了多次规划、勘测、设计工作。2002 年四川省水利院完成了二期工程 S 水库可行性研究报告，长江水资源保护科学研究所于 2002 年 9 月编制完成了《四川 A 二期工程 S 水库工程环境影响复核报告书》，并通过原国家环保总局的审批。该复核报告书对工程环境影响的结论性意见认为，S 水库工程是一项具有治理流域灾害性环境问题的巨大工程，不但在更合理利用涪江水资源方面具有重要价值，而且为改善流域环境提供了许多机遇。环境影响评价过程中全面核查和重点评价的环境问题都可以得到妥善处理。因此，该工程在环境上是可行的。

S 水库建成后，主要是利用丰水期水库蓄水增加枯期灌区引水的保证率，不会对水库下游涪江干流原有的用水需求造成影响，相反，还可在一定程度上增加涪江干流的枯水期流量。

10.1.3 在建第二期工程

第二期工程分为西梓灌区和 S 水库直灌区两部分。

西梓灌区工程包括西梓干渠、金峰囤蓄水库和中小型骨干渠系工程中的金龙分干渠、大宝分支渠等 13 条渠系工程，设计灌溉面积 60 246.66 hm²。西梓干渠全长约 108.2 km，计有隧洞 61 座（长 53.697 km）、渡槽 17 座（长 5.073 km）、倒虹管 3 座（长 2.827 km）。金峰囤蓄水库位于四川省绵阳市盐亭县金安乡境内，水库正常蓄水位 475 m，相应库容 9 796 万 m³，死水位 445 m，有效库容 6 651 万 m³。金峰水库供水对象为西梓干渠下段控制灌面及区内城乡生活及工业供水。水库 7 月～9 月保持在汛期限制水位 474.3 m 运行，9 月至 11 月为蓄水期，水库水位逐渐回蓄到正常水位 475 m 运行，12 月至来年 6 月为供水期，水位逐渐下降至 445 m 死水位。供水期通过金峰水库调蓄增加的对西梓下段的最大供水量为水库的调节库容，即 6 651 万 m³，按分配比例估算，包括灌溉供水 3 118 万 m³，农村人畜供水 828 万 m³，城镇工业、生活供水 2 705 万 m³。西梓干渠中小型骨干渠系工程包括 1 条分干渠和 12 条分支渠，渠线总长约 278 km。

S 水库直灌区工程分为左直灌区和右直灌区工程，主要包括左支渠、永重分支渠、永东分支渠和右支渠 4 条渠系工程，渠线总长约 72 km。其中左直灌区设计灌溉面积 8 300 hm²，通过左支渠在 S 水库大坝上游 6 km 左岸采用隧洞形式由 S 水库库内取水，隧洞全长 1 863 m，设计流量 3.20 m³/s，采用自流与提水相结合的引水方式，隧洞底板高程 648 m、提水泵高程 623 m；右直灌区设计灌溉面积 1 666.66 hm²，通过右支渠在 S 水库右坝端采用隧洞形式取水，隧洞全长 869 m，设计流量 2.50 m³/s，隧洞底板高程 622 m，隧洞穿过 S 水库右坝肩帷幕灌浆工程。

2009 年 12 月，国家发展和改革委员会以《国家发展改革委关于四川省 A 第二期灌区工程项目建议书的批复》（发改农经〔2009〕2504 号）文批复同意武引二期灌区工程立项。2011 年 8 月，原国家环境保护部以"环审〔2011〕229 号"文批复了《四川省 A 第二期灌区工程环境影响报告书》。2012 年 7 月，水利部以"水规计〔2012〕309 号"文批复了《四川省 A 第二期灌区工程初步设计报告》。第二期工程于 2011 年 12 开工，总工期 47 个月，建成后可实现灌溉面积 70 213.33 hm²。

10.2 环境质量现状与主要环境问题

10.2.1 环境质量现状

作为传统的农耕区，灌区环境总体上满足农业种植业持续稳定发展以及人居的需要，区内生态及社会环境处于基本协调状态。

1. 水环境质量现状

A2 工程水体污染源包括工业废水、生活污水和农田面污染源，主要污染物为总氮、总磷、COD、BOD、氨氮等有机污染物。监测表明，S 水库、黑龙凼水库及 S 水库所在的涪江干流水质达到《地表水环境质量标准》（GB 3838—2002）Ⅱ类标准，灌区主要地表径流水质总体达到Ⅲ类标准，赤城湖水库除高锰酸盐指数及总氮轻度超标外（不满足《地表水环境质量标准》（GB 3838—2002）Ⅱ类标准），其余指标均能达到Ⅱ类标准要求；灌区地下水水质达到《地下水质量标准》（GB/T 14848—1993）Ⅲ类水质标准，满足集中式生活饮用水水源及工农业用水要求。

2. 环境空气与声环境质量现状

A2 工程不存在大中型大气与噪声污染源，主要大气污染物来自少量的企业排污和灌区内居民生活用燃料燃烧。2014 年灌区范围内的环境空气与声环境监测成果表明评价区域环境空气与大气环境质量良好，分别满足《环境空气质量标准》（GB 3095—2012）二级标准与《声环境质量标准》（GB 3096—2008）2 类标准要求。

3. 生态环境质量现状

灌区生态体系中，环境资源型拼块面积占评价区总面积的 32.28％左右；引进拼块占评价区总面积的 67.72％。灌区现有的资源型拼块受到了大量人类活动的影响，尤其是次生林生态系统，主要为人工植被，且树种和结构单一，稳定性差，一旦遭到破坏，短时间内很难恢复。此外，由于次生林植被类型较单一，异质化程度不高，景观生态体系对内外干扰的阻抗能力较弱。

4. 社会环境质量现状

A2 工程区域内人口较为稠密，是开发较早的农耕区，灌区内部分市县工业经济基础较好，但大部分地区仍以农业生产为主。灌区内土地利用以耕地为主，且分布集中，劳动力充裕，交通路网密集，具有较大的农业发展潜力；但由于区内农业经常遭受干旱等自然灾害的影响和威胁，目前农业生产优势并不明显，灌区各县经济发展在四川省内处于中等水平。据调查，灌区人群健康总体良好，近 3 年内均无与水有关的地方病和流行病；江油历史上曾有血吸虫病流行，通过集中防治，近 3 年无急性血吸虫病感染病例发生，也未发现血吸虫病感染阳性的钉螺和病牛。

10.2.2　主要环境问题

（1）干旱频繁，缺水严重，制约自然生态及社会环境的良性发展

A2 工程区属川中少雨区，在全省径流属低值区。经计算，灌区人均水资源占有量约为 496 m³/人，耕地公顷均水资源占有量 4 665 m³/hm²，均远低于四川省和全国的平均水平，水资源严重不足。该区一直是四川人畜饮水极度困难地区，长期以来存在着"水量不

达标"和"水源水质保证率不达标"的情况，严重制约着灌区的人畜饮水安全。同时，受降水在年内分配极不均匀的影响，区内春旱和夏旱严重，与农作物正常需水时段发生较大矛盾，干旱已成为灌区内危害面最广、持续时间长、最为严重的一种农业气象灾害；加之灌区内大中型骨干蓄水工程欠缺，已有水利设施老化毁损严重，受区域地形及气候等自然条件的影响，供水保证率低。因此，严重频繁的旱灾已对本地区的农业生产和国民经济发展造成了极大的危害，特别是近年来的持续旱灾，造成的损失更为惨重。

（2）部分水域水质受到污染，影响水资源的有效利用

受灌区内生活污水、工业废水和农田面污染的影响，区内部分河流在城镇附近河段地表水水质污染问题比较严重。随着近年来灌区工农业生产的发展、人口增长和居民生活水平的提高，相应造成的污染负荷增大使得区内水质污染等环境问题有加重的趋势。由于水质污染点源集中在城镇附近，灌区内蓬溪县城下游河段水质污染问题较为突出。

（3）水土流失程度较重

从灌区水土流失现状分析，自然因素是水土流失发生、发展的潜在条件，人为因素是造成区域水土流失的主导因素。灌区人口密度大，垦殖指数高，耕作粗放、重用轻养、顺坡和陡坡耕种等不合理生产方式，超越了自然土地资源的生产能力，再加上灌区乡镇城镇化进程中对植被侵占和扰动，均加剧了区域土壤侵蚀的进程。区域水土流失加剧破坏土地资源，降低土地肥力，破坏土壤结构，降低渗透性，减弱土质保水性和抗旱能力，影响土地生产力；淤塞河道与水利工程，降低其灌溉和防洪功能；造成植被破坏，使整个生态环境质量下降。

（4）人工引进景观比重较大，生态环境脆弱

A2 范围内生态环境目前处于基本平衡的良好状态。但是，由于区域内各类生态系统均在很大程度上受到人类活动的影响，次生林生态系统也属于人工或半人工的系统，其物种组成较为单一，异质化程度不高，在受到外界干扰的情况下，生态体系的抵抗力和恢复力较差。

10.3　A 工程环境影响预测评价

10.3.1　对地表水质的影响预测评价

1. 施工期对地表水质的影响

本工程施工废水主要包括砂石加工废水、施工机械车辆检修废水、混凝土拌和系统冲洗和养护废水、施工人员的生活污水、基坑排水等。

（1）导虹管、渡槽施工对水环境的影响

A2 工程倒虹管和渡槽较多，其中干渠、分干渠工程有 6 座倒虹管、渡槽 20 座；中小型渠系另有倒虹管 12 座、渡槽 13 座。上述倒虹管和渡槽跨越的沟、河水量均较小。

在倒虹管和渡槽施工过程中，工程规划对倒虹管穿越河（沟）段和涉水的渡槽排架基础进行导流。工程导流围堰施工期间，将对涉及水体产生一定扰动，导致施工河段水体 SS 上升，类比省内同类型工程，由于灌区各涉水施工河段河道比降小，水浅，流量小，流速低，因此工程围堰下游 100 m 范围外 SS 增加量不超过 50 mg/L，对水质影响总体较小。此外，在倒虹管基础开挖过程中，可产生少量基坑废水，施工工艺要求这些废水需沉淀后抽排至围堰外，对环境影响较小。

（2）混凝土拌和系统冲洗废水

根据施工组织设计，A 工程共设置 83 座混凝土拌和系统。根据水利工程的特点，混凝土拌和站冲洗水属弱碱性废水，具有排放量小、间歇集中排放的特点，悬浮物含量较高，悬浮物主要成分为岩石碎屑形成的泥沙，废水中的悬浮物可达到 5 000 mg/L，pH 可达到 12。

类比同类工程，混凝土拌和冲洗与养护废水产生量为 0.5~1 m³/次，由于施工点数量多且分散，各排放点废水量不大，生产废水排放强度很小，而且由于工程施工时间长达 30 个月，各工区高峰用水时间不会同时出现，每个工区采取分段施工方式，总体上对工程沿线水环境产生的影响很小，但混凝土拌和冲洗若随意排放，会破坏施工区局部地带的土壤结构。

（3）生活污水

工程的白鹤林闹蓄水库工程、灌区工程施工期月高峰人数分别为 300 人、2 050 人，但各施工区施工高峰出现时段不同，本次预测分析以各施工区的施工高峰人数为基础，对施工期生活污水进行分析。

灌区中小型渠系工程设置工区 14 个、生产生活区 58 个，施工场地分散且规模小，主要为当地民工队伍施工。因此施工人员生活排污点分散且量少，污水分散进入当地农村旱厕、耕地等土地系统，预计对周围环境的影响较小。

白鹤林闹蓄水库工程设置 1 处集中生产生活工区，西梓干渠延长段和蓬船干渠各设置 3 处集中生产生活工区。本工程实施过程中污水排放较分散。结合区域水体调查来看，工区附近无饮用水源保护区等敏感水体，生活污水排放去向为季节性河沟，通过适当的处理，均可回用于浇灌农田、林地，因此预测其对周围环境产生的影响较小。在处理设施事故时，污水排放预计会对当地受纳水体水环境造成一定的影响。

（4）含油废水

本工程机械修配依托灌区附近城镇大型修理厂，工地只设车、钻、铣等简易机修设备的小型机修厂，并在工地设汽车保养站，承担汽车的定期保养和小修，布置在施工营地。工程主要施工机械包括装载机、液压反铲、农用车、自卸汽车、推土机、载重汽车、汽车吊等,需定期清洗的主要施工机械设备按施工机械总数的一半计,将会产生机械车辆保养、冲洗废水,废水中主要污染物成分为石油类和悬浮物,废水中石油类浓度约为 10～30 mg/L,悬浮物含量约为 500～1 000 mg/L,按平均每台机械设备冲洗水以 0.5 m³/次计算,这些施工机械设备分布在 21 个施工生产生活区,分布范围比较大,因此单个施工区段废水排放量较小。因机械车辆维修、冲洗排放的废水中石油类含量较高,含油废水若就地排放,会影响受纳水体水质,降低土壤肥力,改变土壤结构,不利于施工迹地恢复。

2. 运行期对地表水质的影响

此处仅对拟建白鹤林囤蓄水库水质和已建赤城湖及黑龙凼水库水质进行预测评价。

（1）拟建白鹤林囤蓄水库水质预测评价

《四川省 A 第二期灌区工程环境影响报告书（报批稿）》对 S 水库以及金峰水库水体富营养化的预测结果如下:S 水库建库后库区总氮逐月浓度为 0.11～0.20 mg/L,水库均处于贫营养状态;库区总磷逐月浓度为 0.01～0.03 mg/L,水库均处于中营养状态,其高值主要出现在丰水期,原因主要在于丰水期农田面源污染负荷相对其他时期较大。金峰水库建库后库区总氮逐月浓度为 0.07～0.24 mg/L,水库绝大多数月份处于贫营养状态,3、4 月水库处于贫营养状态与中营养状态之间;库区总磷逐月浓度为 0.013～0.028 mg/L,水库绝大多数月份处于贫营养状态,个别月份水库处于中营养状态,其高值主要出现在丰水期,原因主要在于丰水期通过渠道引入的 S 水库下泄水农田面源污染负荷相对其他时期较大。根据本报告对 S 水库的回顾评价结果,经过对 S 水库现状水质的监测,通过采用《湖泊（水库）富营养化评价方法及分级技术规定》（中国环境监测总站,2004 年）中的综合营养状态指数法进行 S 水库富营养化评价,得出 S 水库水体属于贫营养水平,对比《四川省 A 第二期灌区工程环境影响报告书（报批稿）》对 S 水库水体富营养化的预测结果,其预测结果较为准确。

拟建的白鹤林水库与已运行的 S 水库、在建的金峰水库在同一灌区,营养盐背景情况相近,且均为多年调节性能水库,因此本次评价认为白鹤林水库运行期的富营养化状态与 S 水库、金峰水库相近。白鹤林水库建成后,库区周边无工业污染源、无交通干线,库区人口全部迁出,库周主要为林地,除少量农田外,基本无其他水质污染源。

白鹤林囤蓄水库集雨面积仅 6.66 km²,工程运行后,回归水年纳入量约为 31 万 m³,由于化肥农药施用量稍有增加,灌溉回归水入库导致年 COD 排放增加量为 1.9 t/a,氨氮排放增加量为 0.4 t/a,白鹤林水库多年平均年入库径流量 143 万 m³,增加的污染物对白鹤林水库的污染负荷贡献 COD 为 1.33 mg/L、氨氮为 0.28 mg/L,由此可见,工程运行后灌溉回归水对水库水质的影响轻微。

白鹤林囤蓄水库主要水源为通过西梓干渠延长段输入的金峰水库充水,金峰水库主要水源主要为通过总干渠、西梓干渠等渠系输入的涪江 S 水库充水,根据现状监测,S 水库水质满足地表水环境质量 II 类标准,随着主要水源地 S 水库上游流域污染治理力度的加强,渠系及金峰水库水源水质可得到保障,加上工程建成后加强农业面源污染的控制及积极推进区域耕作方式的改变，白鹤林水库水质可得到保障，其水库水体基本不存在水体富营养化的可能。

（2）已建赤城湖及黑龙凼水库水质预测评价

①已建水库水质现状评价。

项目委托遂宁市环境监测中心站于 2014 年 7 月对赤城湖水库及黑龙凼水库的水质进行了现状监测，监测结果表明，黑龙凼水库水质各项均能达到《地表水环境质量标准》（GB 3838—2002）Ⅱ类标准要求，赤城湖水库除高锰酸盐指数及总氮轻度超标外，其余指标均能达到Ⅱ类标准要求。

通过采用《湖泊（水库）富营养化评价方法及分级技术规定》（中国环境监测总站，2004 年）中的综合营养状态指数法进行赤城湖水库及黑龙凼水库富营养化评价，综合营养状态指数（$\sum$）计算值分别为 45.9 及 38.6。评价结果表明，赤城湖水库及黑龙凼水体均属于中营养水平。

②工程运行对已建水库水质影响评价。

赤城湖水库集雨面积 101.4 km^2，工程运行后，回归水年纳入量约为 470 万 m^3，由于化肥农药施用量增加导致灌溉回归水纳入造成年 COD 排放增加量为 29.4 t/a，氨氮排放增加量为 6.8 t/a，赤城湖水库多年平均年入库径流量 2 170 万 m^3，增加的污染物对赤城湖水库的污染负荷贡献 COD 为 1.35 mg/L、氨氮为 0.31 mg/L；黑龙凼水库集雨面积 43.4 km^2，工程运行后，回归水年纳入量约为 200 万 m^3，由于化肥农药施用量增加导致灌溉回归水纳入造成年 COD 排放增加量为 12.5 t/a，氨氮排放增加量为 2.9 t/a，黑龙凼水库多年平均年入库径流量 930 万 m^3，增加的污染物对黑龙凼水库的污染负荷贡献 COD 为 1.34 mg/L、氨氮为 0.31 mg/L。

结合水质现状，以维持水库Ⅱ类水域标准为目标，赤城湖水库 COD 尚有 5.33 mg/L 的污染容量，氨氮尚有 0.37 mg/L 的污染容量；黑龙凼水库 COD 尚有 2.33 mg/L 的污染容量，氨氮尚有 0.37 mg/L 的污染容量。由此可见，工程运行后回归水纳入均不会造成赤城湖水库和黑龙凼水库水质明显恶化和富营养化。加之武引蓬船灌区建成运行后，白鹤林囤蓄水库可向赤城湖水库和黑龙凼水库充水，白鹤林水库水源水质良好，其对现有水库充水也可增加现有水库的纳污能力和自净能力。因此工程运行期赤城湖水库和黑龙凼水库的水质不会明显恶化，在加强蓬溪县生活污水排放管理和控制农业面源污染的前提下，水库水质基本不会富营养化。

10.3.2 对地下水水质的影响预测评价

1. 施工期对地下水水质的影响

工程区位于四川盆地川中腹地，总的地势为北东高、南西低，以典型的构造剥蚀和侵蚀的浅丘、深丘地貌为主，其他为侵蚀堆积地貌。蓬船灌区基岩分布为白垩系、侏罗系的红色砂、泥岩地层，由北至南顺次出露苍溪组、蓬莱镇组上段、蓬莱镇组下段、遂宁组、上沙溪庙组等地层。第四系松散地层分布于冲沟、侵蚀洼地、涪江及各支流谷底及两岸、斜坡宽缓平台及坡脚地带，物质组成为黏土、粉质黏土夹块碎石等。

根据埋藏条件和含水层特征，工程区地下水类型主要为第四系松散覆盖层中的孔隙水和基岩裂隙水两种，其水文地质条件较为简单。第四系松散堆积层孔隙水多赋存于坡残积堆积体和沟谷地带冲洪积堆积层内，接受大气降水补给为主，其次为地表溪流的补给，就地补给，就近排泄，泄水面受地形起伏限制，无区域性联系，水位埋深与地形切割关系密切，且受季节变化较明显，富水性一般较弱。基岩裂隙水主要储存于基岩风化带、裂隙发育的砂岩与泥质粉砂岩中，为相对含水层，受大气降水补给，一般以下降泉形式，出露于砂岩（或泥质粉砂岩）与泥岩、粉砂质泥岩（或黏土岩）的接触面附近，溢出地表，以季节性泉水为主，少数为常年型泉水。

工程区地层为砂岩、粉砂质泥岩互层的特征，地下水含水层多层叠置，砂岩属含水透水层；而粉砂质泥岩，其浅部风化带为含水层，但向下部裂隙发育程度迅速减弱，变为相对隔水层，含水层本身储集和渗透性差，产状平缓，处临地上者受地形影响，分割零碎，不利于地下水汇集，埋于地下者往往被上部多个隔水层广泛覆盖，多数不易得到补给，故富水程度一般较差，水量较小。地下水富水性差，水量较小，局部具一定的承压性。

根据武引一期施工期资料，在隧洞开挖中未出现大的涌水现象，在砂岩隧洞开挖中地下水一般仅为裂隙滴水，粉砂质泥岩隧洞一般无明显地下水，总体对地下水位无明显影响。

根据 A 工程特点，工程施工期间对松散堆积层孔隙潜水的影响主要来自西梓干渠延长段工程、蓬船干渠工程以及中小骨干工程的倒虹管以及明渠深挖段的施工。本工程明渠及倒虹管施工开挖深度一般较浅，明渠走线基本位于半山以上，仅倒虹管跨越河流漫滩、侵蚀洼地等。由于工程区松散堆积层孔隙潜水埋藏深度一般大于明渠及倒虹管开挖深度，因此在明渠深挖段和倒虹管施工过程中，仅对局部浅表松散堆积层孔隙潜水造成一定影响，导致局部施工区段地下水位有所下降，但由于本工程为线型工程的特点，开挖破坏范围有限，施工时限短，且区域松散堆积层孔隙潜水补给面广，工程施工不会造成大范围的地下水位下降。工程建成后，由于各类渠系建筑物均为全衬砌，各深挖段在运行期不会造成地下水水位下降。对基岩裂隙水的影响主要源于隧洞施工。工程干渠、分干渠共布置隧洞100 座，总长 60.27 km，隧洞埋深一般为 10～234 m，最小埋深一般为 10～30 m，隧洞通过新鲜砂岩和粉砂质泥岩，洞室以上多为多层砂岩和粉砂质泥岩互层分布，隧洞开挖中，在砂岩洞室段可能有短暂的地下水渗出，由于砂岩层上覆有粉砂质泥岩，可起到相对隔水作用，不会对富存于风化裂隙中的潜水地下水位造成影响。类比武引一期灌区工程隧洞施工过程对地下水的控制效果，本工程隧洞施工对基岩裂隙水的影响较小。若开挖遇到地下水渗出地段，应及时对其进行封堵，特别对浅埋隧洞，可采取全封闭衬砌的形式，尽可能消除施工对地下水水位的影响。根据武引一期的经验，隧洞成型后均采取混凝土全封闭的衬砌措施，地下水位未出现明显的变化。因此，武引蓬船灌区工程隧洞运行期，地下水位变化和影响较小。

2. 运行期对地下水水质的影响

运行期灌区的地下水水质主要受灌溉水质、农药化肥的施用和土壤中污染物的含量等条件的影响，最有可能受影响的地下水类型为松散堆积层孔隙潜水。

一般而言，灌区内地下水位将一定程度地受灌溉影响。灌溉后地下水位上升，停灌后下降；灌水量多，则上升幅度高；灌水量少，则上升幅度低。而灌区内排水对灌溉起到反调节作用，如排水及时，灌溉时间短，地下水位的上升幅度较小。由于 A 工程区域总体存在一定的地形高差，一般情况下，由于灌溉时间短、排水快，经初步分析对灌区地下水位影响不大。

为论证灌区工程运行后对地下水水质的影响，对武引一期工程灌区化肥、农药施用量进行了调查。调查表明，灌区运行后受益灌区化肥、农药施用量较非灌区分别增加 225 kg/hm^2 和 3 kg/hm^2。同时，对梓潼县的武引一期灌区和非灌区的 6 个乡镇地下水水质进行了选点监测，监测表明，武引一期工程运行后灌区和非灌区地下水水质基本没有差别，均达到《地下水质量标准》（GB/T 14848—1993）（该标准于 2017 年被 GB/T 14848—2017 代替）Ⅲ类水质标准，地下水满足集中式生活饮用水水源及工、农业用水的要求。这主要缘于灌区地下水埋深较大（基本大于 8 m），加之灌区农田灌溉浸润深度浅，灌区地形高差大，支沟较多，灌溉退水、排水条件良好，因此总体上因施肥、喷洒农药造成的农业面源污染物的残留对灌区地下水水质的影响极小。

此外，根据蓬船灌区涉及各县市"找水打井"相关资料，灌区乡镇或居民点采掘地下水的深度一般为 15～20 m，因此农村地区以饮用为目的的地下水水源更没有受灌溉污染的可能。

10.3.3 对土壤环境的影响

1. 对土壤质量的影响

A 工程土壤以水稻土、潮土、冲积土、紫色土等为主，由于长期受人为耕作影响，尤以水稻土为主。土壤是一种多孔体，土壤水分和土壤空气共存于土壤孔隙中，土壤中的水分直接影响通气状况。水分过多和由此引起的地下水位上升，以及土壤渍涝和沼泽化均可恶化土壤的通气状况。灌溉后将促进作物对土壤养分的吸收能力，加速土壤微生物活动。但灌水过多将导致有效养分流失，并且土壤在腐殖质化的同时，会积累大量的有机酸、硫化氢、甲烷等物质，对作物和微生物产生毒害作用。在通气不良的土壤中，速效性的硝态氮也容易经过反硝化细菌的作用变成游离氮消失在大气中。

灌区工程实施后，将实现灌溉面积 63 133.33 hm^2。在农业生产中，化肥、农药的使用量相对灌溉前有一定程度的增加，如果耕种、灌溉的方式不科学，将增加灌区内的农业面源污染物的残留，对土壤的质量有一定的不利影响。工程区土壤中有机质和氮、磷含量在水稻土中属于中等水平，耕作的作物类型以水稻为主，灌溉回归水较多，因此对土壤质量影响相对不大。为减小对灌区土壤质量的影响，可从灌区化肥、农药的种类，以及施用量、灌溉方式等方面进行优化。

2. 对土壤的盐渍化影响

耕作土壤的次生盐渍化主要与大气蒸发力、地下水埋深、土壤特性、矿化度和人为灌溉、施肥和种植方式有着直接的关系。在干旱、半干旱和部分半湿润地区的灌区，灌溉直接影响土壤的水盐状况，由于灌溉携带的盐分在灌溉土壤中累积，同时灌溉后地下水位升高，土壤蒸发量增大，会使表层土壤的盐分增大。合理灌溉可以调节土壤水、肥、气、热状况，改善作物的土壤环境条件，改良土壤。反之，其可能破坏土壤结构，使土壤沼泽化、盐碱化，恶化土壤环境。

从国内经验来看，盐渍化主要产生于干旱平原地区。根据对甘肃省河西走廊农灌区耕作的土壤次生盐渍化的研究，大水漫灌、串灌，大块田地土地不平整，灌水不均匀，化肥施用量过高，农作物耕作制度不合理，土地弃耕和渠道渗漏等均会使灌区内的土壤盐渍化。

工程完建后，灌区耕作方式和作物类型可能会有一定的改变，化肥施用量将有一定的增加，但由于灌区地形高差使其灌溉时间短而排水快，故只要节水灌溉、合理施用化肥和农药，灌区出现盐渍化的可能性极小。

10.3.4　对生态环境的影响

此处仅对陆生生态环境和水生生态环境的影响进行阐述。

1. 对陆生生态环境的影响

（1）对陆生植物的影响

除白鹤林囤蓄水库为大面积集中淹没占地之外，A2 工程的干渠工程和其他中小型工程均为线型占地。

经现状调查，工程水库淹没和占地区主要为农耕区、草丛和少量柏木林，无自然保护区分布，植被以荒草地和农田植被为主，所涉及林地亦均为人工林地。区域植被类型和植物种类广泛分布，因此工程占地总体上不会影响陆生植物的多样性和分布现状。

A 工程干渠、分干渠共布置隧洞 100 座，隧洞埋深一般为 10～234 m，最小埋深一般为 10～30 m。根据隧洞施工对地下水影响预测分析结果，由于本工程隧洞洞室以上地层结构多为多层砂岩和粉砂质泥岩互层分布，基岩裂隙水存于含水砂岩层，其上一般覆有粉砂质泥岩，可起到相对隔水作用，隧洞施工对存于风化裂隙中的潜水地下水位影响很小。隧洞施工基本不会改变隧洞上部及附近地表植被的生长条件。武引一期灌区工程隧洞穿越区域的水文地质条件、陆生生态环境与本工程类似，根据一期工程回顾调查，工程隧洞施

‌

工及运行期地表植被均未发生明显变化，类比分析本工程隧洞施工对地表植被基本无影响。

工程总工期为 35 个月，施工结束后将对临时占地进行复耕和植被恢复，且所选树种和灌草种均为当地适生种类，植被恢复后总体不会影响区域植被格局。此外，由于 A 区域规划水平年维持田土比不变，灌区形成后，灌区农业种植结构不会产生变化，灌区重要的农田植被格局也不会产生变化。

（2）对陆生动物的影响

以对两栖、爬行动物和鸟类为例进行阐述。

①对两栖、爬行动物的影响。

评价区有两栖类动物 10 种，东洋界分布的有 7 种，广布种 3 种；有爬行类动物 9 种，东洋界分布的有 4 种，广布种 5 种。以下分别分析工程建设及运行对其的影响。

a. 施工期的影响。

以下分别分析栖息地占用、水体污染、捕捉及食用对其的影响。

栖息地占用：水利灌溉工程施工主要集中于水库和渠道沿线。工程施工期间，由于施工人员、机械的进场，施工永久及临时占地和施工干扰等将使得生活在施工区域附近的两栖、爬行动物被迫迁移他处，未及时迁出或处于休眠期的个体将可能死亡。水库坝体修建、库区开挖和清理，灌渠开挖和修建，施工道路，以及生活营地、渣场、料场、移民安置等，都会造成两栖爬行动物栖息地的缩小或直接碾压导致其死亡。

水体污染：施工人员的生活垃圾、生活废水和粪便，施工机械产生的废水，特别是燃油泄漏，以及施工引起的水土流失，如果对水体造成污染，将对两栖类的繁殖和幼体成长造成直接影响，导致其难以繁衍，亦可能导致部分个体死亡。水体污染也会对生活于河谷水域附近的爬行类造成影响。

捕捉及食用：施工人员可能会捕食部分两栖、爬行类动物，威胁个体生存。

总体上，由于 A 工程为丘陵地区，工程区沿线及周边适合两栖爬行类动物栖息的环境广泛分布，且受影响物种在区域广泛分布，迁出施工区域的物种在临近区域可得到很好的栖息和繁衍，施工区周围两栖爬行类的数量会有一定减少，但不会造成整个区域物种种群下降或消失。由于本工程施工线路较长，全部完工时间较长，因此，相对于局部区域来说，施工影响期较为短暂，工程施工仅对施工区的两栖爬行动物种群数量和分布产生短暂的不利影响，施工结束后，部分两栖、爬行动物种类和数量在施工区域将逐渐恢复到原来的水平。

b. 运行期的影响。

A 工程永久占地面积 776.41 hm²。工程建成后，永久征地区域内的两栖、爬行动物栖息地将被永久占用。

工程建成运行后，白鹤林水库的水位涨落，将迫使区内两栖、爬行动物远迁和上迁，若迁徙不及时，则将受害。

明渠的阻隔影响将持续存在：明渠的宽度为 2～3 m，流量较大，流速较快，会对局部区段两栖爬行类形成阻隔，影响物种之间的交流，但本工程隧道和渡槽比例较高，因此对两栖爬行动物的阻隔十分有限。

整个灌区适合两栖爬行类动物栖息的环境广泛分布，因此迁出的物种在临近区域可得到很好的栖息和繁衍，不会造成物种种群减少或消失的可能。白鹤林水库及其他干、支渠建成后，将形成宽阔的水库水面和其他灌渠水面，灌区水田、水塘等水域面积也将随之增加，从而会在水库和渠系周边、灌区形成大量潮湿的小环境，这些区域将利于两栖、爬行动物的栖息。

②对鸟类的影响。

工程区域（包括水库主体工程和引水渠等）鸟类主要以一些水域鸟类、农田-农居区和河谷灌丛鸟类为主，其中有国家二级重点保护鸟类 1 种，四川省重点保护鸟类 1 种。以下分别分析工程施工及运行对其影响。

a. 施工期的影响。

工程施工期间，由于大量施工机械及施工人员的进场，施工临时占地、施工活动的干扰将对本地区鸟类的觅食、栖息和繁殖有一定影响，侵占部分栖息地，使得施工区鸟类物种出现暂时性减少。施工期的噪音、粉尘污染以及对部分鸟类栖息地的破坏，将使一些原在此栖息、觅食的鸟类迁往别处。灌区范围内分布的 2 种保护鸟类主要活动区域为周边重丘区，在施工涉及范围内极少出现。同时，可能会出现施工人员捕捉和赏玩灰胸竹鸡、雉鸡、白鹭、绿翅鸭等常见的体型较大水禽的现象，若管理不善，将对这些物种造成一定的伤害。

工程施工期间，由于整个灌区内鸟类栖息环境分布广泛，且施工区常见鸟类活动范围较广，加之鸟类自身的迁移能力强，鸟类在受到干扰时会及时避让到临近区域进行栖息、觅食和繁衍。施工结束后，施工区域鸟类数量将逐年恢复到原来的水平。

b. 运行期的影响。

A 工程永久占地面积 776.41 hm²。工程完建后，上述区域内的鸟类栖息地将被永久侵占。

2 种保护鸟类在白鹤林囤蓄水库淹没区内无分布。白鹤林水库蓄水期间，位于淹没区的鸟巢及鸟巢中的雏鸟和未孵化的鸟蛋将被冲毁。但由于水库淹没区和工程占地区附近适合鸟类栖息的环境广泛分布，淹没影响的鸟类种群和数量仅占工程区域内常见鸟类的一小部分，因此总体上不会造成这些物种种群消失。

鸟类都有主动适应外界环境条件的能力，而且活动范围大，迁移能力比较强，因此 A 工程建成后，受施工期影响的鸟类将逐步在工程永久占地区附近找回新的栖息或觅食场所，种群数量将逐步恢复。白鹤林水库蓄水后都会形成开阔水面，一些迁徙和停歇的水禽可能被吸引过来，一些水禽（如绿翅鸭等）的种群数量会有一定增加。水域鸟类如普通翠鸟、绿翅鸭、白鹭等种群的数量将会增加，水域鸟类多样性可能增加。

此外，灌区灌溉水量的增加将提高土地生产力，鸟类在灌区的觅食范围也将扩大。

③对珍稀保护鸟类的影响。

评价区域分布有国家二级重点保护鸟类 1 种，为隼形目的雀鹰（二期灌区也有分布）；有四川省重点保护鸟类 1 种，为鹤形目董鸡。

工程施工期间对上述珍稀保护鸟类的干扰，主要表现在施工期各种噪声，如放炮、机械运行、车辆及施工人员活动等造成的影响。由于这些保护动物主要栖息于评价区内植被覆盖度相对较好、人为干扰相对较小、海拔相对较高的山坡及山顶的森林或林缘中，而库区和灌区的海拔相对较低，多以农田植被为主，少见猛禽栖息。因此，工程对国家Ⅱ级重点保护的雀鹰赖以栖息的森林环境的直接破坏和侵占较少，影响也较小。对于董鸡这种栖息于芦苇沼泽、灌水的稻田、湖边草丛和多水草的沟渠的四川省重点保护鸟类，现场调查发现其并未出现在重点工程区，工程施工期间增加的、较强的人为干扰可能会促使它们远离这些活动场所，不会对它们的种群或个体造成危害。当然，可能会出现人为捕捉等伤害鸟类个体的行为。对于董鸡这类鸡形目鸟类，因适于其栖息的生境较多，工程建设对其影响很小。

（3）对生态系统生产力的影响

A2 工程对评价区生物生产力的影响主要来自两个方面：一方面，由于工程占地、水库淹没及移民安置改变原有植被情况，总体上使评价区内的平均生物生产力降低，但工程占地、水库淹没及移民安置总面积 1 207.61 hm²，仅占 A 工程面积的很小部分，因此对评价区内的平均生物生产力影响不大；另一方面，在灌区工程运行期，灌溉条件得到改善，灌溉水量增加，原有水田灌溉保证率提高，旱地的浇灌条件亦得到明显改善，从而使区内平均生物生产力有较大幅度的提高。

（4）对生态系统的影响

①工程占地对景观类型变化的影响。

A 工程涉及遂宁市蓬溪县、船山区和南充市西充县等 2 市 3 县（区），此外西梓干渠延长段工程还涉及绵阳市盐亭县和遂宁市射洪县。经调查，工程建设征地总面积为 906.91 hm²，其中永久占地面积 673.59 hm²，临时用地面积 233.32 hm²。征收（用）耕地 647.76 hm²，园地 0.71 hm²、林地 409.09 hm²、草地 67.42 hm²、住宅用地 34 hm²、交通运输用地 13.15 hm²、水域及水利设施用地 4.62 hm²、其他土地 30.86 hm²。

从占地面积而言，整个工程永久和临时占地的面积合计不超过 906.91 hm²，仅占 A 工程面积（150 600 hm²）的 0.6％，占武引灌区辖区面积（810 400 hm²）的 0.11％。因此工程占地对灌区内景观类型变化的影响极小。

②渠线的切割作用。

渠（管）线对景观的切割作用主要是渠（管）线运行的阻隔，切断渠（管）线两边物质能量流和生物迁徙导致的。因此，渠（管）线设计中常要求预留通道，架设桥梁或隧道，降低渠（管）线的阻隔切割效应。灌区内将建设干渠、分干渠，渠（管）线全长 110.902 km，其中以桥梁（渡槽）形式的长度为 2.328 km，以隧洞形式的长度为 37.531 km，桥隧比为 35.94％，隧道和桥梁（渡槽）的设置可以减缓对动物行动觅食和植物扩散的阻隔影响，隧道设置可以最大限度地保护沿线植被和动物活动、栖息场所，显著降低渠（管）线的阻隔效应，较好地保证渠系运行后景观生态体系的完整性。

2. 对水生生态环境的影响

（1）对水生植物的影响

调查表明，评价区水域内藻类多以普生性物种为主，没有经济意义较大和国家重点保护藻类植物。工程施工期间，开挖、弃渣等会对部分涉水区藻类植物尤其是着生藻类植物产生一定影响，但藻类植物个体数量大、分布广、繁殖快，工程完工后，藻类群落就会很快恢复与重建。

工程建成运行后，由于白鹤林囤蓄水库库区水域面积的扩大及灌区供水量的增加，灌区水域面积将大幅度增加，这对于水生植物来讲是有利的，其可生存的空间扩大，更有利于生存。

（2）对鱼类的影响

①对灌区鱼类的影响。

灌区内主要河流均为小型河流，除芝溪河、联盟河、荷叶溪能常年流水外，其余多为季节性河流和支沟，且灌区内河流鱼类资源以小型鱼类为主，无珍稀保护鱼类及大规模产卵场分布，同时，由于区域人口分布密集，人类活动干扰程度较重，过度捕捞及渔业人工养殖普遍，鱼类及水生生态已呈人工化格局，天然鱼类种类和资源均有限，工程涉水施工也多在季节性河流和支沟上，因此工程施工对灌区鱼类影响较小。

工程建成后，形成的白鹤林囤蓄水库库容为 0.88 亿 m^3，此外由于调入灌区的水量通过渠道直接进入农田灌溉系统，增加了本区域的水域面积，灌区退水也将使区内原来的季节性支沟或塘堰常年有水，将更加有利于鱼类种类的延续和种群的扩大。

②对涪江鱼类的影响。

a. S 水库下游涪江河段水文情势的变化。

A2 工程建成后，一定程度上改变了涪江 S 水库下游河段的水文情势。武引总干渠渠首总引水量增加 2.65 亿 m^3，仅占涪江上游来流的 6％左右。坝下的 A 工程总干渠取水口以下由于 S 水库调蓄和总干渠引水的影响，涪江流速、流态和水流分布发生一定变化。

涪江中上游干支流河床较宽阔，河道底质以卵石为主，夹杂很多细沙，有机质含量丰富，两岸有滩涂漫滩，是鱼类很好的索饵场和产卵场，河道上有多处深潭，是鱼类重要的越冬场。该段水域鱼类主要为定居性鱼类，同一河段仅在不同小生境中迁移，因此工程河段无严格的"三场"之分。根据工程对涪江水文情势影响的分析，蓬船灌区建成后，本工程从涪江引水对涪江流域水资源总量影响较小，对于 S 水库下游涪江河段的水文情势影响相对较小，总体而言，汛期水库下游涪江河段水量减少，枯期水库下游涪江河段水量增加。蓬船灌区涉及的涪江青堤至老池段距 S 水库较远，且已接纳第一期、第二期灌区回归水，水文情势变化程度很小，该区段原有产卵场受工程建设和运行的影响程度很小，对鱼类资源的影响程度轻微。

b. 回归水受纳水域水质的变化。

通过水量平衡计算，至规划水平年，S 水库将向蓬船灌区年供水 26 470 万 m³；灌区年回归水量为 9 573 万 m³，占区域径流总量的 29%。

根据蓬船灌区工程水系分布情况，灌区回归水将大部分汇流于涪江；仅有部分回归水将汇流入吉安河，并最终汇流于嘉陵江。从武引一期工程建成前后涪江和梓潼江水质监测对比分析可知，A 工程建成前后，灌区内部出水渠、汇流河道等水体的水质不仅没有恶化，反而因为灌溉水量增加和灌区水体的纳污能力增强，水质得到了一定程度的改善。以此类比，武引蓬船灌区工程建成运行后，回归水汇入涪江和嘉陵江，受稀释混合和沿程降解后，不会造成最终受纳水体水质恶化。

c. 省级保护鱼类及长江特有鱼类。

省级保护鱼类岩原鲤仅少量分布于涪江干流水域，喜生活在江河水流较缓、底质多岩石的水体底层。长江上游特有鱼类 7 种（不包括省省级保护鱼类）：短体副鳅、张氏䱨、异鳔鳅鮀、中华倒刺鲃、华鲮、短身金沙鳅、白缘䱀。蓬船灌区的施工均不涉及涪江干流段，工程建成运行后，水文情势的改变及回归水对水质的影响较小，也不会对岩原鲤这种省级保护鱼类造成明显不利的影响。

d. 其他鱼类。

涪江在本区段内鱼类的主体是鲤科鱼类的江河平原区类群，其次是中印山区类群，这些种群有一定耐污能力，河水氮磷的微弱增加不影响其生存和繁衍。

10.3.5 对环境空气、声环境和固体废弃物的影响

1. 对环境空气的影响

A2 工程为线型工程，工程对环境空气质量的影响仅存在于工程施工期。由于工程无砂石加工系统，环境空气污染主要来源于露天炸药爆破、开挖填筑、混凝土拌和、弃渣倾倒及车辆运输等环节产生的扬尘等，废气中主要污染物为总悬浮微粒（TSP）。其影响对象主要为工程沿线居民和工程施工人员。

（1）爆破扬尘影响分析

本工程露天爆破主要集中在西梓干渠延长线和蓬船干渠深挖部位和各隧洞洞脸部位，此外在中小工程施工中也有零星的露天爆破。由于工程选择风钻钻孔、毫秒电雷管爆破，爆破产生的粉尘量较少，且粉尘颗粒的粒径较大，易于沉降；同时工程区平均风速较小，且爆破粉尘属于间歇式排放，因此施工爆破活动所造成的粉尘污染影响的范围和程度均不大。类比武引一期、二期工程施工期间监测数据，工程爆破产生的 TSP 影响范围一般小于 100 m，再加上受工程直接影响的居民均已征地搬迁，因此工程爆破扬尘主要对现场施工管理人员造成一定影响。

（2）交通扬尘影响分析

工程施工期的场内公路多为泥结碎石路面，在干燥天气情况下，车辆行驶容易产生扬尘。施工期间，车流量的增大将使道路两侧颗粒物含量增加，因此将对道路沿线环境空气质量造成一定的影响，影响对象主要为工程施工人员和沿线居民。

值得注意的是，白鹤林囤蓄水库为点状控制工程，工程施工期长达数年，因此水库工程施工期间对蓬溪县新星乡雷树堂村吴家沟居民点附近环境空气影响较大。工程施工期间应加强道路维护，加强洒水降尘。

（3）渠系挖填扬尘影响分析

工程的渠系挖填活动在干燥天气情况下，容易产生扬尘。为避开工程建设对集中居民点的干扰，工程选线主动避让了集中居民点，但个别居民户与渠系施工距离较近（低于100 m），施工期间，渠系的挖填将使颗粒物含量增加，将对环境空气质量造成一定的影响。其影响主要涉及盐亭县桃花村、大林村，蓬溪县洞孔嘴村、石牛村、董家沟村、宽台村、八角村、金龙场的个别居民。

（4）其他施工活动影响分析

工程料场开挖、砂石加工、渠系挖填、土石料装卸、弃渣倾倒、混凝土拌和等施工活动对工程沿线、弃渣场及施工工区的环境空气质量将造成一定影响。由于工程选线、选址基本避让了大的居民点，少数受工程占地直接影响的居民点均将征地搬迁，因此受影响对象主要为工程施工及管理人员。

上述工程建设对环境空气的影响只集中在施工期，施工结束后，影响随之消失。

2. 对声环境的影响

本工程对声环境造成的影响主要来自施工期，运行期无噪声源产生。工程施工噪声主要来自开挖、钻孔、爆破、砂石加工、混凝土拌和、填筑等施工活动以及施工机械运行、车辆运输等。经类比，露天爆破为瞬时噪声源，强度较大，可达130～140 dB（A），其他施工噪声（如砂石加工、混凝土拌和等）强度在90 dB（A）左右；工程施工运输车辆以大型载重汽车为主，噪声最高大达90 dB（A），声源呈线形分布。

由于A2工程所在区域为浅丘地貌，因此区内农村居民点基本为散状分布；为避开工程建设对集中居民点的占压和干扰，工程在渠系走线规划和施工布置期间均对集中居民点进行了主动避让。经调查，渠道工程涉及盐亭县桦溪乡、洗泽乡、金孔镇、折弓乡，西充县古楼镇，蓬溪县新星乡、文井镇、罗戈乡、新胜乡、槐花乡、常乐镇、赤城镇、新会镇、下东乡、鸣凤镇、吉星乡、高升乡、黄泥乡、金龙乡，共19个乡镇。

按照施工规划，渠系工程和白鹤林囤蓄水库工程的砂石骨料均外购，因此工程无砂石加工噪声的影响。工程爆破主要集中于渠系工程深挖段、隧洞洞脸部位和白鹤林囤蓄水库坝肩部位。爆破噪声具有瞬时性，根据同类工程类比结果，爆破噪声强度可达130～140 dB（A）。白鹤林囤蓄水库坝址距离新星乡雷堂村的最近直线距离为128 m，按照点声源噪声衰减模式计算，爆破噪声衰减至雷堂村约86 dB（A），因此会给施工区周围居民带来瞬时不利影响，但随着爆破逐步转入地下，这种影响也将逐渐消失。此外，白鹤林囤蓄水库下游围堰距离新星乡雷堂村的最近直线距离 72 m，其施工的噪声对居民将产生不利影响。

总体上，由于 A2 工程渠系沿线居民点距离施工作业面距离基本大于 50 m，施工战线较长，施工布置分散，施工噪声分散，化整为零后施工规模小，施工时间较短，因此施工噪声影响总体较轻，且较为短暂。白鹤林囤蓄水库工程施工区较为集中，施工期长达近 3 年，因此施工期间，交通运输对蓬溪县新星乡雷树堂村居民点附近声环境影响较大，需加强施工期的交通噪声控制。

3. 固体废弃物影响

工程施工产生的固体废弃物主要包括施工弃渣和生活垃圾。弃渣对环境的影响主要表现为新增水土流失和对自然景观的影响。

通过类比调查，工程施工期间生活垃圾组成较为单一，60% 左右为无机建筑垃圾，40% 左右为有机垃圾。本工程施工高峰月人数约 2 350 人，以每人每天产生生活垃圾 0.5 kg、垃圾容重 0.6 t/ m³ 计算，工程施工总工期为 30 个月，其间产生生活垃圾的总量约 1 057.5 t（1 762.5 m³），平均 1.96 m³/d。若不采取有效的卫生清理工作及垃圾处理措施，将可能影响工区卫生和施工人员的健康，也将污染周围环境，影响景观。

10.4　环境保护措施及其经济技术论证

10.4.1　水环境保护与水资源管理措施

1. 地表水环境保护措施

（1）施工期废（污）水处理措施

本工程砂石骨料采取外购方式解决，不设置砂石加工处理系统，因此工程施工期间的废水主要来自混凝土生产系统冲洗和养护废水、施工机械检修冲洗废水、基坑排水、隧洞排水等施工生产的废水排放，以及施工人员生活污水排放等。按照《污水综合排放标准》（GB 8978—1996）中一级标准要求达标排放。

①混凝土拌和系统废水处理。

针对混凝土拌和系统冲洗废水量少、间歇式排放、悬浮物浓度较高的特点，采用间歇式絮凝沉淀法的方式去除废水中的悬浮物。其特点是构造简单，造价低，管理方便，仅需定期清池。冲洗废水 pH 偏高，但因水量小，且主要用于循环利用，影响不大，暂不考虑 pH 中和措施，如运行期间有较大影响，临时投加中和剂即可。

根据情况采取不同的处理方式，对于白鹤林水库枢纽施工区、蓬船干渠取水口附近以及 5♯ 副坝附近的拌和系统，由于其拌和量相对较大，故布置平流式沉淀池，生产废水集中沉淀后排放；其他拌和站可根据具体地形修建废水调节池，将废水坑储澄清后排放。废水排放尽量结合渣场堆放地带，排入渣场堆放的沟谷或者其他干谷。

根据线型工程混凝土拌和系统移动运行的特点，因无法修筑固定的沉淀池对拌和废水进行处理，故每个搅拌机配备 2 个容积大于 1 m^3 的储水容器轮流使用，并注意定期清淤。每台班末的冲洗废水排入其中一个储水容器内，絮凝静置沉淀至下一台班末，沉淀时间约 6 h，沉淀后上清液通过提升泵回用于混凝土拌和以及拌和系统的冲洗，泥渣定期运往附近渣场堆放。

由于混凝土冲洗废水量很小，处理构筑物简单，没有机械设备维护的问题，在运行过程中主要注意定时清理。将管理工作纳入混凝土拌和系统进行统一安排，不另设机构和人员。

②含油废水处理。

本工程小型机修及汽车保养站数目多、分布分散，因此本次设计拟采用小型隔油沉淀池进行机修及汽车保养含油废水处理。小型隔油沉淀池构造简单，造价低，管理方便，仅需定期清池，还可回收浮油，处理效果较好，处理后出水可用于车辆冲洗或洒水降尘。

由于含油污水量很小，小型隔油沉淀池无须专人进行运行维护，但应注意加强日常的管理和清理，并定期回收废油。

③施工生活污水处理。

本工程渠系工程生产生活区，规模很小，施工人员生活污水产生规模小且极为分散，加之位于灌区，有大片耕地分布，对粪便等有机肥有较大需求。因此，从控制投资和废物综合利用的角度，并按照不另行征、占用土地的原则，考虑在渠道工程的每个工区修建一座旱厕，日常部分生活污水也汇流其中，定期清掏后结合周边农业施肥进行消化。对于租住城镇民房的施工人员生活污水，考虑统一纳入市政管网进行收集处理。

白鹤林囤需水库施工区相对集中，施工高峰人数为 300 人，因此拟在白库-生产生活区设置 XHS-5 成套生活污水处理设备进行施工人员生活污水处理。经成套化设备处理的生活污水出水水质可满足一级排放标准，也可直接用于农田灌溉。

各工区旱厕在运行过程中要注意定期清掏和灭菌消毒，清淘周期为 3 个月。可聘请当地农民进行清掏，并运至附近农田作为农肥。对于囤蓄水库工程区的成套污水处理设备，需配备一名兼职管理人员，操作人员应严格按照操作技术规程，进行正确的操作和定期的维护，发现问题及时解决。

（2）运行期水环境保护措施

①运行期废（污）水处理措施。

根据工程可行性研究设计报告，A 工程将在蓬溪县新星乡建立白鹤林水库管理中心，规划面积 26 000 m^2；规划在蓬溪县近郊建立武引工程蓬船灌区建设管理局，规划面积

1 300 m²,并沿渠设置 15 个管理点,各占地 650 m²。

工程建成运行后,对于各级管理机构工作人员生活污水,规划通过化粪池进行预处理再纳入所在城镇污水管网,一并处理后达标排放。

②S 水库水源水质保护。

S 水库是整个武引灌区的用水水源,保证水库水质是实现整个灌区水环境功能的关键。主要包括:制订 S 水库库区水源保护规划,建立水源保护区;结合四川省、绵阳市关于涪江上游水污染治理的相关要求,严格控制库区流域内的污染,做好现有污染源治理。

③金峰水库水质保护。

金峰水库为白鹤林水库的上游水源,因此其水质的保护对于实现蓬船灌区水环境功能也是至关重要的。主要包括:落实金峰水库库底清理环境保护方案,规范库底清理环境标准和蓄水环境保护要求,做好蓄水初期水质保护;将金峰囤蓄水库作为饮用水源保护区,加大库周生态保护力度,严格控制库区流域内的污染,做好现有污染源治理。

④白鹤林囤蓄水库水质保护。

a. 库底卫生清理。

按规范规定,为保证水利水电工程运行安全,防止新增淹没范围内的树木、杂物及人畜粪便等对库区水质造成污染,保护库周及下游人群的健康,在白鹤林水库蓄水之前必须对库底进行清理,经检查验收合格后方能蓄水。

库底清理对象包括:建筑物与构筑物的清理;卫生清理;林木清理。

库底清理技术要求:第一,建筑物与构筑物的清理。对淹没区内的所有房屋、输电线路等地面建筑物及其附属设施进行拆除,墙壁应推到摊平,不能利用又易于漂浮的废旧料应运出库外。第二,卫生清理。对库区内的圈舍、粪池等污染源应进行卫生清理,将其污物结合积肥运出库外,同时对其坑穴用生石灰消毒处理,污水坑须用净土填塞。第三,林木清理。对淹没区的疏林、灌木林及零星林木应尽可能齐地面砍伐并将砍伐后残余的枯木等易漂浮物清理运出库外,残留树桩不超过地面 0.3 m。

b. 库区水质保护。

为保护白鹤林囤蓄水库库周环境及水库水质,保证供水区域的饮用水安全,建议地方政府加强库周污染控制,削减入库污染物总量。包括以下几个方面:

结合水库集水区社会经济特点,应禁止发展污染型企业。

推广生态农业,控制库周及水库上游流域的农药、化肥施用量,增施有机肥;加强畜禽养殖废水的治理,禁止畜禽粪便直接下河入库;控制库区渔业养殖的发展,禁止库区大规模的水产养殖,尤其不得投放养殖饵料,但可根据净化水质需要投放适量的鲢、鳙等鱼种的鱼苗。

加强集水区各居民点生活污水和生活垃圾的处理,禁止生活污水不经处理直接排入库区,禁止向库区倾倒垃圾。

加大库周生态保护力度,保护库周植被,不得对库周灌木林地、林地随意砍伐;结合施工区植被恢复及生态环境建设，开展库周防护林建设，涵养水源；做好水土保持治理，对于大于 25° 的坡耕地，必须退耕还林，减少泥沙入库和面源污染。

2. 地下水环境保护措施

（1）隧道施工常规地下水环境保护措施

在隧道施工过程中，施工单位需要按照"超前预报、提前支护、以堵为主、限制排放"的原则开展施工。根据影响评价，木头垭隧洞、高院山隧洞、堰塘湾隧洞穿越冲沟或向斜地下水汇水区，可能存在一定的施工涌水问题，施工中需要及时全断面衬砌并注意地下水涌水预报，为此在上述隧洞施工过程中，应实时监测地下水变化情况。

隧道施工废水中污染物成分简单，主要为泥沙等小颗粒悬浮物，其悬浮物（SS）浓度一般为 800～10 000 mg/L，该类污染物比重大，施工期应在上述隧道进出口设沉淀池处理，沉淀后的上清液循环利用，沉淀池弃渣集中堆存处理。施工期应根据隧道废水发生量采取设置沉淀池、蓄水池等设施，尺寸为 4 m×3 m×2 m。根据项目大隧道规模及隧道开挖施工工艺，拟规划进出口各设置沉淀池 1 处，进行处理后回用，避免直接排放，可以将生产废水排放对环境的污染影响降到最低。

（2）隧道漏水时水环境保护措施

隧道在通过大型洞软塑充填物或厚度较大的软塑状断层破碎带时采用全断面深孔预注浆；隧道掘进中，经物探勘测及超落钻孔发现前方某方位可能存在岩溶、洞穴或管道，向可能的洞穴或管道进行强注浆，采用部分断面深孔预注浆；当地层裂隙水较大，而围岩类别在Ⅳ类以上者（含Ⅳ类），采用开挖后周边注浆；当隧道开掘到砂岩大型裂隙及管道涌水时，采用隧道开挖后局部注浆，防止隧址区地下水大量漏失。同时，要加强施工期的监控及应急措施。

10.4.2　环境空气污染防治措施

1. 施工区开挖、爆破粉尘的削减与控制

工程爆破方式应优先选择凿裂爆破、预裂爆破、光面爆破和缓冲爆破技术等，从源头上减少粉尘产生量。凿裂、钻孔以及爆破尽量采取湿法作业，尽量用草袋覆盖爆破面，降低粉尘量。渠道深挖段、隧洞段及水库坝肩部位等开挖采用湿钻工艺，开挖钻机选用带除尘袋的型号。土石方开挖应进行适当加湿处理。

在开挖、爆破高度集区域进行定期洒水；非雨日各施工场地、路面每天例行洒水降尘，加速粉尘沉降，缩短粉尘污染的影响时段，缩小污染范围。各隧洞施工进行洒水降尘，可大幅度降低洞内爆破粉尘的浓度；同时隧洞工程需增设通风设施，加强通风，保持空气畅通，降低废气浓度；也可在各工作面喷水或装补尘器等，降低作业面的粉尘。

受工程施工粉尘污染影响的对象主要为施工人员，应采取加强个人防护的方式对施工人员加以保护，如佩戴防尘口罩等。

2. 混凝土系统粉尘消减与控制

工程的砂石骨料均外购，有效减少了粉尘的产生量；混凝土拌和系统均采用具有除尘设备的装置。水泥运输采用封闭运输，保证运输容器密闭良好，以避免运输过程中的粉尘污染。

对各加工系统、渣场等附近采取洒水降尘的方法，并结合水保措施在各加工系统外围种植植物，以降低粉尘污染影响的程度。

3. 燃油废气的消减与控制

施工单位应选用符合国家卫生标准的施工机械和运输工具，以减少燃油废气产生量。同时，由于施工期间往来车辆多为燃柴油的大型运输车辆，尾气排放量与污染物含量均较燃汽油车辆高，需安装尾气净化器，保证尾气达标排放。

推行强制更新报废制度，对于发动机耗油多、效率低、排放尾气严重超标的老、旧车辆，及时更新。并注意机械及运输车辆的定时保养，调整到最佳状态运行。

4. 交通粉尘消减与控制

永久施工道路须尽早硬化，成立公路养护、维修、清扫专业队伍，对公路进行定期养护、维护、清扫；尤其对泥结碎石路面的临时施工公路应加强养护工作，防止路面破碎起尘，保持道路运行正常。

严禁超载，提倡遮盖运输，减少因弃渣、砂、土的外泄造成的扬尘污染。

施工区及施工生活区附近应设置限速标志，防止车速过快产生扬尘污染环境，危害人体健康。

按工区优化配置洒水车，无雨日在主要施工道路洒水降尘，在干燥大风天气要求一天洒水 4～5 次，减轻施工粉尘和车辆扬尘影响。

结合水保措施，在公路两旁进行绿化，栽种树木，降低粉尘。

10.4.3 噪声污染防治措施

本工程施工噪声主要来自施工开挖、钻孔、爆破、填筑等施工活动，以及挖掘机、搅拌机等施工机械运行和车辆运输等。

1. 交通噪声控制措施

尽量避免在夜间进行施工运输作业。加强道路的养护和车辆的维护保养，严禁车辆超载行驶，降低噪声源。使用的施工运输车辆必须符合《汽车定置噪声限值》（GB 16170—1996）等标准，并尽量选用低噪声车辆。采取施工集中区段采取交通管制措施，施工区设立标志牌，限制车速，并在路牌上标明禁鸣；同时尽量避免夜间跨区位运输作业，把道路噪声影响降低到最低限度。

2. 爆破噪声控制

严格控制爆破时间，尽量定时爆破，夜间 22：00～次日 6：00 禁止爆破。采用先进的爆破技术。如采用微差爆破技术，可使爆破噪声降低 3～10 dB（A）。在岩石爆破前采取安全防范措施，避免爆破时产生的各种效应如振动、噪声、冲击破和飞散物对过往人群、生物的伤害。推荐采用无声爆破剂。

3. 施工企业噪声控制

施工单位必须选用符合国家有关标准的施工机具，尽量选择低噪声设备和工艺，降低源强。加强设备的维护和保养，保持机械润滑，减少运行噪声。振动大的机械设备使用减振机座降低噪声。工程供风站的空压机配备消声器，改善施工人员的工业卫生条件。中小工程沿线施工时，尽量采用小型人工机械，不采用大型机械，以减小噪声。

4. 敏感点声环境保护措施

由于武引蓬船灌区工程所在区域为浅丘地貌，因此区内农村居民点基本为散状分布；为避开工程建设对集中居民点的占压和干扰，工程在渠系走线规划和施工布置期间均对集中居民点进行了主动避让。经调查，渠系工程涉及盐亭县榉溪乡、洗泽乡、金孔镇、折弓乡，西充县古楼镇，蓬溪县新星乡、文井镇、罗戈乡、新胜乡、槐花乡、常乐镇、赤城镇、新会镇、下东乡、鸣凤镇、吉星乡、高升乡、黄泥乡、金龙乡，共 19 个乡镇。调查表明，工程渠系沿线居民点距离施工作业面距离基本大于 50 m。由于渠系为分段进行性施工，局部区段施工时段较短，因此对施工噪声沿线居民点影响总体较小。为维护工程区附近敏感点声环境质量，采取在距离居民点较近的施工场界设置移动式声屏障（施工围栏）；禁止夜间爆破；尽量使用低噪声设备；材料运输车辆在经过道路沿线的村庄时，速度不应超过 40 km/h，当运载卡车车辆速度低于 40 km/h 时，其噪声源强可降低 8～9 dB（A）；运输车辆行驶时，不得鸣笛；加强运输车辆管理，禁止运输车辆随意空载运行；同时加强与敏感点单位和个人的沟通，在施工前首先在工程影响范围内以广播、报纸或其他方式对施工情况发布公告，然后具体到每一渠段施工时，应在该渠段沿线的相关居民区和单位内张贴公示，争取获得市民谅解。

5. 施工人员防护措施

工程施工噪声主要受影响对象为场内施工人员，可采取配备使用耳塞、耳罩、防声头盔等个人防护措施进行保护；对爆破施工面采取遮盖和拦挡等降噪措施。

10.4.4 固体废物处理措施

工程施工期所产生的固体废物包括工程弃渣和施工人员生活垃圾，其中工程弃渣处理纳入水土保持措施，本部分仅对施工期生活垃圾提出处理处置措施。

本工程施工战线长，工区布置分散，因此规划分区域、分类别进行生活垃圾处理。

对于位于偏远乡村的小型施工区，规划配备垃圾桶进行生活垃圾收集。残余饭菜、厨余等免费供给附近农村居民喂猪，其他有机垃圾送给农民沤肥处理；无机垃圾就近运至堆存。

对于大型的、靠近较大城镇或租住城镇民房的施工区，规划配备垃圾桶进行生活垃圾收集，并将残余饭菜、厨余等免费供给附近农村居民喂猪，其余垃圾由垃圾车定期清运至附近的生活垃圾卫生填埋场统一处理。

此外，对于有回收价值的生活垃圾、废弃建材等，尽量予以回收或出售。

对于生活垃圾的处理，业主应纳入各施工区的统一管理，并对各垃圾桶存放处经常喷洒灭害灵等药水，以防止蚊蝇等滋生，减少或消除施工生活垃圾对施工区环境卫生产生的不利影响。

10.4.5　生态环境保护措施

1. 陆生生态保护措施

①为减免工程施工对工程区及影响区植被造成的不利影响，工程施工设计中应尽量减少施工占地面积和扰动面积；加强对施工营地、生活区的管理，在指定位置搭建办公及生活福利设施，尽量减少对植被的侵占面积。

②在工程施工区设置警示牌标明施工活动区，将施工活动限制在预先划定的区域内。严禁施工人员到非施工区域活动，禁止破坏可能出现的古树名木和施工征地范围以外的植被。

③加强施工管理，降低施工机械噪声，预防因施工爆破引起火灾，尽量降低工程施工对陆生动植物栖息环境的破坏。

④对施工废水、生活废水和生活垃圾、固体废物进行集中、快速处理、无害化处理，防止生产和生活废水、废渣、垃圾污染环境，尽量降低对野生动物特别是两栖爬行类动物、水域鸟类的影响。

⑤按规定下泄足够的生态用水，以保证库区大坝（闸）下河段的基本水量，保护区域内的两栖爬行动物和水域鸟类的水域环境。

⑥施工期由当地林业局、施工方组成野生动植物保护管理队伍，对施工人员和附近居民加强施工区生态保护的宣传教育，以公告、发放宣传册等形式，教育施工人员，随时进行巡逻和检查，通过制度化坚决禁止和打击猎捕和贸易包括蛙类、蛇类、鸟类、兽类等野生动物，特别是国家重点保护动物、特有动物，以减轻施工对当地陆生动物的影响，并采取有效措施抑制鼠类的危害。

⑦在施工完成后，应对施工区的植被进行恢复，尽量为陆生动物营造一个较为稳定的栖息环境。

⑧施工迹地的绿化恢复过程中应尽量采用当地树种、草种，最好是利用原自然植被的建群种进行恢复。具体可采取人工栽植幼苗的方式，遵循夹杂混合种植、密度适宜、杜绝纯林的原则。

⑨施工期和植被恢复期间，采取措施，防止生态入侵，避免森林火灾等重大事故的发生，避免对野生动物栖息环境造成巨大影响。

2. 水生生态保护措施

根据水生生态影响预测分析结果，A2 工程的建设和运行对区域水生生态影响程度较小。由于灌区工程运行，A 区域范围内各当地小型河流等水体水量将有所增加，有利于灌区河流鱼类物种的延续和种群的扩大；类比一期工程运行前后灌区河流水质情况可知灌区回归水汇入后也不会造成回归水受纳河流水质恶化。工程对区域水生生态的影响主要集中在灌区建设过程中对区内水域水质的不利影响和施工人员对鱼类的捕捞以及工程运行后囤蓄水库水质恶化风险对鱼类的影响。因此，水生生态保护措施主要为控制监管和水质保护方面，具体包括：

①树立环境保护意识，在工程施工和运行等各环节都应认真考虑和正确对待资源环境因素，坚持工程建设与资源保护措施"三同时"原则。

②施工期间应减少和避免在河道中挖沙、取石、倾倒建设垃圾、改变水流流向和加重泥沙含量等行为，这些行为将直接对鱼类生长繁殖、活动场所造成很大影响。尤其在鱼类繁殖季节，应尽量减少爆破、向河道倾倒建设垃圾、从河中挖沙取石等严重破坏自然环境，影响鱼类产卵繁殖的行为。

③通过"以新带老"的改造措施，保证赤城湖水库和黑龙凼水库下泄 10% 的生态基流量，维持水生生态系统的完整性。

④严格控制白鹤林水库集水区及所控灌区农药和化肥的施用量，禁止使用高毒、高残留农药，并加强畜禽养殖废水的治理力度，有效控制农业面源污染。

⑤加快灌区乡镇污水处理系统的建设，并加强监管，严格按环保要求施工，生活污水和生产废水禁止排入饮用水源保护区及其他敏感性水体，对允许排污的水体，严格落实达标排放，防止影响水生生物生境污染的事故发生。

⑥尽快恢复被破坏的植被，建立生态防护林和防护体系，防止水土流失，避免和减少泥沙和有害物质进入河流和库区，影响水域环境和渔业生产。

⑦在白鹤林水库库区定期投放适量以藻类为食的鲢、鳙鱼苗，并定期定量捕捞，以起到改善水质，降低水质富营养化风险的作用。

⑧加强渔政管理。工程环境管理部门应积极协助当地渔政管理部门做好灌区鱼类的保护及宣传工作。加大执法力度，加强巡逻和检查，加强对施工人员的管理，严禁炸、电、毒鱼事件发生。

10.5　环境风险分析与应急措施

10.5.1　环境风险识别

1. 施工期

本工程建设对环境的影响主要为非污染生态影响，根据工程施工特点、周围环境以及工程与周围环境的关系，分析施工期环境风险主要体现在水库工程及渠线工程施工期间由于大量使用炸药和燃油，可能造成爆炸和火灾风险；水库、渠线修筑时施工区和部分道路沿河布置，由于进出车辆较多，可能发生车辆碰撞、侧翻等交通事故，造成危险品倾泻入河进而污染河流水质。

2. 运行期

运作期，灌区工程本身无"三废"排放，渠系和水库工程环境风险主要来自跨越明渠的桥梁或临近明渠、水库的公路发生交通事故造成石油类或危险品的泄露，导致水体污染。此外，水库运行期如遭遇地震，也可能存在一定风险。

10.5.2 环境风险分析

1. 施工期环境风险影响分析

（1）施工期炸药、燃油风险

工程建设共需燃油 19 891 t、炸药 3 628 t，工程炸药和油料耗用高峰年和施工高峰年相对应，基本为施工期的第 2 年至第 3 年。油料、炸药的运输和储存均存在一定的环境风险，可能导致火灾或爆炸，造成财物损失、甚至人员伤亡。

（2）森林火灾风险

A 工程所处区域为农耕区，河谷植被以灌草丛为主，岸坡分布有次生的灌木林，区域春冬季干旱少雨。在工程施工期间，由于施工机械、燃油、电器以及施工人员增多，增加了火灾风险；在炸药库、油库周边附近，发生火灾的风险也较大。因此施工期内若不加强对施工人员日常用火的管理，将会对工程区内植被和居民生命财产安全构成潜在威胁。

（3）水质污染风险

本工程施工期将修建永久及临时公路，施工期间运输车辆过往频繁，增加了公路交通事故发生的概率，进而增加了危险化学品在运输过程中（特别是在通过沿河公路时）因交通事故倾泻入江（河）造成水体严重污染的环境风险的概率。

本工程各施工区基本布置在河流附近，油料储存时须严格注意防渗漏，以降低油料渗漏对土地及河水水质造成污染的风险。

2. 运行期环境风险分析

（1）水库水质风险分析

白鹤林囤蓄水库不处于交通干线附近，水库周边仅有新修施工公路。运行期公路交通运输量小，发生交通事故造成石油类或危险品泄漏进入库区污染水体的概率较小。但一旦发生，对库区及沿线地区灌溉用水及城乡生活用水水质将产生较大影响，如果发生危险品特别是剧毒化学品污染水体，将严重威胁沿线地区人民生命财产安全，因此，必须采取防范措施，杜绝此类风险的发生。

水库淹没区无矿产资源，无因浸没而造成水质污染的风险。水库集雨面积无工业企业分布，运行期不存在人为排污造成水质污染的风险。水库蓄水前，工程将制定周密详细的清库计划，库区残存有机质较少，不会出现大量有机质浸出，从而导致库水严重富营养化的情况。

（2）灌区及供水工程水质风险分析

运行期明渠附近危险品运输事故将对渠道水质产生一定风险。就风险发生的概率而言，由于灌渠宽度较小，跨渠的桥梁宽度也较小，同时跨渠或沿渠而设的公路主要为低等级的县道或乡镇公路，来往的车辆相对较少，车速也较低。因此，发生交通事故造成石油类或危险品泄漏进入渠道污染水体的概率较小，但一旦发生，由于石油类可降解能力较差，且渠道水量有限，流速相对较快，这会对沿线地区灌溉用水及城乡生活用水水质产生较大影响，如果发生危险品特别是剧毒化学品污染水体，将严重威胁沿线地区人民生命财产安全，因此，必须采取防范措施，杜绝此类风险的发生。

（3）生态风险分析

本工程在对植被采取相应恢复措施时，均选择本区域原有并适生的树种及草种，因此不存在当地物种演变及外来物种入侵的风险。

10.5.3　环境风险防范与应急措施

1. 风险防范措施

（1）施工期风险防范措施

①车辆运输过程中须严格遵守危险货物运输的有关规定，炸药运输不得将炸药和雷管混装运输，运送油料的运输车辆须采用密闭性能优越的储油罐，确保不造成环境危害。

②油库和炸药库严格按安全防护距离要求并会同地方管理部门进行现场选点，油库和炸药库需与居民点和生活区保持足够的安全距离，装运和发送须严格遵循《危险化学品安全管理条例》，严格火源控制并配备相应的消防器材。炸药库和油库贮存点要求附近500 m内无居民点分布，保证符合安全防护距离要求，并设置标志牌，并在油库靠公路侧修筑防护墙，以减少风险及危害。

③在施工区内建立防火及火灾警报系统，对施工人员进行防火宣传教育，严格规范和限制施工人员的野外活动，做好吸烟和生活用火等火源管理，以确保区域森林资源及居民生命财产安全。

④加强危险路段、车辆集中线路的交通管制，增设交通标志牌，并注意路面维护，以降低风险发生概率。

⑤对渠系工程分散布置的油罐加强管理，设置事故槽，减小燃油泄漏对土壤及农田水质污染的风险。

⑥加强装卸作业管理，装卸作业人员必须具备合格的专业技能，装卸作业机械设备的性能必须符合要求，在装卸作业场所的明显位置贴示"危险"警示标记，不断加强对装卸作业人员的技能培训。

⑦加强库房管理，炸药及燃料油存储仓库应设专人看管，并实行来访登记制度，增强工作人员安全防范意识。

（2）运行期风险防范措施

政府有关部门及白鹤林水库管理机构应加强对水库及灌区的执法力度，彻底清理库周污染源，加强监督管理，禁止在库区、库周规划建设污染类项目，防止水库水质富营养化。

渠道建设过程中，在明渠以及渠道穿越道路部位选择合适位置设置事故排放沟涵，以降低突发污染事故时对渠道水质的污染风险。

为避免运行期明渠附近危险品运输事故对渠道水质产生影响，需对明渠跨越段附近进行遮盖，并在沿线公路与明渠交叉路段和桥梁跨越区段设置警示标志，提示车辆减速行驶，严禁超车、超速。输水渠道在居民较为集中的区域和道路交叉口处采用管道形式，并在合适位置设置警示牌，严禁居民随意开挖，集中居民点生活污水及生活垃圾禁止随意排放进入渠道，影响渠道水质。

加强交通运输管理，规定仅具有相应资质、运输条件的单位可负责油料和化学品运输；驾驶员需有相应的运输证件，运输车辆保证良好的车况；危险品运输应当避开暴雨等不利时段，避免由于路况影响造成交通隐患。

2. 应急措施

A 工程在施工期和运行期应成立应急指挥部，明确职责，在遇到如水体富营养化、特大洪水灾害和突发性污染事故等情况下作出及时反应。

建立灌区工程管理机构、社会各救援机构和地方政府之间的通信网络，保证信息畅通，以提高事故发生时的快速反应能力。

在遭遇突发事件时，应急指挥部与当地政府有关部门密切合作，及时组织力量进行抢救、救护和安全转移。

灌区管理部门负责做好消防安全工作，做好对火源的控制，负责消防安全教育，组织培训内部消防人员。

10.5.4 应急预案

1. 应急预案体系

根据原国家环保总局《关于防范环境风险加强环境影响评价管理的通知》（环发〔2005〕152 号）〔该文件于 2012 年废止，被《关于进一步加强环境影响评价管理防范环境风险的通知》（环发〔2012〕77 号）代替〕的要求，通过对污染事故的风险评价，各有关企业单位应制定防止重大环境污染事故发生的工作计划，消除事故隐患的实施及突发性事故应急处理办法等。根据本项目特点，制定如下应急预案措施体系，详见表 10.1。

表 10.1　应急预案体系内容

序号	项目	内容及要求
1	应急计划区	库区、灌区
2	应急组织机构、人员	专业救援队伍负责事故控制、救援和善后处理
3	预案分级响应条件	规定环境风险事故的级别及相应的应急状态分类，以此制定相应的应急响应程序
4	应急救援保障	应急水质监控监测设备、溢油应急设备和材料
5	报警、通信联络方式	规定应急状态下的报警通信方式、通知方式和交通保障、管制
6	应急环境监测、抢险、救援及控制措施	由专业队伍负责对事故现场进行侦察监测，对事故性质、参数与后果进行评估，为指挥部门提供决策依据
7	应急检测、防护措施、清除泄露措施和器材	控制事故发展，防止扩大、蔓延及连锁反应；消除现场泄漏物，降低危害；具备相应的设施器材设备；控制防火区域，控制和消除环境污染的措施及配备相应的设备
8	人员紧急撤离、疏散，应急剂量控制、撤离组织计划	事故处理人员制定毒物的应急剂量、现场及邻近装置人员的撤离组织计划和紧急救护方案；制定受事故影响的邻近地区内人员对毒物的应急剂量、公众的疏散组织计划和紧急救护方案
9	事故应急救援关闭程序与恢复措施	规定应急状态终止程序；事故现场善后处理，恢复生产措施；解除事故警戒、公众返回和善后恢复措施
10	应急培训计划	应急计划制定后，平时安排事故处理人员进行相关知识培训，并进行事故应急处理演习；对工人进行安全卫生教育
11	公众教育和信息	对监控地区公众开展环境风险事故预防措施、应急知识培训并定期发布相关信息

2. 应急预案内容

（1）水源区水质污染应急预案

建立白鹤林水库水质监测系统和水质预警系统，一旦在水库出现入库水质严重超标或库区内发生突发性污染事故，水质受到污染时，根据污染影响的范围，迅速做出停止取、供水的决定，并立即开展水质污染及污染事故发生原因的调查，及时上报水质污染和污染事故的信息，采取防止污染扩散和降低污染的应急措施，使水库尽快恢复取、供水功能。

（2）灌渠水质污染应急预案

为保证输水渠道的供水水质，降低供水水质污染风险，应明确制定输水渠道水质污染应急预案，建立干渠水质监测系统，及时发现污染事故，并及时启动水质污染应急预案。加强输水渠道水质管理系统的水环境保护和管理的现代化水平，不仅能处理日常技术性工作及日常事务性工作，还具备处理突发性污染等紧急事故的能力；同时，在充分利用现代信息技术的最新成果基础上，结合管理信息技术、地理信息技术和数据库技术等，开发建立输水工程的水质预警预报系统。

灌渠穿越灌区，灌区内农田较多，为保护水质，防止干旱季节沙土等物质因风进入输水渠道，应在明渠两侧建防护林。一方面能防风固沙，保持水土，涵养水源；另一方面也可以隐蔽输水渠道，对渠道内水质起到间接保护作用。另外，需加强渠道水质污染的风险管理。在水质污染潜在区域设置节制闸和退水闸，降低水质污染的影响范围。一旦发生污染事故，应视事故地点与干渠渠首的距离，适当减少干渠渠首进水量或停止输水。同时，利用事故点上下的节制闸和退水闸配合排出污染水。根据污染物特性，及时对渠道进行清洁处理，并及时处理渠道排出的受污染水体，以免对环境造成影响。

10.5.5　小结

通过对 A2 工程各类风险的分析，工程建设和运行的风险均较小，不构成影响工程能否建设或运行的关键因素。

10.6　环境经济损益分析

环境影响经济损益分析是运用环境经济学的基本原理，综合分析工程建设对经济、社会和环境造成的影响，采用费用-效益分析方法，将工程建设对社会和环境所带来的损益进行货币化度量和比较，从环境保护和可持续发展的角度来评判工程建设的合理性。

10.6.1　环境正效益分析

1. 经济效益

A 工程第一期灌区工程建成实施后，取得了很好的经济效益和社会效益。据初步分析，一期工程灌区使涉及区域约 84 666.66 hm² 的老旱区摆脱了干旱局面，粗略统计灌区新增产值 40 多亿元，贫困人口大幅下降，经济的增长速度明显加快

A2 工程是以农田灌溉、城乡生活及工业供水为主的大型水利工程，工程建成后其经济效益主要表现在灌溉效益和供水效益上。

武引蓬船灌区工程建成后可实现灌溉面积 63 133.33 hm²，其中新增灌溉面积 42 260 hm²，改善灌溉面积 20 873.33 hm²。工程建成后，骨干工程末端多年平均向灌区提供灌溉净供水量 10 906 万 m³，人畜净供水量 1 488 万 m³，乡镇净供水量 1 909 万 m³，县城净供水量 2 779 万 m³。每年主要粮食产量增加 7 695 万 kg，平均每公顷产量增加 1 215 kg，人均增产粮食 109 kg，每立方水增产粮食 0.62 kg；各类农作物及经济作物增加产值 74 888 万元，平均每公顷增加产值 11 865 元，人均增加产值 1 061 元，每立方水增

加产值 6.04 元；综合每年增加农业产值 30 886 万元，平均每公顷增加产值 4 890 元，人均增加产值 438 元，每立方水增加产值 2.49 元。

因此，兴建 A2 工程的经济效益显著。

2. 社会效益

建设 A2 工程可以确保灌区内城镇供水需要，解决灌区人畜长期饮水困难的问题，从根本上改善或解决灌区人畜饮水安全问题。灌区工程建成后将彻底改善川东北地区农业生产条件，保证灌区农业稳产增收，发展农副产业和与之相关的农副产品加工业，促进当地社会稳定和国民经济发展。

A2 工程建成后能从根本上解决灌区严重的缺水问题，增强灌区防灾、抗灾、减灾能力，支持农村经济发展，增加农民收入，推动农村经济发展，让农民群众长期得到实惠，为灌区的和谐发展提供良好的用水环境。因此，工程建设对提高农民生活水平，促进农民致富奔小康，保障农村经济可持续发展，改善基础设施条件和促进相关产业发展均将起到推进作用。

本工程的上述社会效益十分显著，但因其效益难以货币化，在此暂不计列。此外，施工期大量施工人员的生活需求将主要由当地农产品及服务满足，仅此一项，采用市场调查法，以施工人员每人每月平均消费 200 元计，施工期间，平均每年可使当地消费额增加500 万元以上，建设期合计逾 1 500 万元。

3. 环境效益

本工程环境保护方案实施后，工程永久及临时占地区植被恢复面积为 128.61 hm²，工程建设可能造成的新增水土流失基本可以得到控制，水土流失的控制、地表植被覆盖度的增加为项目区及当地生态环境的改善创造了有利条件，同时也使施工迹地尽量恢复自然景观，促进生态系统的良性循环。

A2 工程设计灌溉面积 63 133.33 hm²。灌溉条件的改善将有效提高灌区土地利用率和复种指数。

总体上，本工程具有较好的环境效益。

10.6.2　环境影响损失分析

本工程采用环境资源价值评估中的防护费用法与恢复或重置费用法来计算工程影响的环境损失值，即以减免工程对环境的不利影响或恢复环境功能所采取的保护和补偿措施费用作为反映工程影响环境损失大小的尺度。在 A2 工程环境损失中，可以货币化体现的主要为环境保护措施与补偿费用。

根据 A2 工程及工程区域环境特点，为减免、恢复或补偿不利环境影响所采取的环境保护措施主要包括以下内容：施工期环境保护措施、生态影响消减与恢复措施及社会环境影响减免措施等，在进行技术经济分析或多方案比选基础上，提出了各项措施推荐方案及相应费用估算，本工程新增环境保护投资为 9 727.08 万元，可近似作为本工程环境影响的损失值。

10.6.3 环境损益分析

根据以上分析，A2 工程具有较好的经济、社会及环境正效益，为减免不利环境影响所采取的新增环境保护和水土保持工程总投资为 9 727.08 万元。在各项环保措施得到落实的情况下，其费用产生的环境效果较为明显，可较大程度地减免因工程产生的环境损失。因此从环境损益及环境经济角度分析，工程的建设是可行的。

同时，因工程建设所带来的上述环境正效益是长期的，而所采取的环保措施投入（即计算的环境损失）是短期的。因此从长远来看，本工程的环境效益更加显著。

10.7 公 众 参 与

10.7.1 公众参与工作程序

本次公众参与原则上分为三个阶段，各阶段主要工作内容如下所述：

第一阶段为准备阶段：根据相关法律法规和政策，收集 A2 工程可行性研究报告，评价区自然和社会经济等方面的资料，在综合分析上述信息的基础上，结合公众参与确定公众代表，制定有效的公众参与工作计划。

第二阶段为实施阶段：通过项目公示、发放公众参与调查表等方式，对反馈回的公众意见进行调查分析，编写环境影响报告书中的公众参与篇章。

第三阶段为信息反馈阶段：将公众意见反馈给设计单位和建设单位，并将其采纳与否的信息反馈给公众。

10.7.2 公众参与过程及成果

在环境影响评价过程中，公众参与以不同的方式贯穿于 A2 工程环境影响报告书编写的整个过程。为确保良好的沟通，使公众参与收到最佳效果，环评工作小组及设计单位首先与建设单位取得联系，进一步与工程灌区涉及市县的水利、环保、林业、国土等众多单位及乡镇等进行沟通，为随后的项目公示、社会调查提供便利。本次公众参与共采取了信息公示、问卷调查、专题协作三种方式，向有关专家和公众团体征询意见。此处仅针对信息公示进行阐述。

（1）第一次信息公示

根据《环境影响评价公众参与暂行办法》的有关要求，建设单位蓬溪县 A 工程建设管理局于 2014 年 5 月分别在遂宁市、船山区、蓬溪县及西充县政务网对 A2 工程进行了第一次项目公示。公示介绍了本项目的基本情况以及环境影响评价的主要工作程序和工作内容，并向公众公布了反馈意见和建议的联系方式和渠道等。

2014 年 5 月第一次信息开始公示，至今没有收到对 A 工程中蓬船灌区工程持反对意见，或指出重大负面环境影响的反馈信息。

（2）第二次信息公示

2014 年 11 月，在四川省 A 工程环境影响报告书初稿完成期间，建设单位蓬溪县 A 工程建设管理局对 A2 环境影响报告书主要内容和报告书简本进行了公示，采取了网络公示、张榜公示 2 种形式，并留下联系人、联系电话、联系地址等联系方式，确保在公示期间及时有效地收集公众意见和建议。

①网络公示。网络公示选择在遂宁市、船山区及蓬溪县政务网上进行。

②张榜公示。鉴于 A 工程中蓬船灌区工程涉及的船山、蓬溪、西充、盐亭、射洪等 1 区 4 县及其乡镇涵盖范围广，局部区域交通、通信不便，为尽量让 1 区 4 县及工程直接涉及的乡镇公众了解 A 工程中蓬船灌区工程环境影响评价主要内容和报告书简本内容，在 2014 年 11 月进行网络公示的同时，建设单位在工程涉及的船山、蓬溪、西充、盐亭、射洪下辖的多个乡镇对本工程环境影响评价主要内容和报告书简本进行了张榜公示，公示地点选择在各地信息公告栏。

2014 年 11 月第二次信息开始公示，至今建设单位和环评单位未收到公众就公示内容发表的反馈信息。

10.7.3　公众参与意见建议的落实处理情况

多种形式的公众参与结果表明，公众对 A 工程的兴建均持积极态度，认为开发 A 工程能够提高当地农业灌溉能力，进一步改善灌区农业生产基础条件，促进农业持续、稳定健康发展，同时还可改善区域生态环境。

公众在对工程建设积极作用表示肯定的同时，也提出了他们担心和关心的环境问题和愿望，综合汇总后主要表现为：施工期间"三废"及噪声排放影响；水土流失防治及植被恢复；加快移民搬迁的进程；预防危险化学品运输的事故风险；防止外来物种入侵；严格执行环保相关法律法规，设立环保机构并加强管理。本次环评对于上述公众意见予以了采纳，并对相关问题进行了分析和评价，在工程设计和环保措施中予以落实，分述如下：

①施工期间"三废"及噪声排放影响。对于施工过程中产生的"三废"及噪声环境污染问题，报告书中已经针对性地提出相应的对策措施，可最大限度地减少对周围居民的影响。同时对施工过程提出了加强监管的意见和建议，在项目建设过程中应严格落实。

②水土流失防治及植被恢复。提出了优化施工布置及施工工艺建议，根据编制的水土保持方案报告书采取工程措施和植物措施防治水土流失，进行植被及景观恢复。同时对施工过程提出了加强监管的意见和建议，在项目建设过程中应严格落实。

③加快移民搬迁的进程。本工程移民安置实施方案已经编制完成，报告书提出建设应按实施方案及时实施移民搬迁计划。

④预防危险化学品运输的事故风险。报告书对工程进行了全面的风险分析，制定了相应的风险防范措施及事故风险预案。同时对施工过程提出了加强监管的意见和建议，在项目建设过程中应严格落实。

⑤防止外来物种入侵。本工程在对植被采取相应恢复措施时，均要求选择本区域原有并适生的树种及草种，因此不存在当地物种演变及外来物种入侵的风险。

⑥严格执行环保相关法律法规，设立环保机构并加强管理。报告书已明确规定工程需执行环保相关法律法规，并针对环境机构的设立及环境管理提出了具体要求。

主要公众意见的处理情况详见表 10.2。

表 10.2　A 工程中蓬船灌区工程公众参与主要公众意见处理情况一览表

序号	主要公众意见	提出意见的主要公众	意见处理情况
1	施工期"三废"排放对环境的影响	工程区民众	对于施工过程中产生的"三废"及噪声环境污染问题，报告书中已经有针对性地提出相应的对策措施，可最大限度地减少对周围居民的影响。同时对施工过程提出了加强监管的意见和建议，在项目建设过程中应严格落实
2	工程开挖、爆破将破坏原有自然植被，增加水土流失，应减少施工对植被的破坏，加大施工迹地恢复力度	工程区民众	提出了优化施工布置及施工工艺建议，根据审批的水土保持方案报告书采取工程措施和植物措施防治水土流失，进行植被及景观恢复。同时对施工过程提出了加强监管的意见和建议，在项目建设过程中应严格落实
3	按"先移民，后建设"的原则，加快移民搬迁的进程	工程区民众	本工程移民安置实施方案已经审批，报告书提出建设应按实施方案及时实施移民搬迁计划
4	严格检查油库、爆破材料库，积极预防危险品运输的事故风险	工程区民众	报告书对工程进行了全面的风险分析，制定了相应的风险防范措施及事故风险预案。同时对施工过程提出了加强监管的意见和建议，在项目建设过程中应严格落实
5	防止外来物种入侵	政府官员及工程区民众	本工程在对植被采取相应恢复措施时，均要求选择本区域原有并适生的树种及草种，因此不存在当地物种演变及外来物种入侵的风险

续表

序号	主要公众意见	提出意见的主要公众	意见处理情况
6	严格执行环保相关法律法规，设立环保机构并加强管理	蓬溪县环保局	报告书已明确规定工程需执行环保相关法律法规，并针对环境机构的设立及环境管理提出了具体要求

10.8　结论及建议

10.8.1　综合评价结论

A2 工程是以农业灌溉、城乡生活及工业供水等综合利用为开发任务的水利工程，由西梓干渠延长段、白鹤林囤蓄水库、蓬船干渠和中小型骨干渠系及田间工程组成，控制灌溉面积 63 133.33 hm²。蓬船灌区涉及四川省南充市的西充县，以及遂宁市的蓬溪县、船山区等 2 市 3 县（区），此外，西梓干渠延长段工程还涉及绵阳市盐亭县和遂宁市射洪县。西梓干渠延长段全长 25.898 km，首段设计流量 12.5 m³/s；白鹤林水库坝址位于蓬溪县新星乡雷树堂村的白鹤林沟中游河段，水库集雨面积 6.66 km²，总库容 8 828 万 m³，水库正常蓄水位 418 m，相应库容 8 560 万 m³，兴利库容 7 737 万 m³，水库入库流量 12.5 m³/s，出库流量 22.82 m³/s，最大坝高 62.1 m；蓬船干渠全长 29.248 km，首段设计流量 16.97 m³/s；其余分干渠、支渠、分支渠和斗渠等中小骨干工程的渠线总长 125.101 km。

兴建 A2 工程是四川省贯彻实施西部大开发战略，加快发展地方经济和根本解决灌区工农业生产严重缺水和根除旱灾影响，实施农业种植结构调整，保障人民群众安居乐业的"希望工程"和"生命工程"，它的建设对地区国民经济的发展具有深远的意义。

1. 环境现状评价

灌区内水质能满足地表水Ⅲ类水域水质标准，赤城湖水库除高锰酸盐指数及总氮轻度超标外［不满足《地表水环境质量标准》（GB 3838—2002）Ⅱ类标准］，其余指标均能达到地表水Ⅱ类标准要求。高锰酸盐指数超标主要与水库富营养化程度有关，总氮超标主要为生活污水排放及集水面积内农田面源污染所致。

灌区大气环境和声环境质量良好。评价区人口较为稠密，是开发较早的农耕区，受人类活动影响大。区内耕地集中，劳动力充裕，交通路网密集，具有较大的农业发展潜力。评价区环境总体上满足农业种植业持续稳定发展以及人居的需要，区内生态及社会环境处于基本协调状态。

A 工程区域内常见维管植物共计 95 科，228 属，286 种（包括 10 变种）。评价区域内共有国家重点保护和珍稀濒危植物 7 科 8 属 8 种，其中有国家 I 级重点保护植物 3 种，分别是苏铁、水杉和银杏；II 级重点保护植物 3 种，即香樟、桢楠和喜树。按照《中国植物红皮书》，被列为渐危种的有 1 种，即胡桃；稀有种 3 种，即银杏、水杉和杜仲。区域内分布的国家重点保护植物和濒危植物均为栽培种，评价区域内没有野生种的保护植物分布。

评价区域共有陆生脊椎动物 77 种，隶属 4 纲 21 目 48 科。评价区内分布有国家 II 级重点保护鸟类 1 种，即雀鹰；四川省重点保护动物 1 种，即董鸡。根据现场调查和历史资料，A2 工程涉及水域（S 水库、联盟河、芝溪河、荷叶溪、青岗河、赤城湖水库、黑龙凼水库、涪江干流河段）共有鱼类 52 种，分隶 6 目 13 科 40 属，这些鱼类主要分布于涪江干流中，支流中除鲤鱼和鲫鱼外其中种类少见。涪江干流水域分布有四川省级保护鱼类岩原鲤 1 种，本工程对涪江干流水生生境影响轻微。

工程涉及地区属长江上中游水土流失重点防治区，水土流失类型主要为水力侵蚀，重力侵蚀（崩塌、滑坡）次之，平均土壤侵蚀模数 3 420 t/（km² · a），属中度水土流失区。项目区内平均土壤侵蚀模数为 2 391 t/（km² · a）。

2. 环境影响评价

A2 工程是以农业灌溉、城乡生活及工业供水等综合利用为开发任务的水利工程，由西梓干渠延长段、白鹤林中型囤蓄水库、蓬船干渠和中小型骨干渠系及田间工程组成。根据工程建设期和运行期特点，结合评价区环境现状进行预测分析，工程的建设和运行对环境的影响包括有利和不利影响两个方面。

（1）主要有利影响

A2 工程建成后，可通过 S 水库向灌区多年平均提供净水量 12 246 万 m³，其中灌溉净供水 8 862 万 m³，城镇工业、生活净供水 1 687 万 m³，农村人畜净供水 1 697 万 m³，可实现灌溉面积 44 986.66 hm²，大幅度增加灌区内的可利用水资源，对解决灌区内日益严重的缺水问题将起到不可替代的重要作用。

干旱缺水是制约灌区经济发展的一大因素。A2 工程的建设和运行可在很大程度上解决灌溉用水问题，改善农业生产条件。灌区工程的建设运行可为区内工矿企业发展提供充足的水源，并解决灌区城镇及农村人、畜饮水安全问题，有利于解决"三农"问题，对提高灌区居民生活水平，促进农民致富奔小康，保障灌区工业经济和农村经济可持续发展，改善基础设施条件和促进相关产业发展均将起到推进作用。

（2）主要不利影响

A2 工程的建设和运行中施工期废水排放、灌溉回归水和白鹤林水库蓄水将对水环境产生一定的影响。通过预测分析评价，工程对水环境的影响范围小，影响程度轻微，在采取水源水质保护、控制面源污染、施工期污废水处理等环境保护措施后，影响可得到控制或消除。

工程建设期间的工程占地、弃渣堆放、水库淹没、移民安置等将破坏评价区原有植被，造成新增水土流失，破坏工程直接影响区生态环境，是本工程的主要不利环境影响，在采取本报告中提出的水土流失防治工程措施和生物措施后，新增水土流失可得到有效减轻和控制，恢复工区景观生态环境。

工程运行后，灌溉回归水将增加赤城湖饮用水源保护区及黑龙凼水库等现有水库的水污染负荷，在采取控制灌区农药、化肥使用量及改变耕作方式等措施后，对应用水源保护区及现有水库的影响可得到缓解和控制。

本工程其他的不利影响包括工程施工对工区人群健康、大气环境与声环境的影响，以及灌溉对农业生态的影响等，其影响范围小，影响程度均较轻微。在采取报告书中提出的相应防治措施后，这些不利环境影响均可得到有效减免。

3. 结论

根据评价区环境现状和生态环境发展趋势，预测分析 A2 工程的施工和运行对评价区环境影响的结果表明，区内生态及社会环境处于基本协调状态，灌区工程的建设将极大改善评价区内由于干旱等原因造成的严重用水矛盾，环境效益、经济效益和社会效益显著，有利影响是本工程主要影响。工程不利影响主要是对景观生态体系、水土流失的影响等方面，且主要发生在工程建设过程中，影响程度均不大，在采取相应的环境保护措施后，各种不利影响均可得到一定程度的减免。因此，从环境保护角度总体评价认为，A2 工程不存在制约性的环境影响因素，工程建设是可行的。

10.8.2　建议

1. S 水库及第一期灌区工程

目前 S 水库已建成蓄水，尚未进行竣工验收，A 工程第一期灌区工程运行正常，保证了工程效益的正常发挥。本报告针对 S 水库及武引第一期灌区提出以下建议：

①尽快落实鱼类增殖站等水生生态保护措施。

②加强一期工程的维修和加固，消除工程运行中的安全隐患。

③建议针对 S 水库水源及输水渠道划定饮用水水源保护区，保证供水水质安全。

④在按环评报告书要求落实环保措施后，尽快开展 S 水库的环境保护竣工验收工作。

2. 二期工程

建议施工过程中严格执行环评报告书中要求的各项环境保护措施，避免工程建设对周围环境造成严重不利影响。

建议结合本 A 工程的水土保持措施、生态保护措施对二期灌区工程实施有针对性的补充水土保持措施，进一步恢复灌区生态，并消除工程建设中的安全隐患。

3. A2 工程

①建议针对囤蓄水库水源及输水渠道划定饮用水源保护区，保证供水水质安全。

②目前 S 水库、第一期灌区、第二期灌区以及蓬船灌区分别设置了相应的环境管理机构，建议这些机构加强联系与信息共享，实现 S 工程统一化管理。

③本工程规模较大，灌区涉及面广，在灌区生态环境保护方面，需要灌区各县市政府部门根据各自区域的具体情况，与 A2 工程建设和管理部门密切合作，统筹安排，共同加强对区域生态环境的保护管理。

④工程区域内的景观生态体系属半人工生态系统，季节性变化大，且易受人类活动的干扰，稳定性较弱。因此，保护好现存的森林植被对维护灌区景观生态系统稳定性具有十分重要的意义，建议当地有关部门加强对区内森林资源的封育管理。

⑤由于"十二五"规划制定期间尚未考虑武引蓬船灌区工程回归水的污染负荷增加情况，按目前总量控制目标，虽能实现灌区及回归水范围内水域功能满足相应标准要求及逐步改善的总体目标，但考虑到工程回归水将在一定程度上增加污染负荷，建议相关部门进一步完善相关水污染控制规划，并在后续规划中制定更为全面的总量控制目标并严格执行。

后　　记

　　环境影响评价通过科学的方法和技术手段，预测分析人为活动对环境质量产生的影响。在工程项目建设过程中，需要开展环境影响评价工作，其主要实施过程是预测分析项目建成后对环境产生的影响，并预先确定解决思路及方法，进行污染监测，控制或消除环境污染问题。

　　虽然经过几十年的发展，我国的环境影响评价制度逐步完善，但是在具体的应用中，仍然存在不少问题。例如，环境影响评价制度中相关条款不具备可操作性，这些抽象、笼统的条款使环评执法人员无所适从，而且成了部分企业不执行环境评价工作的挡箭牌，导致环境评价单位的工作难以开展；环境影响评价体系引入相对比较晚，运用过程中不够成熟，尚存在诸多不良问题，直接影响环评结果，导致评价结果不准确；环境影响评价工作中公众参与度低。项目开展过程中，噪声、环境污染等问题直接关乎公众的切身利益，虽然已出台了新的公众参与办法，但在具体的实践中，仍存在较多环境纠纷问题，很容易激化公众和建设单位之间的矛盾。

　　对此，政府方面要加强政策环评从理论走向实践的力度，对各种政策及其替代方案的环境影响进行分析和评价，促进环境影响评价成为政策制定过程中不可或缺的环节，提高政府决策的质量，推进我国宏观决策更科学化，同时加大宣传力度，引导公众积极参与建设项目环境影响评价。建设单位方面要认真学习环境影响评价制度，熟悉相关条款，在环境影响评价工作上投入足够的资金，遵循相关规范做好环评工作，消除项目工程建设过程中的不良环境问题，从而促进我国环境影响评价事业的发展，实现我国经济高质量发展和生态环境高水平保护。

编者

2023 年 5 月

参 考 文 献

[1]曾广能,王大州.建设项目环境影响评价[M].成都:西南交通大学出版社,2019.

[2]陈兰岚.我国建设项目环境影响评价制度的完善研究[D].福州:福州大学,2017.

[3]龚乃思.环境影响评价中的公众参与有效性研究[D].南昌:南昌大学,2022.

[4]韩香云,陈天明.环境影响评价[M].北京:化学工业出版社,2013.

[5]胡辉,杨家宽.环境影响评价[M].武汉:华中科技大学出版社,2010.

[6]环境保护部环境工程评估中心,中国环境科学研究院,中华人民共和国生态环境部.
环境影响评价技术导则 大气环境:HJ 2.2—2018[S].北京:中国环境科学出版社,2018.

[7]环境保护部环境工程评估中心,中国寰球工程有限公司.建设项目环境风险评价技
术导则:HJ 169—2018[S].北京:中国环境科学出版社,2019.

[8]环境保护部环境工程评估中心,中国科学院南京土壤研究所,成都理工大学,等.环
境影响评价技术导则 土壤环境(试行):HJ 964—2018[S].北京:中国环境出版社,2019.

[9]环境保护部环境工程评估中心.环境影响评价技术导则 地下水环境:HJ 610—2016
[S].北京:中国环境科学出版社,2016.

[10]环境保护部环境工程评估中心.环境影响评价技术方法 2018 年版[M].北京:中国
环境出版社,2018.

[11]环境保护部环境工程评估中心.建设项目环境影响评价技术导则 总纲:HJ 2.1—2016
[S].北京:中国环境科学出版社,2017.

[12]环境保护部环境工程评估中心.排污许可证申请与核发技术规范 总则:HJ 942—
2018[S].北京:中国环境科学出版社,2018.

[13]环境保护部信息中心,江苏省环境信息中心.大气污染物名称代码:HJ 24—2009
[S].北京:中国环境科学出版社,2010.

[14]黄晋沐.固体废物处理处置项目的环境影响评价要点分析[J].工程建设与设计,
2020(8):153-154.

[15]金腊华.环境影响评价[M].北京:化学工业出版社,2015.

[16]李倩如.浅析我国环境影响评价公众参与的完善路径[J].山东青年政治学院学报,
2021,37(S1):130-133.

[17]李有,刘文霞,吴娟.环境影响评价实用教程[M].北京:化学工业出版社,2015.

[18]马太玲,张江山.环境影响评价[M].2 版.武汉:华中科技大学出版社,2012.

[19]沈洪艳.环境影响评价教程[M].北京:化学工业出版社,2017.

[20]沈阳环境科学研究院,中国科学院大学,生态环境部对外合作与交流中心,等.危险废物焚烧污染控制标准:GB 18484—2020[S].北京:中国环境科学出版社,2021.

[21]生态环境部环境工程评估中心,中国水利水电科学研究院.环境影响评价技术导则 地表水环境:HJ 2.3—2018[S].北京:中国环境科学出版社,2019.

[22]生态环境部环境工程评估中心,中国铁道科学研究院集团有限公司,北京国寰环境技术有限责任公司,等.环境影响评价技术导则 声环境:HJ 2.4—2021[S].北京:中国环境出版社,2022.

[23]生态环境部环境工程评估中心,中路高科交通科技集团有限公司,水利部中国科学院水工程生态研究所.环境影响评价技术导则 生态影响:HJ 19—2022[S].北京:中国环境科学出版社,2022.

[24]生态环境部南京环境科学研究所,中国环境科学研究院.土壤环境质量 建设用地土壤污染风险管控标准(试行):GB 36600—2018[S].北京:中国标准出版社,2018.

[25]陶锦清.环境影响评价中的公众参与权利研究[D].广州:广东外语外贸大学,2021.

[26]天津市环境保护科学研究院,中国环境科学研究院.锅炉大气污染物排放标准:GB 13271—2014[S].北京:中国环境科学出版社,2014.

[27]王浩宇,李杨,韩震,等.对《建设项目环境影响评价技术导则总纲》的几点思考[J].环境科学与管理,2017,42(7):10-12.

[28]吴金.环境影响评价中的公众参与问题研究:以 A 项目为例[D].芜湖:安徽工程大学,2020.

[29]吴施萌.环境影响评价工作中存在的问题及解决对策研究[J].工程建设与设计,2019(18):156-157.

[30]谢建华.泰州市高港区建设项目环境影响评价中公众参与有效性研究[D].南京:南京理工大学,2018.

[31]杨建国.建设项目环境影响评价中的公众参与研究:以大同市两类项目为研究对象[D].呼和浩特:内蒙古农业大学,2020.

[32]叶斌,刘小丽.新时代环境影响评价发展方向探析[J].环境保护,2022,50(20):37-39.

[33]应试指导专家组.环境影响评价技术方法[M].北京:化学工业出版社,2014.

[34]张弘,左乐.环境影响评价研究的现状及发展趋势[J].环境与发展,2019,31(2):11,13.

[35]章丽萍,张春晖.环境影响评价[M].北京:化学工业出版社,2019.

[36]赵丽.环境影响评价[M].徐州:中国矿业大学出版社,2018.

[37]赵清.我国建设项目环境影响评价制度研究[D].西安:长安大学,2018.

[38]中国地质调查局,水利部水文局,中国地质科学院水文地质环境地质研究所,等.地下水质量标准:GB/T 14848—2017[S].北京:中国标准出版社,2017.

[39]中国环境检测总站,天津市环境检测中心,北京市劳动保护科学研究所,等.建筑施工场界环境噪声排放标准:GB 12523—2011[S].北京:中国环境科学出版社,2012.

[40]中国环境科学研究院,北京高能时代环境技术股份有限公司.危险废物填埋污染控制标准:GB 18598—2019[S].北京:中国环境科学出版社,2020.

[41]中国环境科学研究院,北京市环境保护监测中心,广州市环境监测中心站.声环境质量标准:GB 3096—2008[S].北京:中国环境科学出版社,2008.

[42]中国环境科学研究院,中国环境监测总站.环境空气质量标准:GB 3095—2012[S].北京:中国环境科学出版社,2016.

[43]中国环境科学研究院.地表水环境质量标准:GB 3838—2002[S].北京:中国环境科学出版社,2002.

[44]中国环境科学研究院.饮用水水源保护区划分技术规范:HJ 338—2018[S].北京:中国环境科学出版社,2018.

[45]朱狄敏.环境影响评价公众参与的理论与实践[M].杭州:浙江工商大学出版社,2019.

[46]中华人民共和国生态环境部.环境影响评价公众参与办法[EB/OL].(2018-07-16)[2023-05-18].https://www.mee.gov.cn/xxgk2018/xxgk/xxgk02/201808/t20180803_629536.html.